职业教育机电类专业系列教材

公差配合与技术测量（理实一体化）

主　编　吴宏霞　章建海
副主编　高永伟　杨先安
参　编　钱　锋　林春苗　汪怡青　贾耀平
　　　　巴荣飞　章　燕　孙　莹
主　审　王尧林

机 械 工 业 出 版 社

本书以公差配合及技术测量为主线，参照最新国家标准，结合高职高专院校、技师学院的教学和对相关行业企业的人才结构现状、专业发展趋势、人才需求状况、职工对知识技能的要求等的调查研究精心编写而成。

本书通过6个模块，16个项目，较全面地描述了产品生产中所涉及的公差配合与技术测量的工作内容与技术要求。内容包括识读零件图和装配图的尺寸公差、尺寸的测量、几何公差与测量、表面粗糙度与测量、螺纹公差与测量、典型零件图的技术要求与测量。书中引用大量的实例，紧密结合生产实际。为便于教学，本书配套有电子课件，选择本书作为教材的教师可登录 http：//www. cmpedu. com 网站注册、免费下载。

本书可作为高职高专院校、技师学院机械类及相关专业教材。也可作为相关技术人员及培训的实用参考书。

图书在版编目（CIP）数据

公差配合与技术测量：理实一体化/吴宏霞，章建海主编. —北京：机械工业出版社，2017.4（2025.7重印）

职业教育机电类专业系列教材

ISBN 978-7-111-56509-3

Ⅰ.①公…　Ⅱ.①吴…②章…　Ⅲ.①公差-配合-高等职业教育-教材②技术测量-高等职业教育-教材　Ⅳ.①TG801

中国版本图书馆CIP数据核字（2017）第069749号

机械工业出版社（北京市百万庄大街22号　邮政编码100037）
策划编辑：齐志刚　责任编辑：陈　宾　齐志刚　杨　璇
责任校对：张　薇　封面设计：张　静
责任印制：张　博
天津市光明印务有限公司印刷
2025年7月第1版第15次印刷
184mm×260mm · 11.5印张 · 273千字
标准书号：ISBN 978-7-111-56509-3
定价：39.80元

电话服务	网络服务
客服电话：010-88361066	机　工　官　网：www.cmpbook.com
010-88379833	机　工　官　博：weibo.com/cmp1952
010-68326294	金　　书　　网：www.golden-book.com
封底无防伪标均为盗版	机工教育服务网：www.cmpedu.com

前　言

为贯彻《国务院关于大力发展职业教育的决定》精神，落实关于“加强职业教育教材建设，保证教学资源基本质量”的要求，确保新一轮职业院校教学改革顺利进行，全面提高教育教学质量，保证高质量教材进课堂，全国机械职业教育教学指导委员会、机械工业出版社于2015年11月在杭州召开了专业教材建设启动会。在会上，来自全国相关专业的骨干教师、企业专家研讨了新的职业教育形势下的课程体系和内容。本书是根据会议精神，结合专业培养目标以及现阶段的教学实际编写的。

本书根据最新的教学标准，同时参考相应职业资格标准，以公差配合与技术测量为主线，参照《产品几何技术规范（GPS）》和《普通螺纹》现行国家标准编写而成，通过对上述国家标准的解读、分析、应用，用完成任务的形式，每个任务都遵循“任务导入——任务描述——任务分析——知识链接——任务实施——任务评价——活学活用”这一完整的行动过程，教师作为这一教学过程的组织者与协调者，使学生在快乐学习中掌握相关知识。

本书的建议学时为90学时，推荐采用理实一体化教学模式，具体学时分配建议见下表。

模　块	建议学时	教学建议
模块一　识读零件图和装配图的尺寸公差	14	教学时宜采用理实一体化教学模式，利用实际操作加深对理论知识的理解和巩固
模块二　尺寸的测量	20	
模块三　几何公差与测量	26	
模块四　表面粗糙度与测量	6	
模块五　螺纹公差与测量	11	
模块六　典型零件图的技术要求与测量	13	
总学时	90	

全书由杭州市萧山区高级技工学校吴宏霞、杭州市富阳区职业高级中学章建海主编。全书具体分工如下：杭州市富阳区职业高级中学汪怡青、杭州市乔司职业高级中学章燕编写模块一，章建海、贾耀平编写模块二，巴荣飞、高永伟编写模块三，钱锋编写模块四，吴宏霞、林春苗编写模块五，孙莹、杨先安编写模块六，全书由吴宏霞、章建海进行统稿。本书由杭州市萧山区高级技工学校王尧林主审。

在编写过程中，编者参阅了国内出版的有关教材和资料，得到了杭州市职业教育机械教研大组的有益指导，在此一并表示衷心感谢！

由于编者水平有限，书中不妥之处在所难免，恳请读者批评指正。

编　者

目　录

模块一 识读零件图和装配图的尺寸公差

学习目标

◆**知识目标**

➢了解尺寸、偏差、公差的术语及其定义。

➢认识互换性与标准化在生产中的重要作用。

➢掌握配合的分类、性质。

➢熟悉基本偏差的系列分布图。

➢正确识读公差带代号。

◆**能力目标**

➢能够计算上下极限偏差值和公差值，绘制公差带图。

➢能正确计算三种配合类型的间隙或过盈值，求出最大或最小值。

➢熟悉极限与配合标准，能熟练查阅“标准公差数值”和“极限偏差数值”表，能够总结出基本偏差系列的内在规律。

◆**情感目标**

➢对零件测量有个感性认识。

➢培养理论联系实际的学习方法和从实际出发的思考问题的方法。

➢了解学好本课程在生产中的重要指导意义。

在识读零件图和装配图时，都有尺寸公差这一项技术要求。零件图中的尺寸公差是指加工、检验该尺寸的线性要求，以判定产品的合格性。装配图中的尺寸公差主要是说明配合的性质和配合后部分尺寸的线性要求。尺寸公差是判定零件、部件、整机合规性的一项重要指标。因此在学习技术测量前必须先学习图样中的尺寸公差。由于零件图和装配图上的尺寸公差表示方法区别较大，如图 1-1 所示联轴器接头中尺寸 $\phi80^{+0.046}_{0}$、$\phi16D8\left(^{+0.077}_{+0.050}\right)$、$22\pm0.026$ 的后缀部分均为零件图的尺寸公差，如图 1-2 所示传动密封系统中尺寸 $\phi48\dfrac{H6}{p5}$、$\phi28\dfrac{H6}{f5}$、$\phi55J6$、$\phi30j6$ 的后缀部分也是尺寸公差。因此应分零件图尺寸公差和装配图尺寸公差两类进行学习。

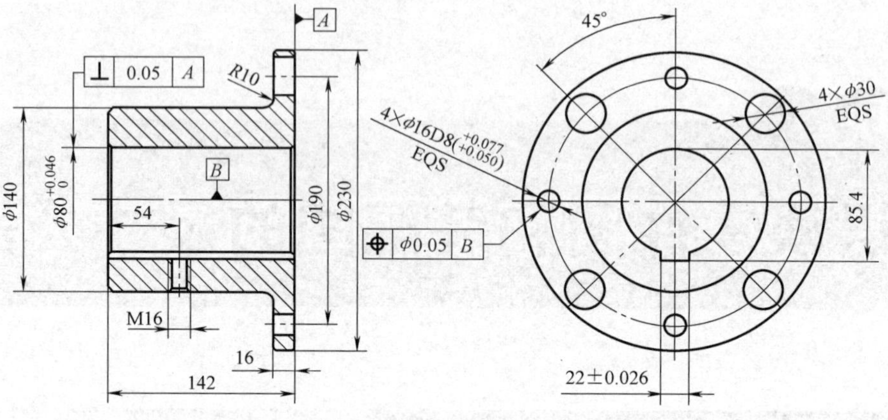

图 1-1　联轴器接头

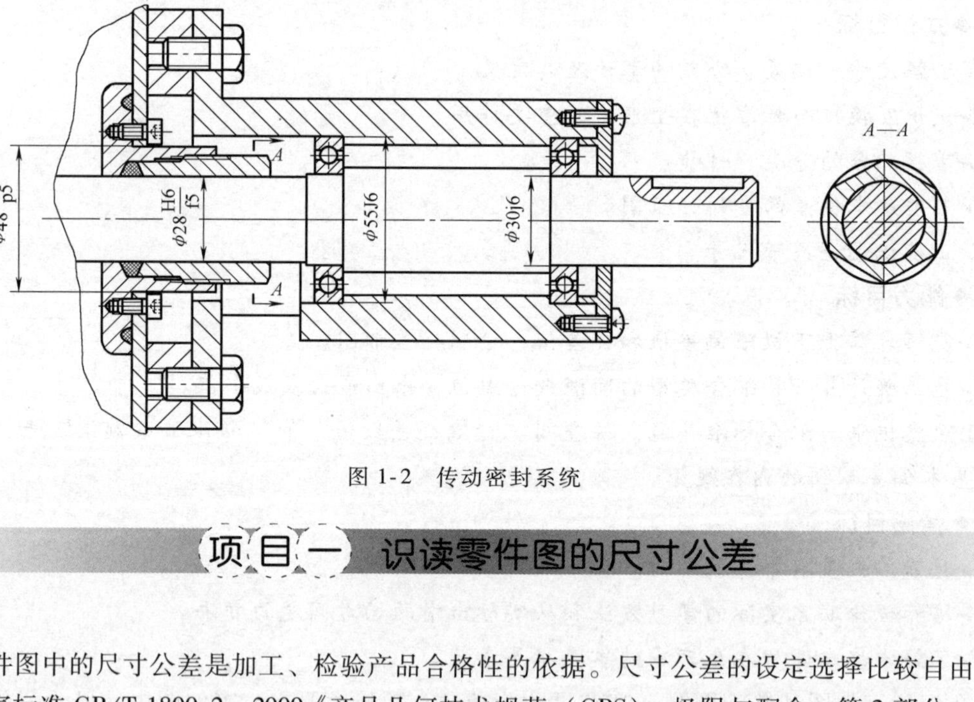

图 1-2　传动密封系统

项目一　识读零件图的尺寸公差

零件图中的尺寸公差是加工、检验产品合格性的依据。尺寸公差的设定选择比较自由，可以按国家标准 GB/T 1800.2—2009《产品几何技术规范（GPS）　极限与配合　第 2 部分：标准公差等级和孔、轴极限偏差表》设置偏差。也可以按零件特殊要求设置。对要求不高的尺寸在图上也可以不注偏差。未注公差一般应该在技术要求中说明。未注公差也有相应的国家标准（GB/T 1804—2000《一般公差　未注公差的线性和角度尺寸的公差》）。未注公差在现实加工、检验中有时称为自由公差。因此要学习零件的尺寸检测前必须先学会识读零件图的尺寸公差。

任务一　识读接管的尺寸公差

任务导入

在企业生产中，加工过的零件必须经过检验合格才能使用，检验零件必须有检测仪器

（设备）、图样及工量具等。检测人员如何才能判断和保证被检测零件为合格的呢？企业的加工制造员、质量检测员等在加工或检测前都必须理解图样上的尺寸公差，才能合理安排加工工艺与检测方法。只有明确合格的条件，才能对零件的质量做出合理判断。

任务描述

图 1-3 所示为接管零件图，图中 6 个径向尺寸有后缀数字，本任务就是解读这些数字的含义。

图 1-3 中 6 个有后缀数字的径向尺寸为 $\phi87^{+0.034}_{-0.020}$、$\phi105^{-0.036}_{-0.123}$、$\phi110^{\ 0}_{-0.054}$、$\phi100^{+0.087}_{\ 0}$、$\phi150^{+0.245}_{+0.145}$、$\phi256\pm0.04$。如 $\phi87^{+0.034}_{-0.020}$ 中，$\phi87$ 为公称尺寸，后缀中上标的 +0.034 为上极限偏差，下标的 −0.020 为下极限偏差。这是尺寸公差的一种标注方法。

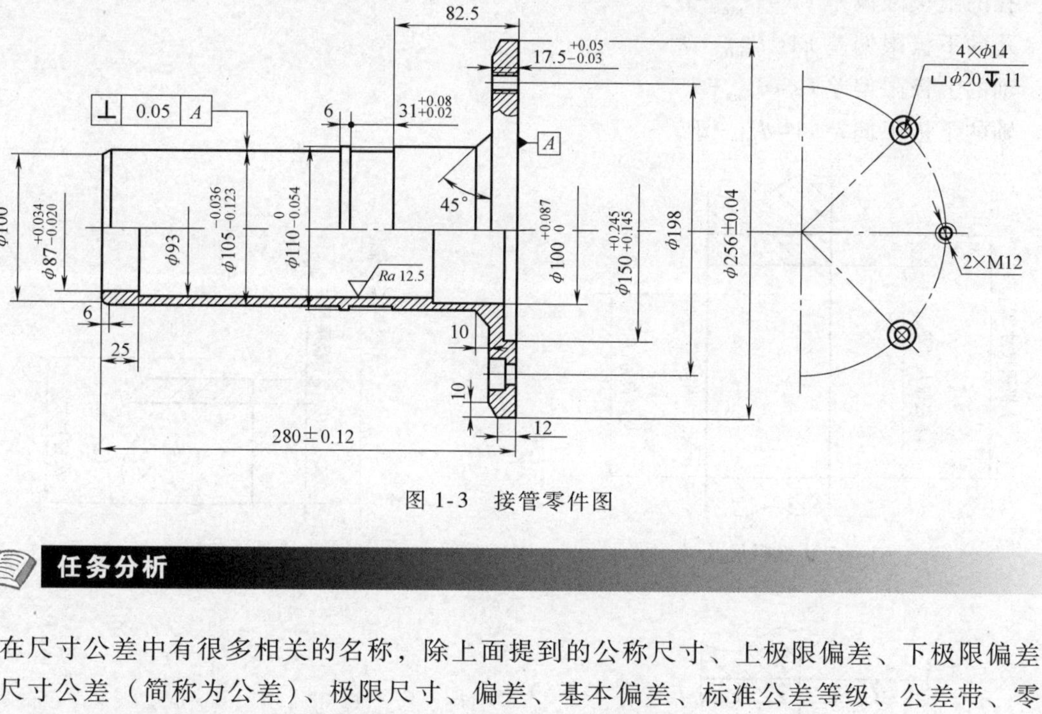

图 1-3　接管零件图

任务分析

在尺寸公差中有很多相关的名称，除上面提到的公称尺寸、上极限偏差、下极限偏差外还有尺寸公差（简称为公差）、极限尺寸、偏差、基本偏差、标准公差等级、公差带、零线等。我们不仅要熟悉这些名词及相互之间的关系，还要掌握它们的计算方法。

知识链接

1. 公称尺寸

公称尺寸是由图样规范确定的理想形状要素的尺寸，如图 1-4 所示。设计零件时，根据使用要求，通过刚度、强度计算或工艺结构等方面的考虑，并按标准直径或标准长度圆整后所给定的尺寸，它是计算极限尺寸和极限偏差的起始尺寸。

2. 极限尺寸

极限尺寸是尺寸要素允许的尺寸两个极端。尺寸要素允许的最大尺寸为上极限尺寸。尺寸要素允许的最小尺寸为下极限尺寸。

孔的上极限尺寸，用“$D_{\max}$”表示，孔的下极限尺寸，用“$D_{\min}$”表示，如图 1-5 所示。

轴的上极限尺寸，用“$d_{\max}$”表示，轴的下极限尺寸，用“$d_{\min}$”表示，如图 1-6 所示。

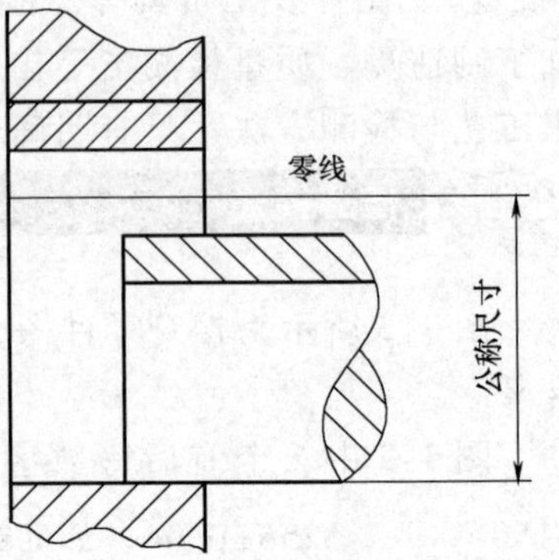

图 1-4　孔、轴公称尺寸

3. 极限偏差

极限偏差是某尺寸与公称尺寸的代数差，其值可正、可负或零，如图 1-7 和图 1-8 所示。

上极限偏差：上极限尺寸减其公称尺寸所得的代数差。

下极限偏差：下极限尺寸减其公称尺寸所得的代数差。

基本偏差：确定公差带相对零线位置的那个极限偏差。

孔的上极限偏差 $ES = D_{\max} - D$

孔的下极限偏差 $EI = D_{\min} - D$

轴的上极限偏差 $es = d_{\max} - d$

轴的下极限偏差 $ei = d_{\min} - d$

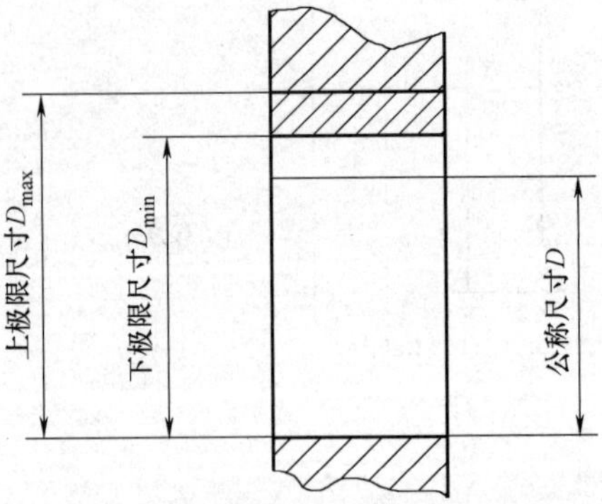

图 1-5　孔极限尺寸

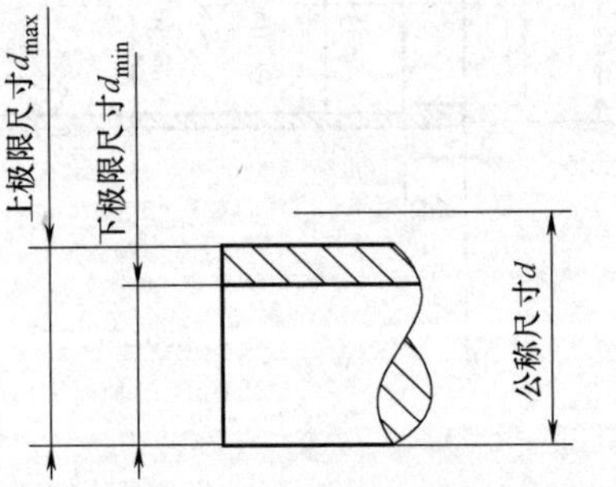

图 1-6　轴极限尺寸

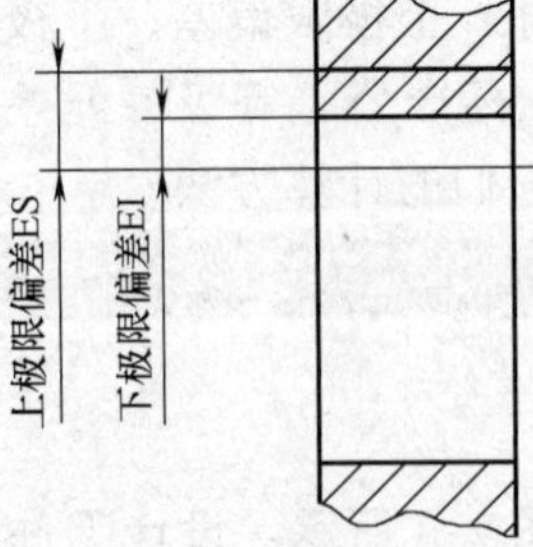

图 1-7　孔极限偏差

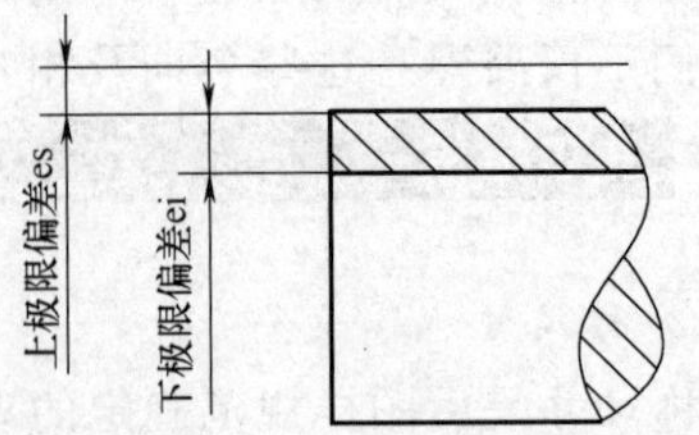

图 1-8　轴极限偏差

4. 尺寸公差

尺寸公差是上极限尺寸减下极限尺寸之差，或上极限偏差减下极限偏差之差，如图 1-9 所示。它是允许尺寸的变动量。

孔 $Th = D_{\max} - D_{\min} = ES - EI$

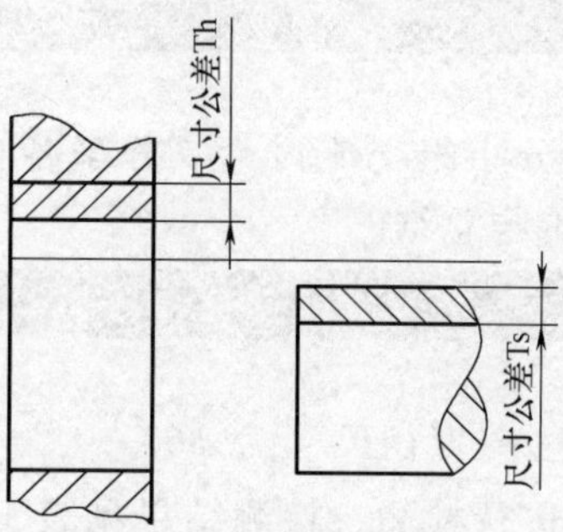

图 1-9 孔、轴尺寸公差

轴 $Ts = d_{max} - d_{min} = es - ei$

尺寸合格条件：若实际尺寸在极限尺寸范围之内，则该尺寸为合格尺寸。

任务实施

分析图 1-10 所示接管径向尺寸公差，并填写表 1-1。

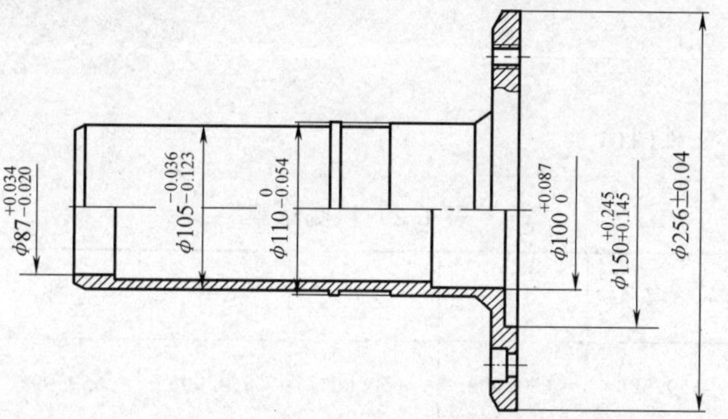

图 1-10 接管

表 1-1 任务实施表

	$\phi87^{+0.034}_{-0.020}$	$\phi105^{-0.036}_{-0.123}$	$\phi110^{0}_{-0.054}$	$\phi100^{+0.087}_{0}$	$\phi150^{+0.245}_{+0.145}$	$\phi256\pm0.04$
公称尺寸						
上极限尺寸						
下极限尺寸						
上极限偏差						
下极限偏差						
尺寸公差						
实际测得	$\phi87.021$	$\phi105.006$	$\phi109.973$	$\phi99.025$	$\phi150.132$	$\phi255.035$
是否合格						

任务评价

任务结束后留出部分时间，分小组交流讨论，分享各自的学习成果，共同进步。参照“附表十四”做出正确的任务评价与总结。

活学活用

如图 1-11 和图 1-12 所示，生产直径尺寸为 $\phi60_{-0.019}^{0}$，长度尺寸为 100±0.11 的圆形工件。加工完成后抽取了 9 个工件进行检测，检测结果见表 1-2。问：该轴极限尺寸、极限偏差、公差是多少？抽查后哪几个不合格？合格率是多少？

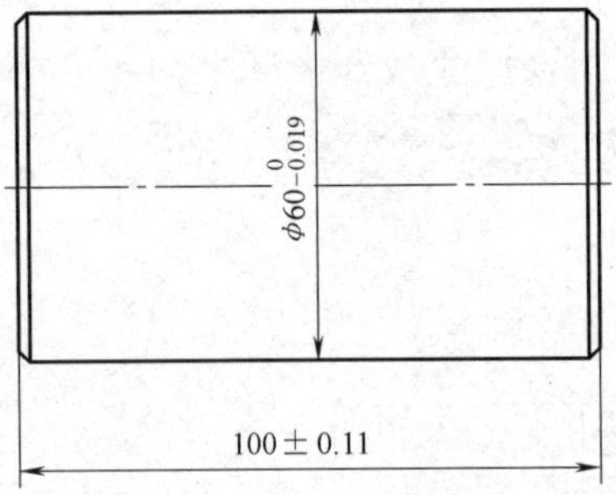

图 1-11　工件图样

图 1-12　工件实物

表 1-2　检测结果

1号	2号	3号	4号	5号	6号	7号	8号	9号
ϕ59.993	ϕ59.997	ϕ59.998	ϕ59.993	ϕ60.001	ϕ59.995	ϕ59.995	ϕ60	ϕ59.992
100.07	100.1	100.06	100.03	99.83	100.09	100.13	100.02	100

任务二　识读用代号标注的尺寸公差

任务导入

在企业生产中，尺寸公差的标注方法有多种，在国家标准 GB/T 1800.1—2009《产品几何技术规范（GPS）极限与配合　第 1 部分：公差、偏差和配合的基础》中已经说明了有三种，如图 1-13 所示的 $87_{-0.08}^{-0.03}$、10S8、ϕ25H7（$^{+0.021}_{0}$）。如果图样上出现的是用代号标注的尺寸公差，从事机械行业的相关人员如何通过检测判断该尺寸是否合格呢？所以必须能解读各种标注方法。

任务描述

本任务为识读图 1-14 所示工件标注的尺寸公差。

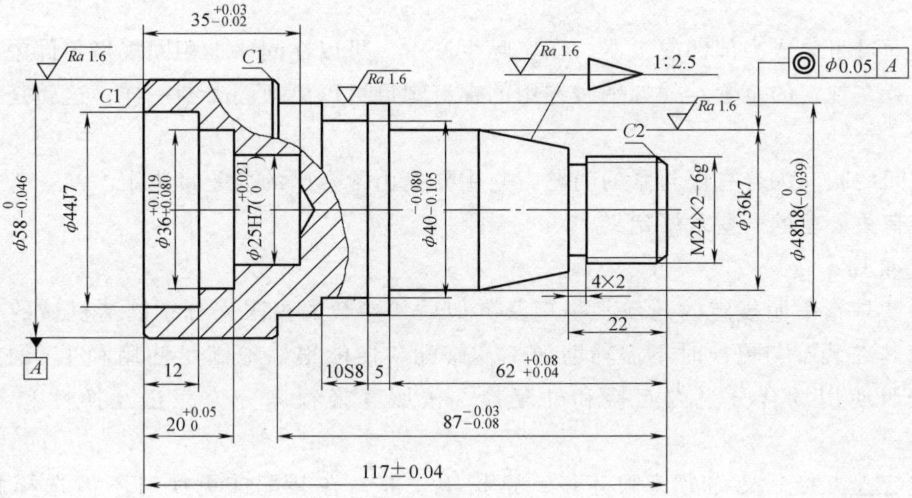

技术要求

1.零件加工表面上，不应有划痕、擦伤等损伤零件表面的缺陷。

2.未注公差按GB/T 1804-m。

3.不得用砂纸、油石打光。

图 1-13　零件图

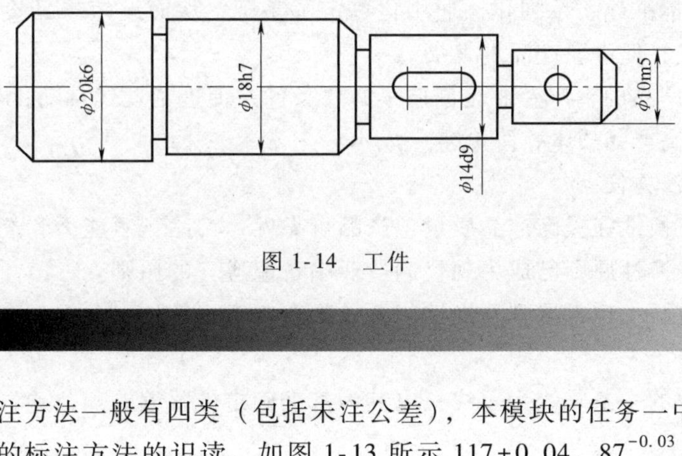

图 1-14　工件

任务分析

尺寸公差的标注方法一般有四类（包括未注公差），本模块的任务一中学习了尺寸后加单一数字后缀形式的标注方法的识读，如图 1-13 所示 117±0. 04、$87^{-0.03}_{-0.08}$、$\phi58^{\ 0}_{-0.046}$，明确了后缀数字表示的实际含义。

本任务的尺寸公差则是以尺寸后加字母的形式出现，如 ϕ20k6、ϕ18h7、ϕ14d9 等，其公称尺寸后分别标注了公差带 k6、h7、d9 等，其表示的含义是什么呢？第三类尺寸公差的标注方法为公称尺寸后不仅标了公差带，而且还在公差带后面加的括号中注明了具体的极限偏差，如 ϕ25H7（$^{+0.021}_{\ \ 0}$）。而第四类则是只标了公称尺寸而没有标公差带或极限偏差，这类尺寸为未注公差的尺寸。在图 1-13 所示技术要求第 2 条中说明了“未注公差按 GB/T 1804-m”，这类尺寸看似没有公差，其实也有公差。

知识链接

零件通过组装成为部件或机器。在实际生产中，可以在同一批相同规格零件中随意拿一个都能安装在规定的位置，就如平时在用的螺钉螺母可以更换同类型一样，这就是所说的互换性。

零件间的相互配合有松与紧的问题，它主要是由配合区的公差带决定。

一、有关公差的一些术语定义

1. 互换性

互换性是指按照规定的几何、物理及其他质量参数的极限来分别制造机械的各个组成部分，使其在装配与更换时不需辅助加工及修配，便能很好地满足使用和生产上的要求。互换性按照使用场合分为内互换和外互换，按照互换程度分为完全互换性和不完全互换性。

（1）完全互换　又称为无限互换，是指零、部件在装配或更换时不需选择和修配或调整。

（2）不完全互换　又称为有限互换，是指零、部件在装配或更换时不需要修配，但允许有附加选择或调整。

在工厂的装配车间经常看到这样一种情况，装配工人任意从一批相同规格的零件中取出一个装到机器上，装配后机器就能正常工作，这是因为这些零件具有互换性。互换性对大批量产品的设计、制造、装配、使用和维修具有十分重要的意义。

1）为产品的标准化、系列化、通用化奠定了基础，从而缩短产品设计和制造周期，利于产品的更新换代，促进新产品的发展。

2）为大批量产品的生产专业化创造了必要条件，促进了现代自动化生产的发展。

3）有利于提高产品质量、降低生产成本。

4）使用和维修方便。

综上所述，互换性在提高产品质量、产品可靠性、产品竞争能力和经济效益等方面具有重大意义，目前互换性原则已成为现代制造业中普遍遵守的原则。

其实在日常生活中也常遇到互换性问题，如图 1-15 和图 1-16 所示的零配件。

2. 零线

表示公称尺寸的一条直线为零线，以其为基准确定极限偏差和公差，如图 1-17 所示。

3. 公差带

公差带为上极限偏差和下极限偏差或上极限尺寸和下极限尺寸的两条直线所限定的一个区域，由公差的大小和其相对零线的位置（基本偏差）来确定的，如图 1-18 所示。

4. 标准公差

国家标准 GB/T 1800.1—2009《产品几何技术规范（GPS）　极限与配合　第 1 部分：公差、偏差和配合的基础》将标准公差分为 20 个等级，用 IT（为“国际公差”的英文缩略语）表示，分别为 IT01、IT0、IT1、IT2、…、IT18，公差等级从左向右为由高到低，如图 1-19 所示。常用的公差等级为 6~10 级，01 和 0 级在工业上很少应用。

图 1-15　螺栓

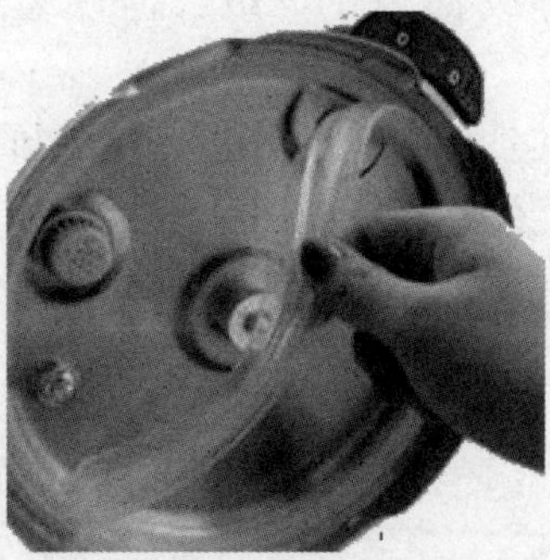

图 1-16　高压锅密封圈

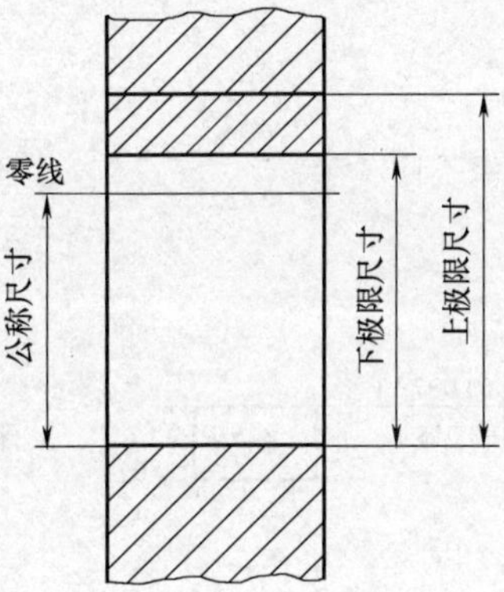

图 1-17　零线

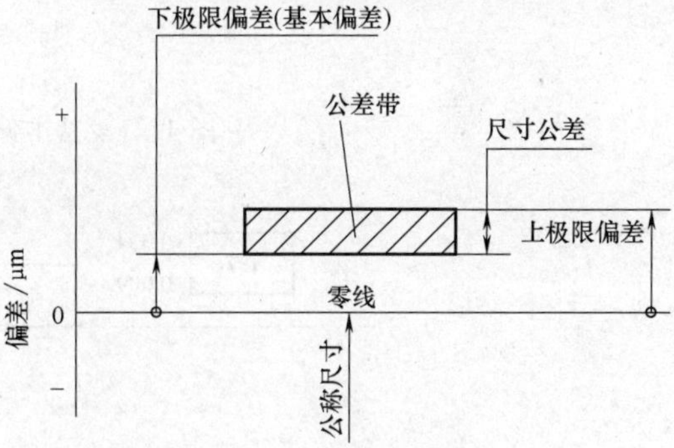

图 1-18　公差带图解

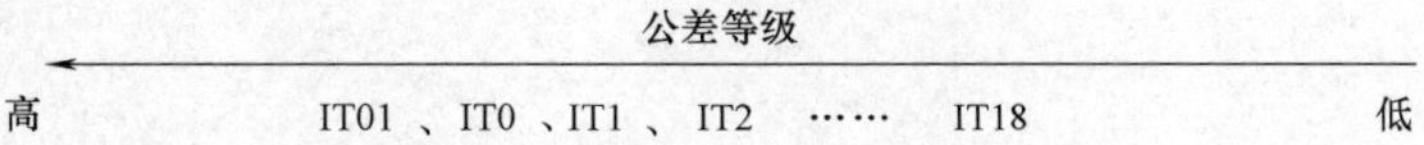

图 1-19　公差等级

图 1-20 所示 $\phi 20k6$ 中的 6 表示圆柱的公差等级是 IT6 级，$\phi 18h7$ 中的 7 表示圆柱的公差等级是 IT7 级。

具体的标准公差数值，见附表十一。

5. 公差等级

公称尺寸相同时，公差等级越高，其公差值越小；反之，公差值越大。如图 1-21 所示，公称尺寸都是 $\phi 50$，公差等级最高的是 IT6 级，公差值为 0.016；公差等级最低的是 IT9 级，公差值为 0.062。

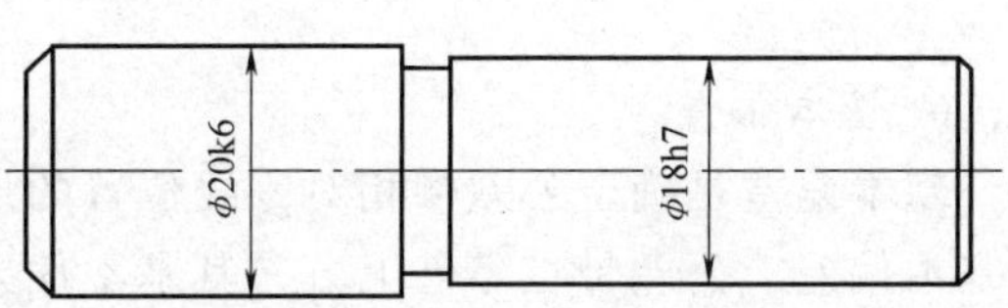

图 1-20　心轴

公称尺寸一定时，无论基本偏差怎么变化，只要公差等级为不变，公差值都一定相同，如图 1-22 所示。

而公差等级一定时，随着公称尺寸的增大，其公差值也应当相应增大，如图 1-23 所示公差等级都为 IT7 级，但随着公称尺寸由 $\phi50$ 增加到 $\phi150$，公差值由 0. 025 增加到 0. 04。

所以公差的大小由公称尺寸和公差等级决定，与基本偏差无关。

只要公差等级相同，无论公称尺寸为多少，我们均视为尺寸精度相同。

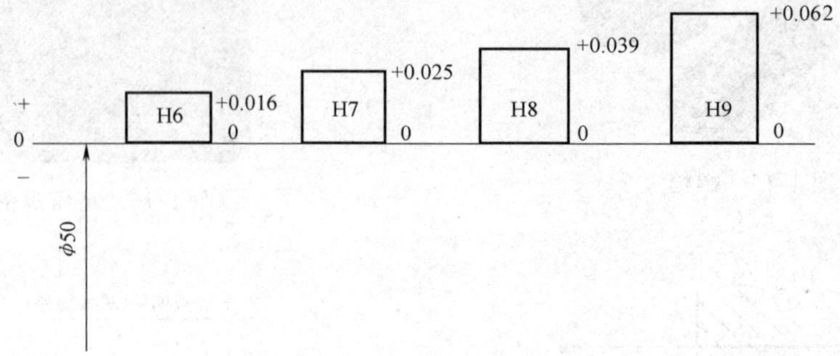

图 1-21　基本偏差相同，公差等级不同

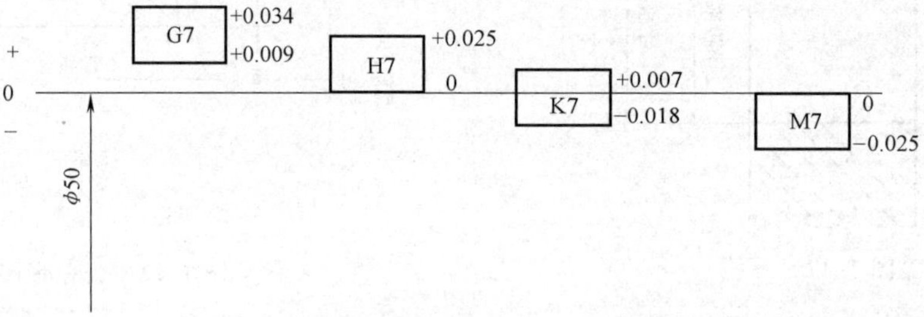

图 1-22　基本偏差不同，公差等级相同

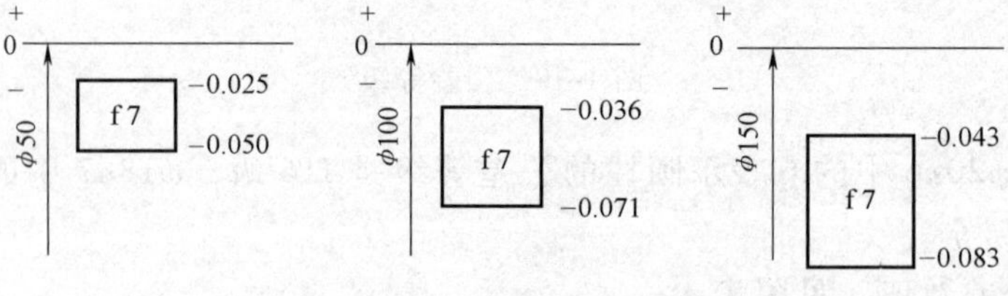

图 1-23　公称尺寸不同

6. 基本偏差

基本偏差是确定公差带相对零线位置的那个极限偏差，即靠近公称尺寸零线的极限偏差为基本偏差，公差带在零件上方，其基本偏差是下极限偏差；反之基本偏差为上极限偏差，如图 1-24 所示。轴 $\phi100^{+0.012}_{+0.034}$ 基本偏差为上极限偏差−0. 012，如图 1-25 所示；轴 $\phi100^{+0.093}_{+0.071}$ 基本偏差为下极限偏差+0. 071，如图 1-26 所示。基本偏差即是靠近零线的上极限偏差或下极限偏差。

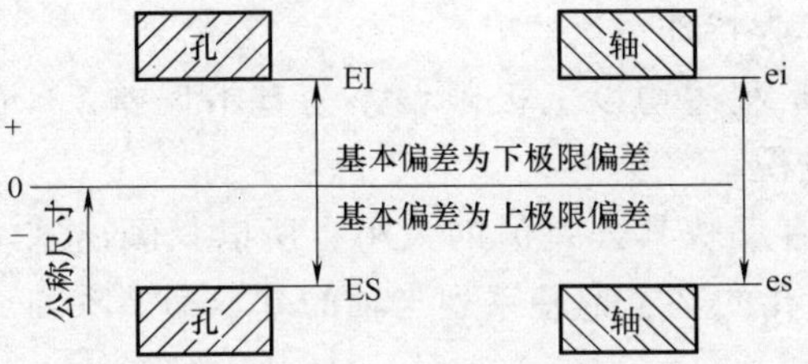

图 1-24　基本偏差

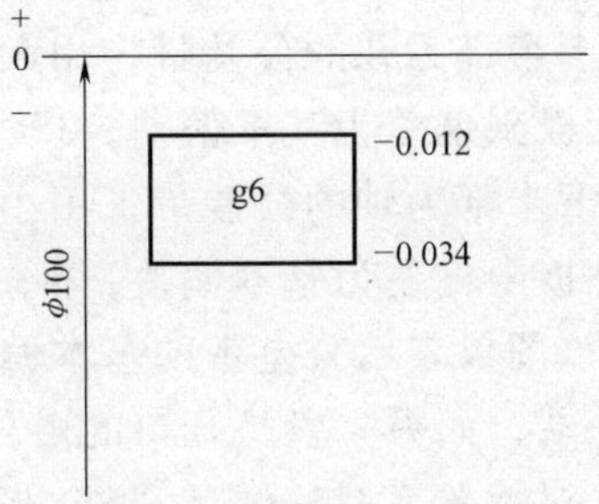

图 1-25　基本偏差为上极限偏差

7. 公差三种标注方式

用上下极限偏差标注，如图 1-27 所示。

用公差带标注，如图 1-28 所示。

用上下极限偏差、公差带同时标注，如图 1-29 所示。

在零件图中，一般用如图 1-27 显示上下极限偏差的表达方式表示，这样生产工人可以直接看清，无须查表。

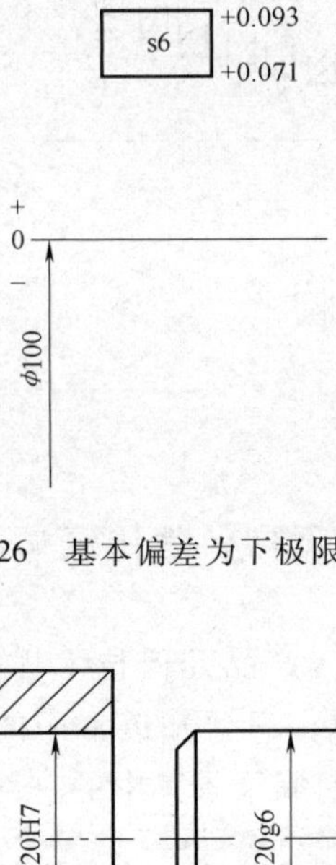

图 1-26　基本偏差为下极限偏差

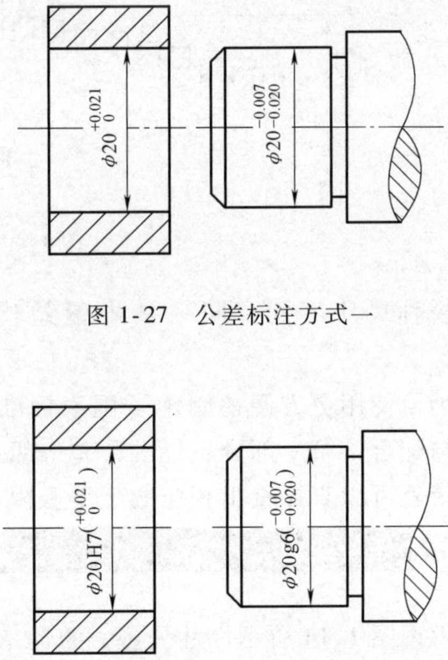

图 1-27　公差标注方式一

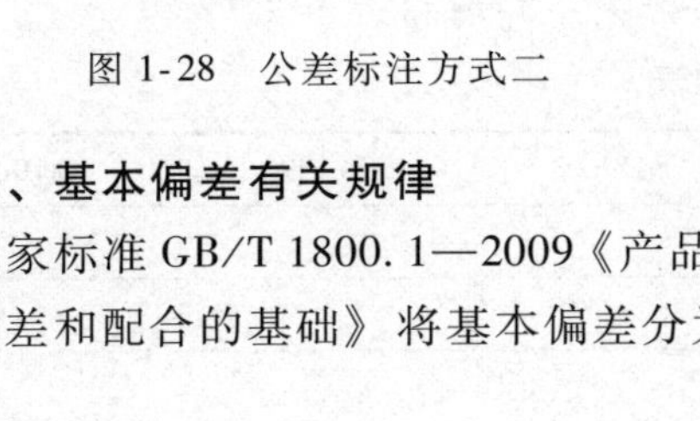

图 1-28　公差标注方式二

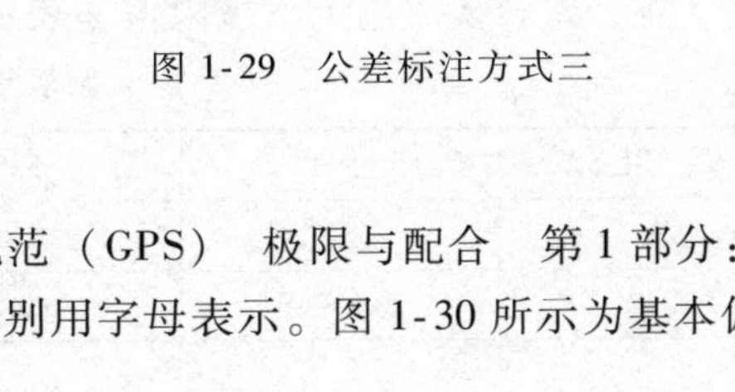

图 1-29　公差标注方式三

二、基本偏差有关规律

国家标准 GB/T 1800.1—2009《产品几何技术规范（GPS）　极限与配合　第 1 部分：公差、偏差和配合的基础》将基本偏差分为 28 种，分别用字母表示。图 1-30 所示为基本偏差系列示意图，从图中总结出基本偏差系列的规律如下。

1）上半部为孔的公差带，用大写字母表示，H 左边均以下极限偏差为基本偏差，P 右边均以上极限偏差为基本偏差，JS、J、K、M 和 N 为特殊情况。

2）下半部为轴的公差带，用小写字母表示，h 左边均以上极限偏差为基本偏差，k 右边均以下极限偏差为基本偏差，js、j 和 k 为特殊情况。

3）该图仅表示公差带的基本偏差位置，并没有反映其公差值的大小，所以只画出基本偏差的一端，而另一段是开口的由公差等级决定。孔的基本偏差系列与轴的基本偏差系列成上下基本对称关系，整体呈“S”形状。

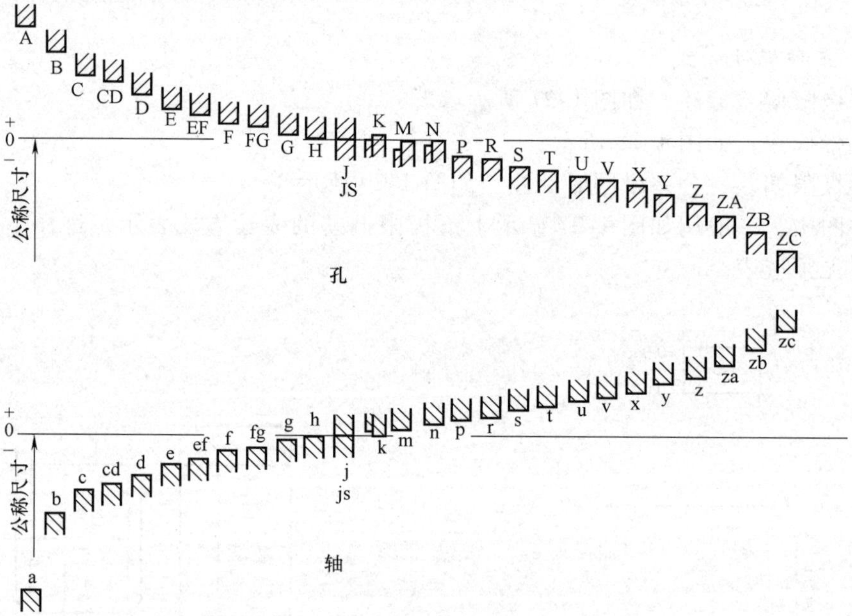

图 1-30　基本偏差系列示意图

公称尺寸不同，同一基本偏差代号的基本偏差值也不同，具体值见附表一和附表二。

为了使用更方便还制定了国家标准 GB/T 1800.2—2009《产品几何技术规范（GPS）极限与配合　第 2 部分：标准公差等级和孔、轴极限偏差表》。只要知道常用的公称尺寸及公差带就可以直接查出相应的上下极限偏差。附表三和附表四摘录了其中的一部分。

任务实施

识读图 1-14 所示尺寸公差，查附表得出该轴各径向尺寸的公差、上下极限偏差、基本偏差，将公差转换成用上下极限偏差表示，画出公差带图，并填写表 1-3。

表 1-3　任务实施表

用公差带表示的尺寸		ϕ20k6	ϕ18h7	ϕ14d9	ϕ10m5
查附表十一	公差	0.013			
查附表二	基本偏差	+0.002			

（续）

用公差带表示的尺寸		ϕ20k6	ϕ18h7	ϕ14d9	ϕ10m5
计算得出	上极限偏差	+0.015			
	下极限偏差	+0.002			
查附表四	上极限偏差	+0.015			
	下极限偏差	+0.002			
用极限偏差表示的尺寸		$\phi20^{+0.015}_{+0.002}$			
公差带图		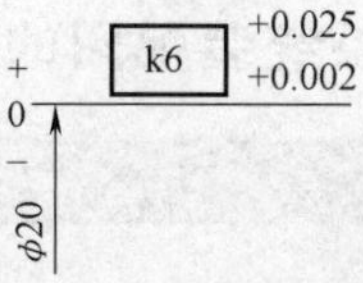			

任务评价

任务结束后留出部分时间，分小组交流讨论，分享各自的学习成果，共同进步。参照“附表十四”做出正确的任务评价与总结。

活学活用

1. 下面尺寸中，对精度要求最高的是（　　）。

A. ϕ50h6　　B. ϕ50h9　　C. ϕ50h11

2. 下面尺寸中，对精度要求最高的是（　　）。

A. ϕ50h9　　B. ϕ100h9　　C. ϕ150h9

3. 下面尺寸中，对精度要求最高的是（　　）。

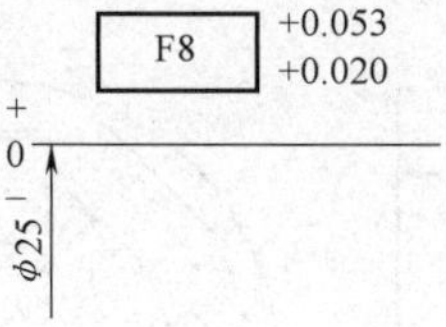

A

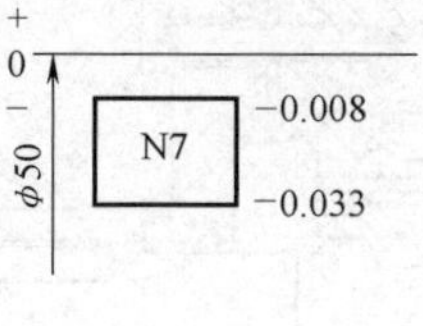

B

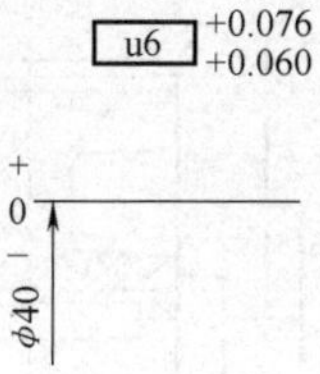

C

4. 下面尺寸中，最靠近零线的是（　　）。

A. ϕ50h9　　B. ϕ50k5　　C. ϕ50p4　　D. ϕ50z6

5. 下面尺寸中，最靠近零线的是（　　）。

A. ϕ50B12　　B. ϕ50C11　　C. ϕ50D9　　D. ϕ50G6

6. 下面尺寸中，最靠近零线的是（　　）。

A. ϕ25D9　　B. ϕ50D9　　C. ϕ100D9　　D. ϕ200D9

项目二 识读装配图的尺寸公差

装配图的尺寸主要有规格性能尺寸、配合尺寸、安装尺寸、总体尺寸和其他重要尺寸。其中的配合尺寸由公称尺寸及后面的孔、轴公差带组成，如图 1-31 所示传动系统装配图中的尺寸 $\phi30\,\frac{H8}{e7}$，$\phi30$ 为公称尺寸，$\frac{H8}{e7}$的 H8 为孔的公差带、e7 为轴的公差带。本项目的主要任务是学习配合尺寸的识读。

任务一 识读传动系统装配图的配合尺寸

任务导入

在企业生产中，装配图是表达设计思想及技术交流的工具，其绘制位于零件图之前。装配图与零件图的表达内容不同，主要用于表达机器或部件的工作原理和装配关系，是指导生产的基本技术文件。装配图具有一定的逻辑性，为了更清楚、完整地表达装配图中的装配、连接、传动等关系，应在零件配合的位置加注配合尺寸。配合尺寸不仅显示了两个零件间的配合关系和配合精度，甚至还为操作人员提示了安装和拆卸工艺。因此，能够读懂配合尺寸是识读装配图的关键。

任务描述

图 1-31 所示传动系统装配图中的两个尺寸 $\phi30\,\frac{H8}{e7}$和 $8\,\frac{N9}{h8}$属于配合尺寸。本任务为识读这两个尺寸。

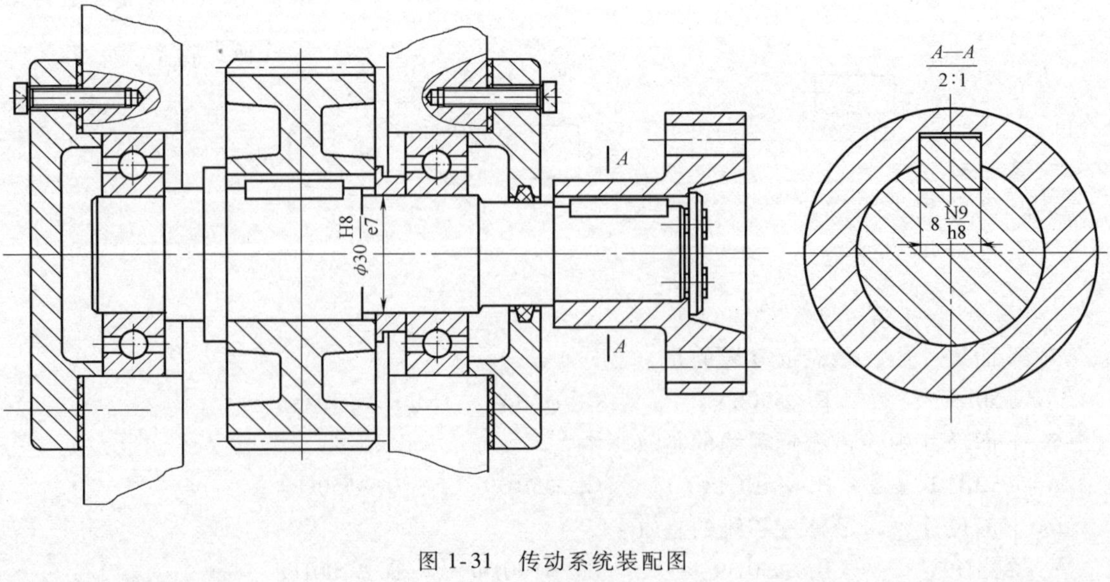

图 1-31 传动系统装配图

任务分析

图 1-31 中尺寸 $\phi30\frac{H8}{e7}$表明了该系统主轴与轴套的配合关系，$8\frac{N9}{h8}$表示主轴上的键槽与键的配合关系。配合尺寸看似很简单，但它包含的概念有很多。除尺寸公差中提到的概念外，还有基准轴、基准孔、间隙、最大和最小间隙、过盈、最大和最小过盈、配合、间隙配合、过盈配合、过渡配合、配合制、基轴制配合、基孔制配合等。分析配合关系可以提供加工装配的一些技术参数。完成本任务，需要明确以下几点。

1）分解配合尺寸，分清公差带，查出对应的极限偏差。

2）读出配合制，了解该配合尺寸的配合形式。

3）分析间隙、过盈量，能看清配合公差带图。

知识链接

1. 配合尺寸的表示方法

配合尺寸有三种表示方法，最常用的一种是由公称尺寸和孔、轴公差带代号组成，用分数形式表示，如 8N9/h8 或 $8\frac{N9}{h8}$。分子为孔的公差带代号，分母为轴的公差带代号。$8\frac{N9}{h8}$可以分解为内（孔）尺寸 8N9，外（轴）尺寸 8h8，查国家标准后用极限偏差表示分别为 $8^{\ 0}_{-0.036}$和 $8^{\ 0}_{-0.022}$。

2. 配合

配合是指公称尺寸相同的并且相互结合的孔与轴公差带之间的关系。按松紧程度它分为过盈配合，过渡配合和间隙配合三种。

3. 配合种类

间隙：孔的尺寸减去相配合的轴的尺寸之差为正。

过盈：孔的尺寸减去相配合的轴的尺寸之差为负。

间隙配合：具有间隙（包括最小间隙为零）的配合。此时，孔的公差带在轴的公差带之上，如图 1-32 所示。

过盈配合：具有过盈（包括最小过盈为零）的配合。此时，孔的公差带在轴的公差带之下，如图 1-33 所示。

过渡配合：可能具有间隙或过盈的配合。此时，孔的公差带与轴的公差带相互交叠，如图 1-34 所示。

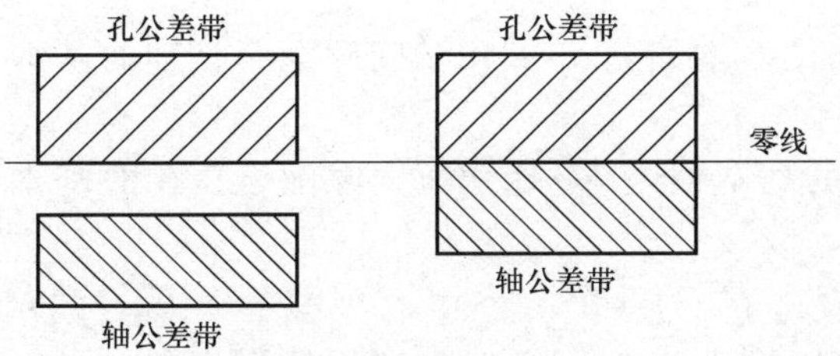

图 1-32　间隙配合

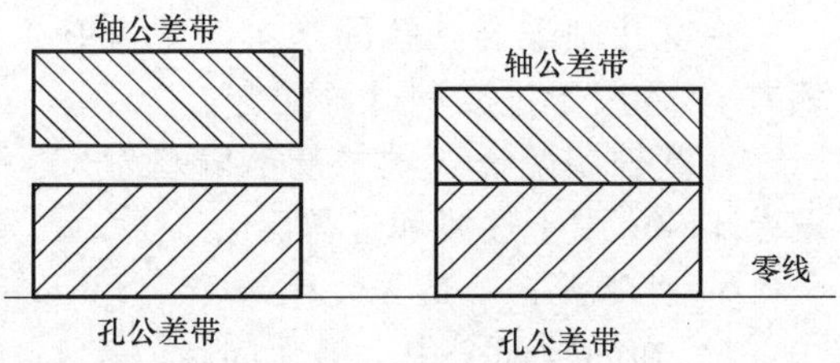

图 1-33　过盈配合

4. 配合制

同一极限制的孔和轴组成的一种配合制度称为配合制。

国家标准 GB/T 1800.1—2009《产品几何技术规范（GPS） 极限与配合 第 1 部分：公差、偏差和配合的基础》规定了两种配合制，即基孔制配合与基轴制配合。

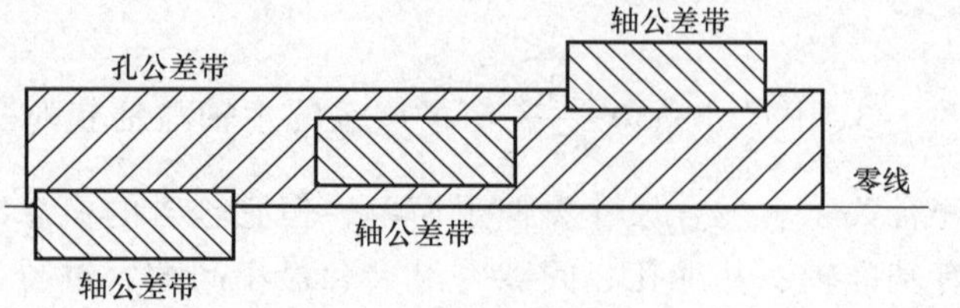

图 1-34　过渡配合

基准孔：在基孔制配合中选为基准的孔。

基准轴：在基轴制配合中选为基准的轴。

基孔制配合：基本偏差为一定的孔的公差带与不同基本偏差的轴公差带形成各种配合的一种制度。基准孔的基本偏差（下极限偏差）为零（即 EI=0），基本偏差代号为“H”，如图 1-35 所示。

基轴制配合：基本偏差为一定的轴的公差带与不同基本偏差的孔公差带形成各种配合的一种制度。基准轴的基本偏差（上极限偏差）为零（即 es=0），基本偏差代号为“h”，如图 1-36 所示。

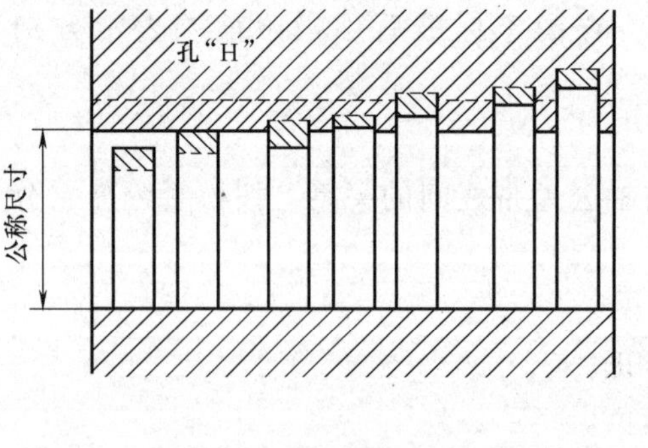

图 1-35　基孔制

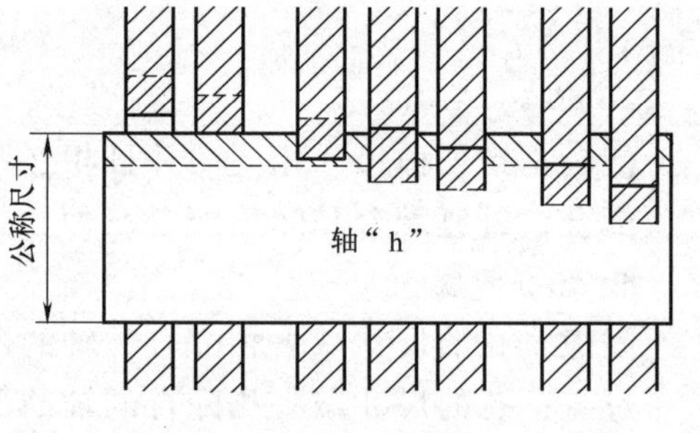

图 1-36　基轴制

5. 基准制的选择

在实际生产过程中，我们优先选用基孔制。由于孔的加工比轴困难，以孔为基准来配合轴的尺寸，便于生产加工。如果已经有了轴的尺寸，要求配以相应的孔的尺寸，这时选用基轴制较为合理。一般情况下，大多选用基孔制，且孔比轴低一级公差等级。

配合有间隙配合、过渡配合、过盈配合三种。属于哪一种配合取决于孔、轴公差带的相互关系。

在基孔制配合（孔的基本偏差为 H ）中，轴的基本偏差 a~h 用于间隙配合，轴的基本偏差 j~zc 用于过渡和过盈配合。

在基轴制配合（轴的基本偏差为 h）中，孔的基本偏差 A~H 用于间隙配合，孔的基本偏差 J~ZC 用于过渡和过盈配合。

6. 间隙量、过盈量的计算

1）在间隙配合中，最大间隙（X_{max}）= 孔的上极限偏差（ES）-轴的下极限偏差（ei），最小间隙（X_{min}）= 孔的下极限偏差（EI）-轴的上极限偏差（es），如图 1-37 所示。

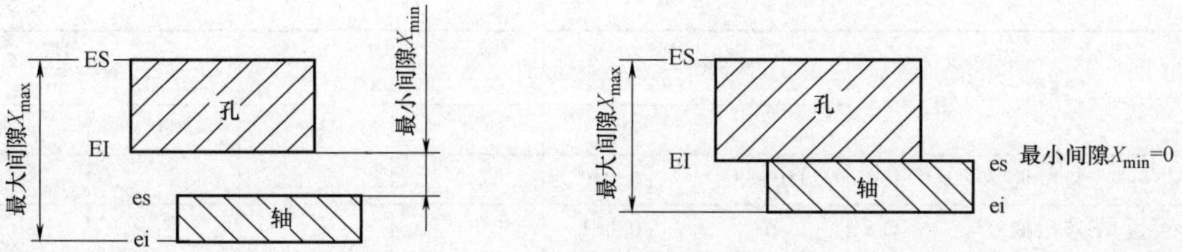

图 1-37　间隙配合

2）在过盈配合中，最大过盈（Y_{max}）= 轴的上极限偏差（es）-孔的下极限偏差（EI），最小过盈（Y_{min}）= 轴的下极限偏差（ei）-孔的上极限偏差（ES），如图 1-38 所示。

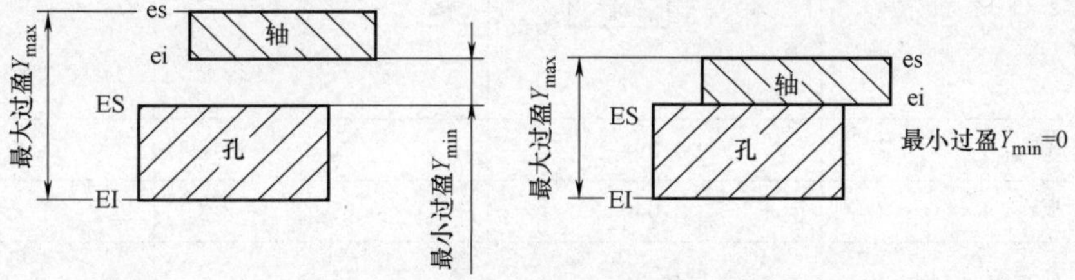

图 1-38　过盈配合

3）在过渡配合中，最大过盈（Y_{max}）= 轴的上极限偏差（es）-孔的下极限偏差（EI），最大间隙（X_{max}）= 孔的上极限偏差（ES）-轴的下极限偏差（ei），如图 1-39 所示。

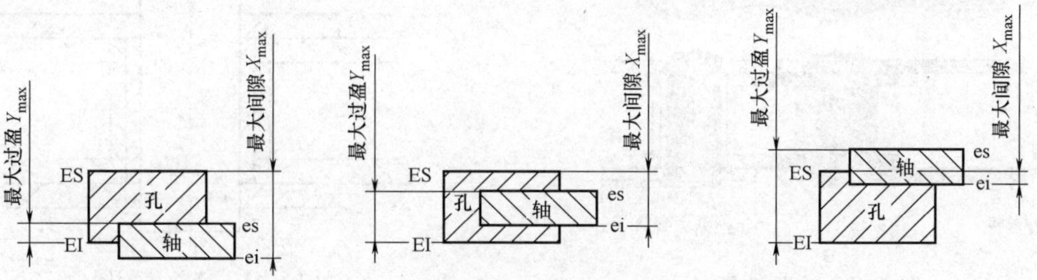

图 1-39　过渡配合

任务实施

读图 1-31 所示传动系统装配图、图 1-40 和图 1-41 所示链条装配中的配合尺寸，将其分解成孔、轴公称尺寸与公差带的表示形式，然后在国家标准中查出各自的极限偏差，计算出公差、最大和最小过盈或间隙，画出公差带图，并填写表 1-4。

表 1-4　任务实施表

项目	$\phi30\frac{H8}{e7}$		$8\frac{N9}{h8}$		$\phi20\frac{H7}{s6}$	
	孔	轴	孔	轴	孔	轴
分解	ϕ30H8	ϕ30e7				
基准制	基孔制					

（续）

项目	$\phi 30\frac{H8}{e7}$		$8\frac{N9}{h8}$		$\phi 20\frac{H7}{s6}$	
	孔	轴	孔	轴	孔	轴
上极限偏差	+0.033	−0.040				
下极限偏差	0	−0.061				
公差	0.033	0.021				
公差带图	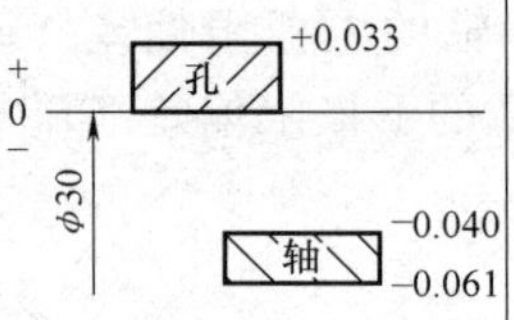					
$X_{max}(Y_{min})$	0.094					
$X_{min}(Y_{max})$	0.040					
配合类型	间隙配合					

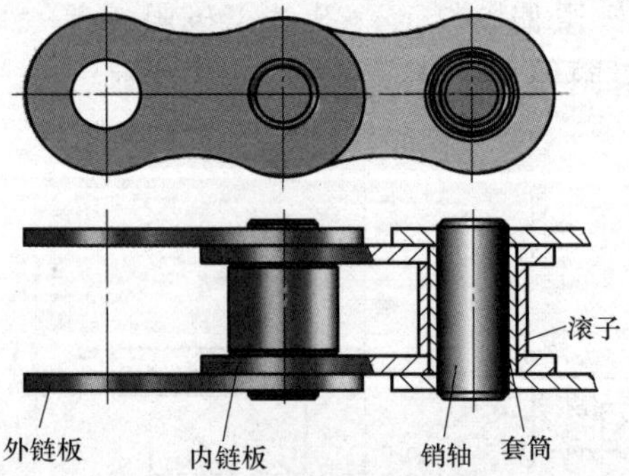

图 1-40　链条装配

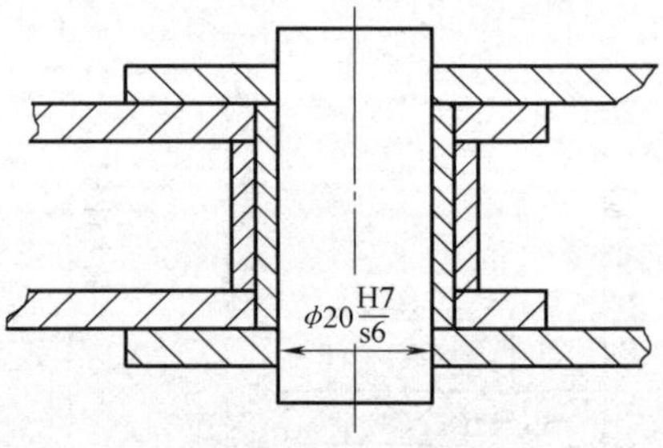

图 1-41　链条装配图

任务拓展

三种配合的区别如下。

1. 间隙配合

1）孔的实际尺寸永远大于或等于轴的实际尺寸。

2）孔的公差带在轴的公差带的上方。

3）允许孔轴配合后能产生相对运动。

2. 过盈配合

1）孔的实际尺寸永远小于或等于轴的实际尺寸。

2）孔的公差带在轴的公差带的下方。

3）允许孔轴配合后使零件位置固定或传递载荷。

3. 过渡配合

1）孔的实际尺寸可能大于或小于轴的实际尺寸。

2）孔的公差带与轴的公差带相互交叠。

3）孔轴配合时，可能存在间隙，也可能存在过盈。

任务评价

任务结束后留出部分时间，分小组交流讨论，分享各自的学习成果，共同进步。参照“附表十四”做出正确的任务评价与总结。

活学活用

1. 判断下列各组孔轴的配合性质，计算最大、最小间隙或过盈量，并画出公差带图。

1）孔尺寸为 $\phi50^{+0.030}_{0}$，轴尺寸为 $\phi50^{+0.039}_{+0.020}$。

2）孔尺寸为 $\phi40^{+0.054}_{0}$，轴尺寸为 $\phi40^{+0.145}_{+0.091}$。

3）孔尺寸为 $\phi90^{+0.108}_{+0.054}$，轴尺寸为 $\phi90^{0}_{-0.054}$。

2. 分析图 1-42 中的孔、轴配合。

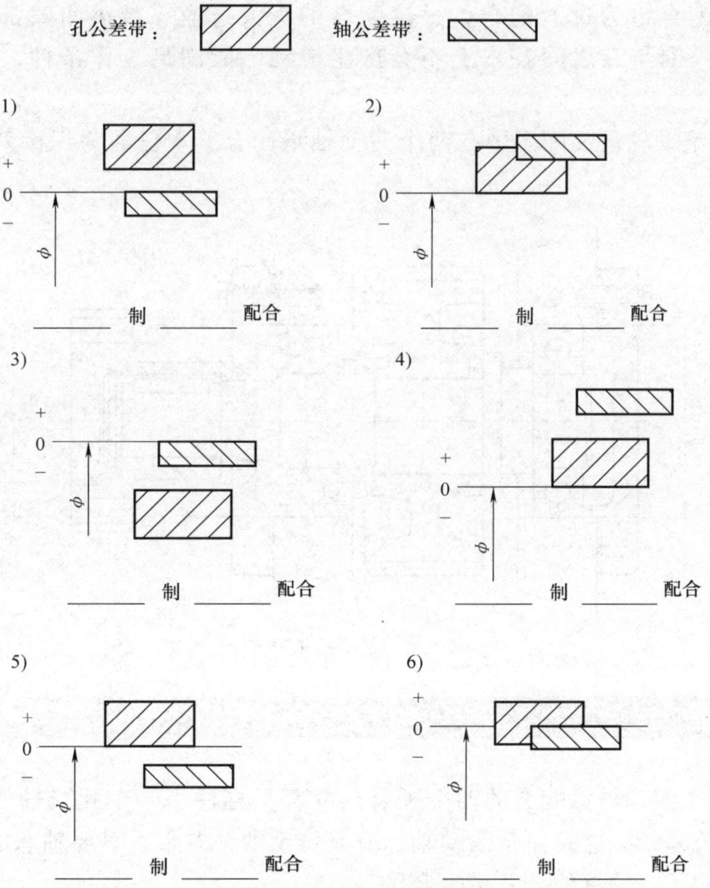

图 1-42　孔、轴配合

任务二　识读滚动轴承装配图的配合尺寸

任务导入

滚动轴承是机械设备中不可缺少的部件。它既可以用于支承旋转的轴，又可以减少轴与支承部件之间的摩擦力，广泛地用于机械传动中。

物体滚动比滑动容易，汽车轮子就如同大型轴承。如果用雪橇代替车轮，汽车在道路上前进就困难得多。轴承使日常使用的机器得以正常运转。如果没有轴承，可能需要经常更换那些易磨损的零件。

滚动轴承是标准件，它的内外径公差及基本偏差是由国家标准规定的，因此它的配合尺寸标注与一般装配图中的配合尺寸标注有区别。

任务描述

滚动轴承的种类有很多，但它们的工作状态基本相同，即轴承内圈与轴、外圈与毂之间保持无相对运动，从理论上分析应该选择过盈配合。但滚动轴承在一些比较恶劣的工作环境条件下容易损坏，如果采用过盈配合会给更换轴承带来大麻烦。因此在机械设计时一般将轴承的配合定为过渡配合，过渡配合的最大过盈、最小间隙都比较小，安装后轴承内圈与轴、外圈与毂之间基本上不会产生滑动，能满足工作条件，也能方便轴承的安装和更换。

图 1-43 所示滚动轴承装配图中有两个滚动轴承配合。本任务为识读两个滚动轴承的配合尺寸。

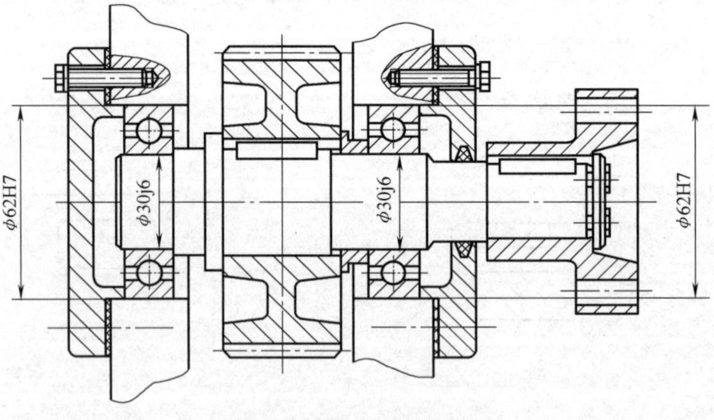

图 1-43　滚动轴承装配图

任务分析

图 1-43 中两个滚动轴承配合的四个配合尺寸都只标注了一个孔或轴的公差带，而没有标注滚动轴承的公差带。这是由于滚动轴承有其特定的公差带，只要轴承的型号、内圈尺寸及轴承的等级确定了，轴承的公差带也定了。

因此在识读滚动轴承装配图的配合尺寸时，不能只看轴、孔的公差带。由于轴承配合的特殊性，在识读轴承的配合尺寸时需明确以下几点。

1）了解轴承在装配图中的标注方式。

2）能通过查国家标准得出轴承的内外圈各自的极限偏差。

3）能计算出最大过盈、最小间隙。

知识链接

1. 轴承的尺寸精度

滚动轴承按其内外圈公称尺寸的公差和旋转精度分为五级，其名称和代号由低到高分别为普通级/P0、高级/P6/P6x、精密级/P5、超精密级/P4 及最精密级/P2（GB/T 272—1993《滚动轴承 代号方法》）。从图 1-44 所示轴承内外径公差带图可以看出精度高的公差就小。

0 级：用于旋转精度要求不高的一般机构中。

6、5、4 级：用于旋转精度要求较高或转速较高的机构中。

2 级：用于高精度、高转速的特别精密部件上。

2. 基准制的选择

滚动轴承作为一种标准件，与之相配合的零件的配合性质由标准件决定。所以轴承内圈与轴的配合采用基孔制、轴承外圈与孔的配合采用基轴制，如图 1-45 所示。

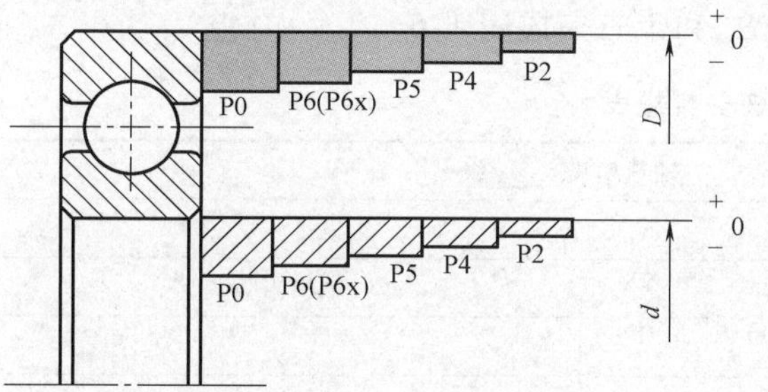

图 1-44　轴承内外径公差带图

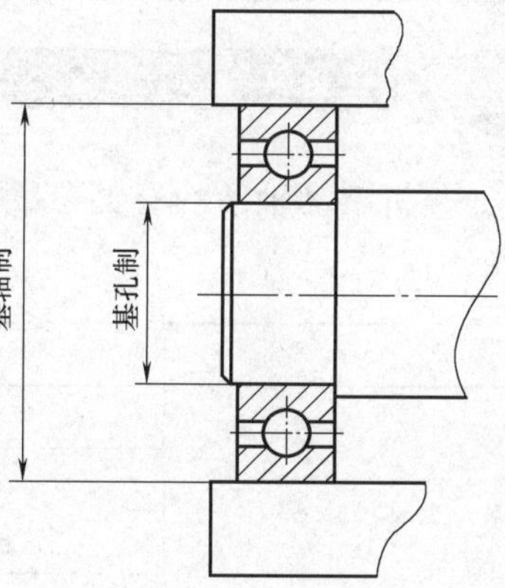

图 1-45　基准制的选择

3. 轴承偏差的查阅

根据轴承的代号和等级，可以查出轴承的尺寸参数及尺寸偏差。由于轴承的类型太多，这里只介绍深沟球轴承内外径尺寸偏差的查阅。如 6 级精度的 6206 轴承，其内径为 $\phi30$、外径为 $\phi62$。极限偏差可以从“附表十二 轴承内圈极限偏差”和“附表十三 轴承外圈极限偏差”查出，该轴承内径的上极限偏差为 0，下极限偏差为−0.008，外径的上极限偏差为 0，下极限偏差为−0.011。

如图 1-43 所示的滚动轴承装配图中，与轴承配合的轴和毂的尺寸分别为 $\phi30j6$ 和 $\phi62H7$。轴承精度选 4 级。轴和毂的尺寸偏差查阅“附表四 轴的极限偏差”和“附表三 孔的极限偏差”，轴承的内外圈尺寸偏差查阅“附表十二 轴承内圈极限偏差”和“附表十三 轴承外圈极限偏差”，可以得出表 1-5 内容。

表 1-5　滚动轴承尺寸偏差表

轴承内圈配合			轴承外圈配合		
轴承内圈公称尺寸		$\phi30$	轴承外圈公称尺寸		$\phi62$
轴承内圈偏差	上极限偏差	0	轴承外圈偏差	上极限偏差	0
	下极限偏差	-0.005		下极限偏差	-0.007
相配轴的尺寸偏差	上极限偏差	+0.013	相配毂的尺寸偏差	上极限偏差	+0.03
	下极限偏差	-0.008		下极限偏差	0
配合最大过盈		0.018	配合最小间隙		0
配合最大间隙		0.008	配合最大间隙		0.037
配合公差带	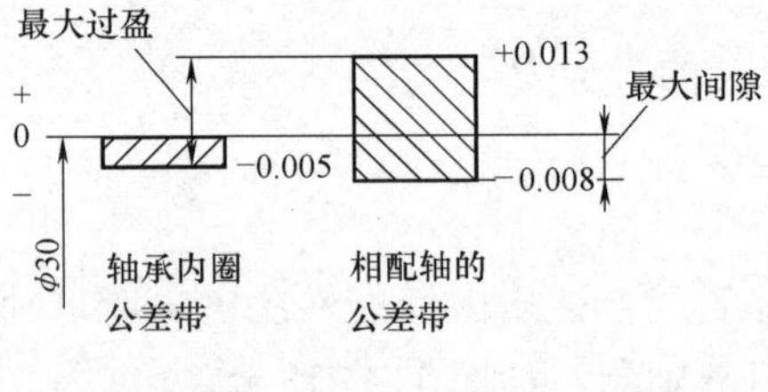		配合公差带	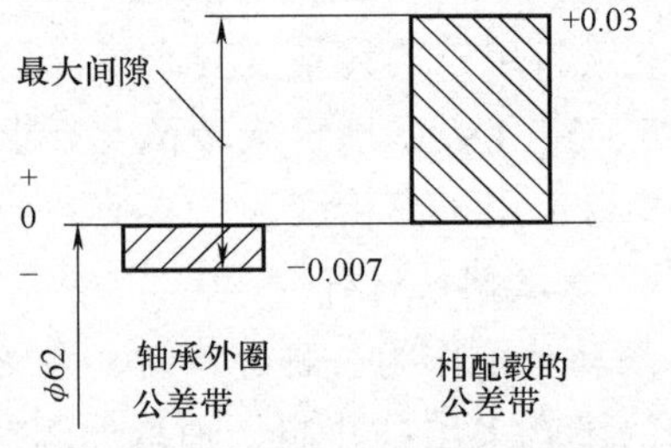	

任务实施

分析滚动轴承的有关参数，并查阅附表十二和十三完成表 1-6。

表 1-6　任务实施表

	轴承精度：____级			
公称尺寸 $\phi30$	j6			
	轴承内圈极限偏差		轴极限偏差	
	上	下	上	下
公称尺寸 $\phi62$	H7			
	轴承外圈极限偏差		孔极限偏差	
	上	下	上	下

任务拓展

1）查国家标准，填写完成表 1-7 和表 1-8。

① 相同公称尺寸，轴承公差等级不同，公差值________（相同/不同），0 级和 6 级相比，______（0 级/6 级）精度更高。

② 相同公差等级，公称尺寸越大，公差值越______（大/小）。

2）查国家标准得出极限偏差，画出公差带图，指出配合类型，填写表 1-9。

表 1-7　任务拓展一

公称尺寸	0级			6级		
	轴承内圈极限偏差		公差	轴承内圈极限偏差		公差
	上	下		上	下	
$\phi45$						
$\phi98$						
$\phi200$						

表 1-8　任务拓展二

公称尺寸	0级			6级		
	轴承外圈极限偏差		公差	轴承外圈极限偏差		公差
	上	下		上	下	
$\phi45$						
$\phi98$						
$\phi200$						

表 1-9　任务拓展三

公称尺寸	0级　h5				6级　G7			
	轴承内圈极限偏差		轴极限偏差		轴承外圈极限偏差		孔极限偏差	
	上	下	上	下	上	下	上	下
$\phi45$								
公差带图								
配合类型								
$\phi98$								
公差带图								
配合类型								
$\phi200$								
公差带图								
配合类型								

任务评价

任务结束后留出部分时间，分小组交流讨论，分享各自的学习成果，共同进步。参照“附表十四”做出正确的任务评价与总结。

模块二 尺寸的测量

学习目标

◆**知识目标**

➢熟悉测量的有关术语。

➢了解常用量具的测量原理。

◆**能力目标**

➢能正确使用量具和专用仪器。

➢会根据实际零件合理选择量具。

◆**情感目标**

➢对工件测量有感性认识。

➢培养仔细严谨的意识和态度。

项目一 线性尺寸的测量

线性尺寸的常用测量量具有游标卡尺、千分尺、百分表（或千分表）等。根据精度要求不同，选择不同的量具。其中常用游标卡尺的精度为0.02mm，千分尺、百分表的精度为0.01mm。

任务一 用游标卡尺测量工件

任务导入

普通游标卡尺是测量长度和深度等的常用量具。由于它操作简单、读数方便，因此在机械行业中是使用频率最高的量具之一。但是它的测量精度较低。它广泛应用在测绘、取料、加工、装配、检验、测试、调试等场所。游标卡尺在检测中要注意哪些事项？如何正确使用它检测工件是本任务的目标。

任务描述

图2-1所示为某一工人加工完成的工件——底板。本任务为选择合适的量具对其进行测

量，判断其是否合格。

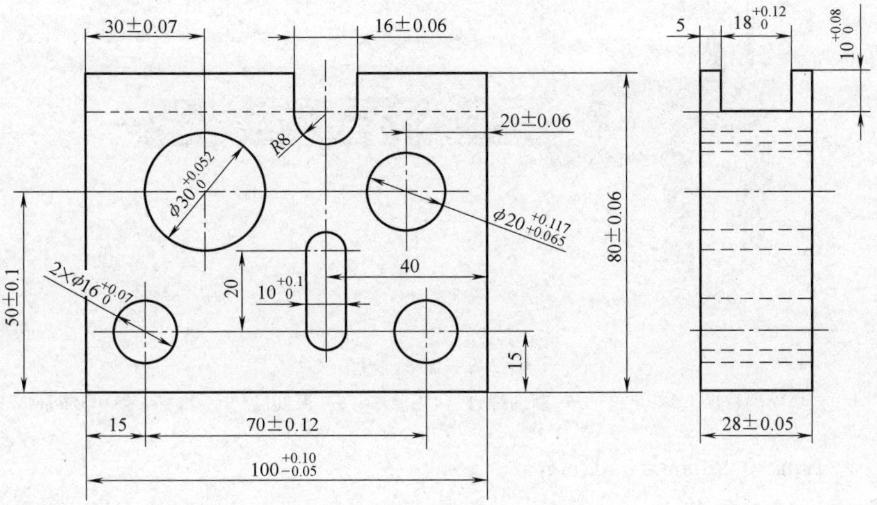

图 2-1　底板

任务分析

加工完成的工件，测量其各个尺寸是否符合图样要求，这是关键环节，不可缺少，而只有测量结果符合图样要求，才能认为该工人完成了工作任务。完成本任务，需明确以下几点。

1）本次任务为测量图样中的尺寸要素，通过测量得出实际尺寸后，看其是否在上下极限尺寸范围内，以判断其是否合格。

2）要根据工件的形状与结构，选择合适的量具。

3）要根据尺寸公差的数值，选择量具的规格。

从图 2-1 中可以看出尺寸公差都比较大，游标卡尺的测量精度已经能够满足其测量要求。

知识链接

1. 游标卡尺结构、规格和测量范围

游标卡尺是一种常用量具（图 2-2），能直接测量工件的外径、内径、长度、宽度、高度和孔距等，应用极为广泛。游标卡尺的规格、测量范围、精度，见表 2-1。

表 2-1　游标卡尺的规格、测量范围、精度

游标读数值/mm	示值总误差/mm	游标长度/mm	测量范围/mm
0.02	±0.02	49	0~70、0~150、0~200、0~300、0~500、0~1000、0~2000、0~3000、0~3500、0~4000
0.05	±0.05	19	
0.10	±0.10	9	

2. 读数原理

分度值为 0.02mm 的卡尺，尺身 1 格为 1mm，当两测量爪并拢时，尺身上的 49mm 正好对准游标上的 50 格（图 2-3）。则游标每 1 格的值为 49mm÷50＝0.98mm，尺身与游标每 1

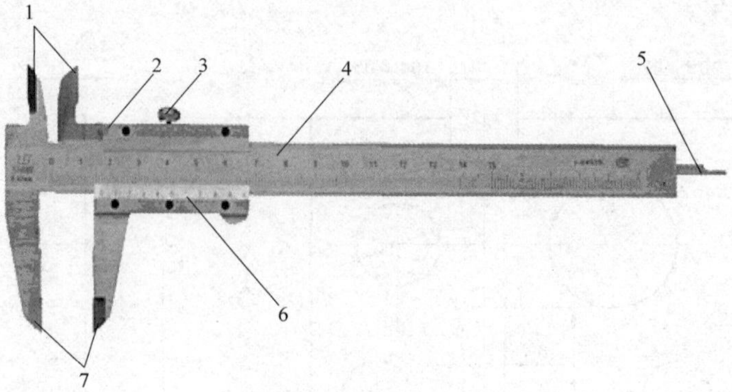

图 2-2　游标卡尺

1—刀口内测量爪　2—尺框　3—制动螺钉　4—尺身　5—深度尺　6—游标　7—外测量爪

格相差的值为 1mm−0.98mm = 0.02mm。

3. 读数方法（图 2-4）

1）读整数。在尺身上读出位于游标零线左边最接近的整数值，图 2-4 为 9mm。

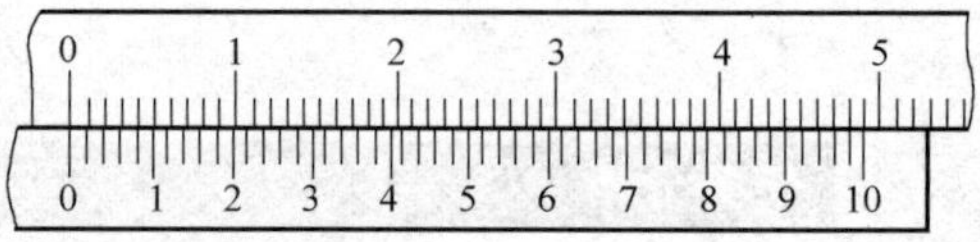

图 2-3　游标卡尺的刻线原理

2）读小数。看游标上哪条刻线与主尺刻线对齐，读出游标上的格数，按每格 0.02mm，读出小数值，小数值 = 格数×0.02mm，图 2-4 中为 12×0.02mm = 0.24mm。

3）求和。将以上整数和小数相加，即为被测尺寸，即 41mm+0.24mm = 41.24mm。

读图 2-5，练习游标卡尺识读。

1）游标零线在 90mm、91mm 之间，即读数的整数值为________ mm。

2）游标刻线上 6 后面第一条刻线与主尺上其中一条刻度线对齐，即读数的小数值为________ mm。

3）求和________ mm+________ mm = ________ mm 为测量结果。

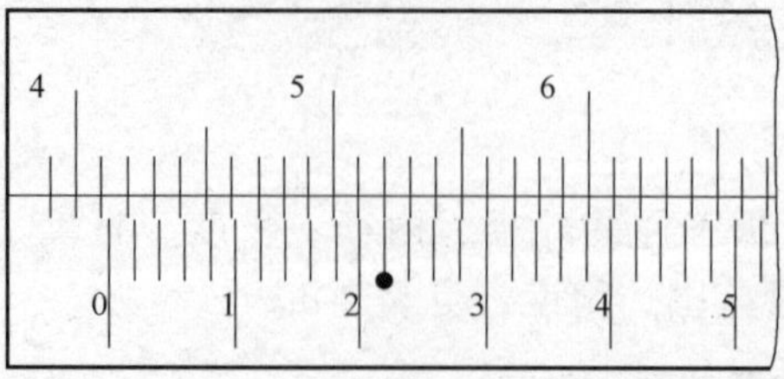

图 2-4　读数方法

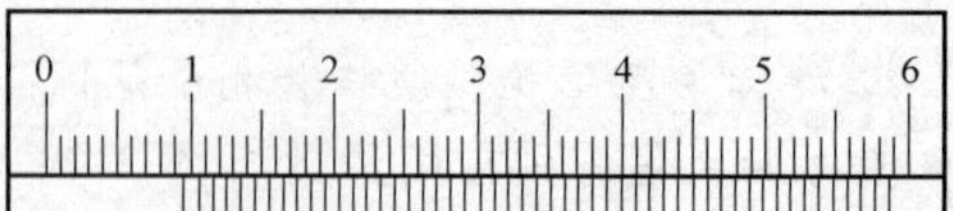

图 2-5　练一练

任务实施

1. 测量准备工作

1）擦净游标卡尺测量爪。

2）检验游标卡尺，看是否对“0”，如图 2-6 所示。若零位不能对正时，记下此时的读数值，各测量数据必须减去该读数值才能得到该线性尺寸的测量数值。

3）活动游标，看卡尺是否灵活。

4）注意测量温度对测量结果的影响。

5）检查工件是否清洁、去除工件上毛刺，用干净抹布擦去污物，如图 2-7 所示。

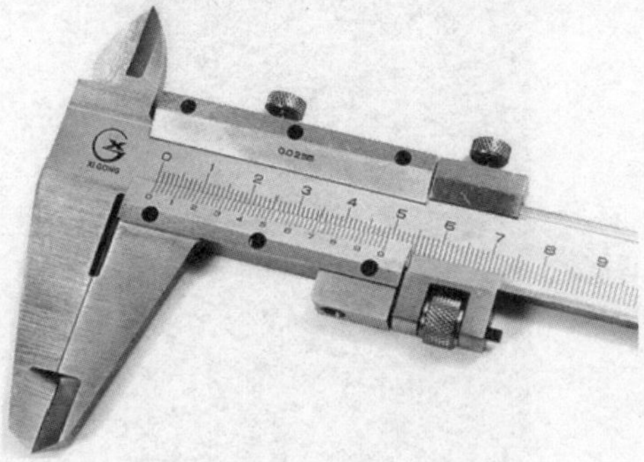

图 2-6　游标卡尺对“0”

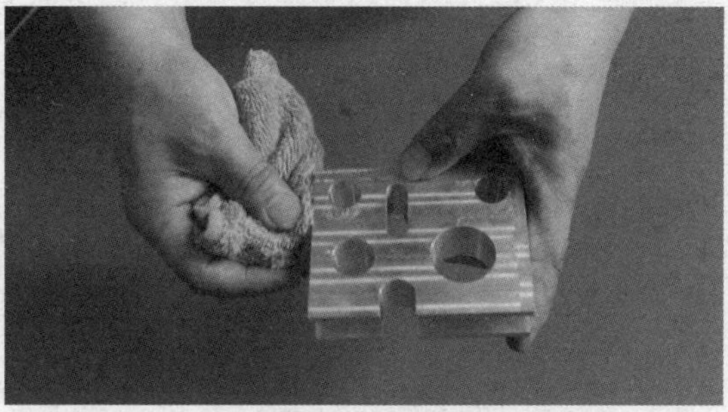

图 2-7　擦拭工件

2. 测量工件

1）测量外尺寸，首先应使外测量爪开口略大于被测尺寸，自由进入工件，以固定测量爪贴住工件，然后移动游标，使活动测量爪与工件另一表面相接触。可以直接读数，也可以拧紧螺钉，卡尺离开工件后读数，如图 2-8 所示。

2）测量内尺寸，应使游标卡尺测量爪间距略小于被测工件的尺寸，将测量爪沿孔或槽边缘线放入，首先使固定测量爪与孔或沟槽接触，然后将测量爪在被测工件内表面上稍微移动一下，找出最大尺寸，读出读数，如图 2-9 所示。

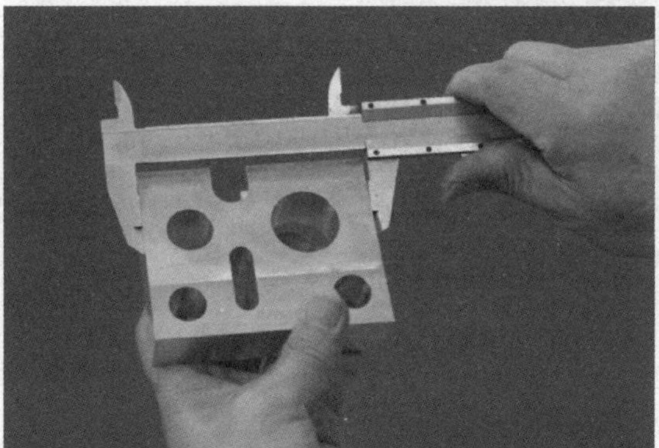

图 2-8　测量外尺寸

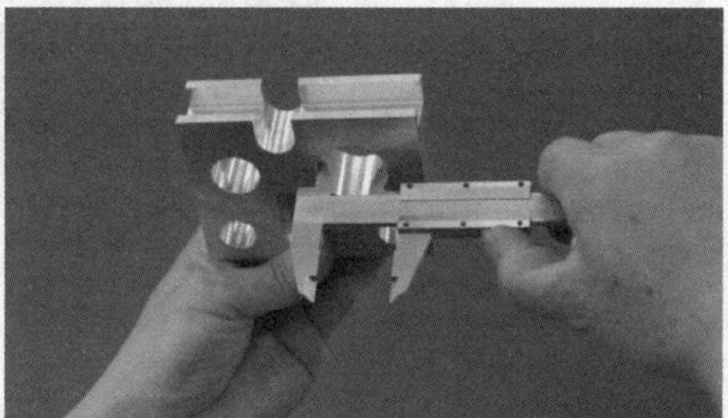

图 2-9　测量内尺寸

3）测量两孔的中心距，如图 2-10 所示。分别量出两孔的内径 Q 和 R，然后用内测量爪的刀口形部分量出两孔内表面之间的最小距离 X，最后计算两孔的中心距 $O=X+\frac{1}{2}(Q+R)$。

4）测量深度尺寸，如图 2-11 所示。卡尺端面与被测工件的顶端平面贴合，同时保持深度尺与该顶端平面垂直，移动游标使深度尺下移与槽底部贴合，读数即为槽的深度。

3. 测量结束

使用完毕应用干净棉丝擦净卡尺，装入盒内固定位置后放在干燥、无腐蚀物质、无振动和无强磁力的地方保管，如图 2-12 所示。

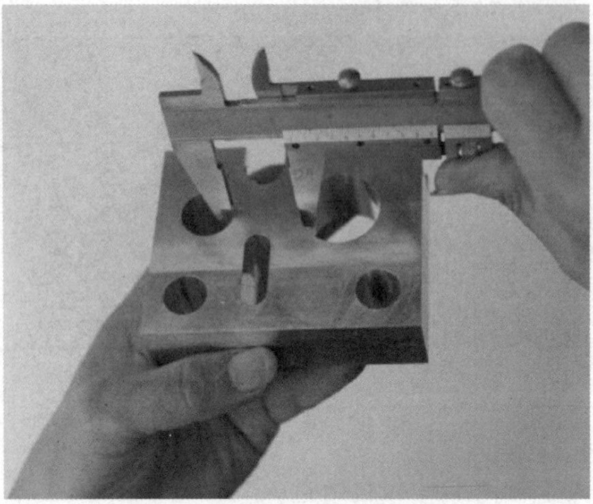

图 2-10　测量两孔的中心距

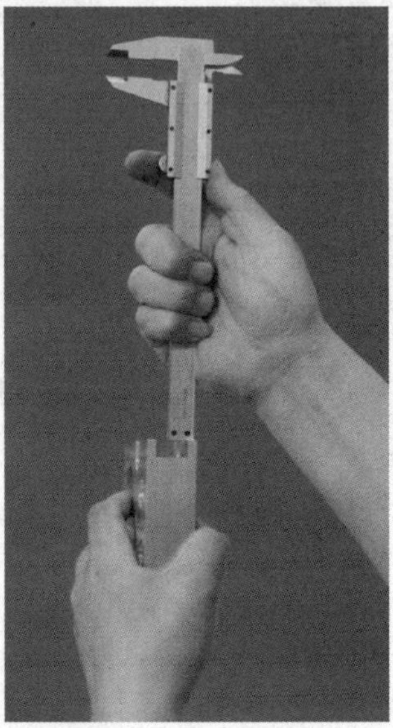

图 2-11　测量深度尺寸

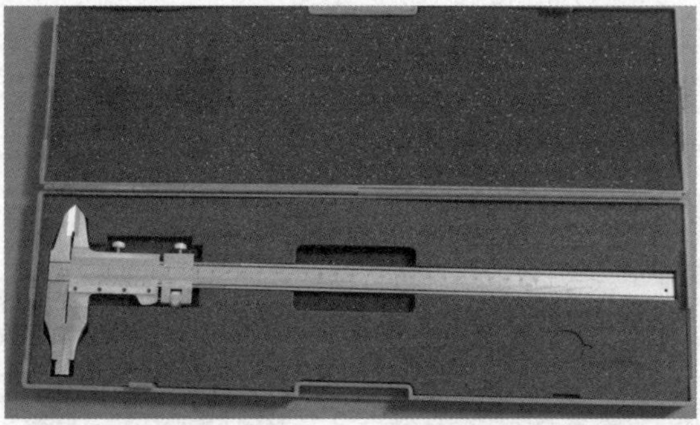

图 2-12　卡尺的保管

完成测量，并将有关数据填入表 2-2 中。

表 2-2　游标卡尺测量结果

工作项目	图样要求	实测			平均值	结论
		1	2	3		
外尺寸	$100^{+0.10}_{-0.05}$					
	80±0.06					
	28±0.05					
槽宽	$18^{+0.12}_{0}$					
	16±0.06					
槽深	$10^{+0.08}_{0}$					

（续）

工作项目	图样要求	实测			平均值	结论
		1	2	3		
内尺寸	$10^{+0.1}_{0}$					
	$\phi30^{+0.052}_{0}$					
	$\phi20^{+0.117}_{+0.065}$					
	$\phi16^{+0.07}_{0}$					
孔距	70±0.12					
	30±0.07					

1. 其他卡尺

其他卡尺见表 2-3。

表 2-3　其他卡尺

深度游标卡尺又称为深度卡尺，主要用于测量工件的不通孔深、阶梯孔深、槽深、阶梯面间的距离等	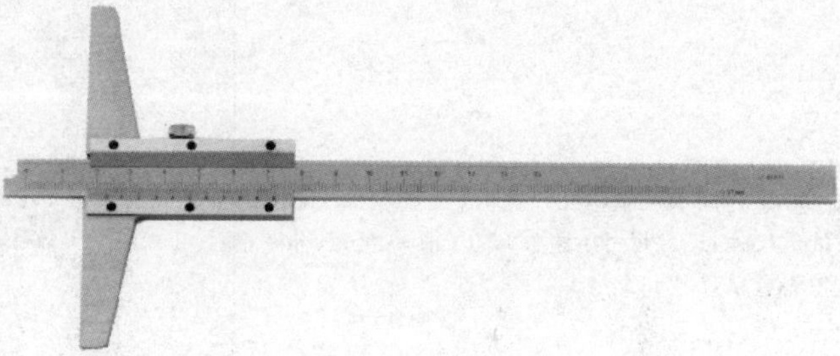
高度游标卡尺又称为高度尺，主要用于划线，装上测量爪可以测量高度尺寸，装上指示表还可以测量工件的形状误差	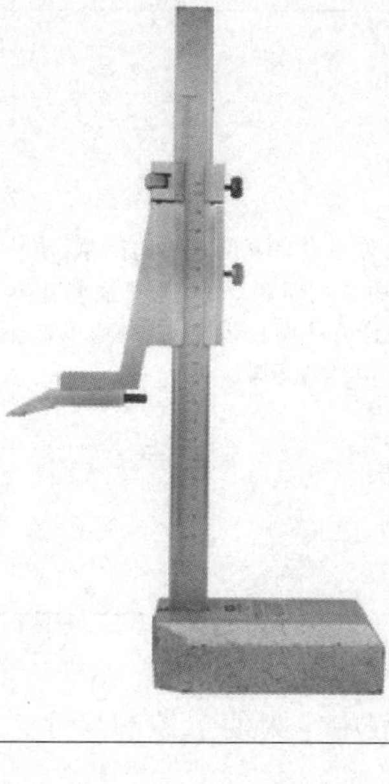

（续）

带表卡尺读数比较方便，测量效率高。目前使用的带表卡尺主要有 0.01mm 和 0.02mm 两种分度值	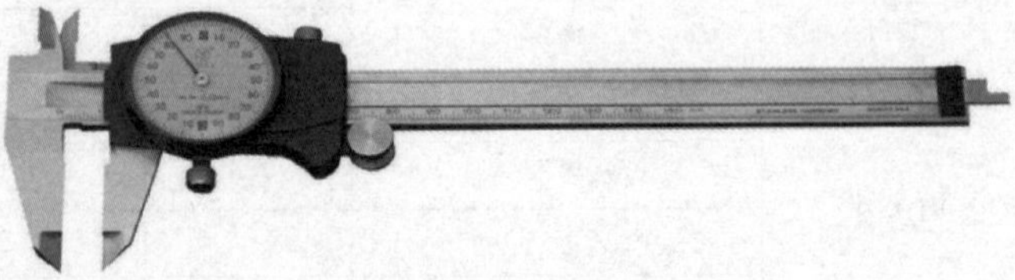
数显卡尺通过电子数显器显示读数，读数方便，测量效率高，分度值主要为 0.01mm	
双面游标卡尺量内孔尺寸时，读数应加上两测量爪尺寸：工件尺寸＝读数+2t（t 值一般为 5mm，为测量爪尺寸）	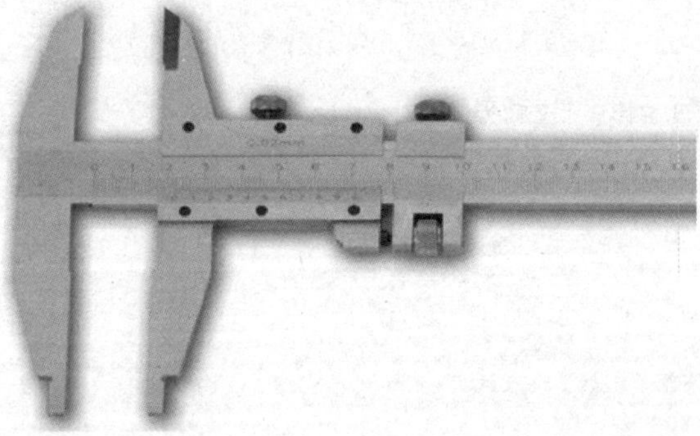
齿厚游标卡尺又称为齿厚卡尺。结构简单，使用方便，齿轮生产中常用量具之一，用于测量中等精度直齿和斜齿渐开线圆柱齿轮的齿厚，也常用来测量梯形螺纹中径的牙厚	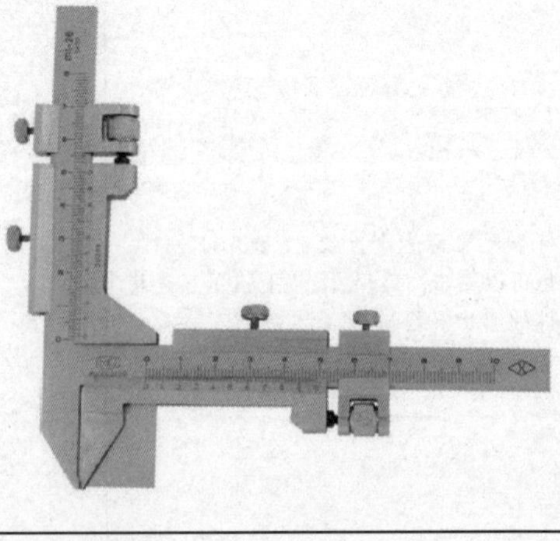

2. 使用内、外卡钳测量

在加工过程中，为便于控制尺寸，可采用内、外卡钳粗测，如图 2-13 所示。

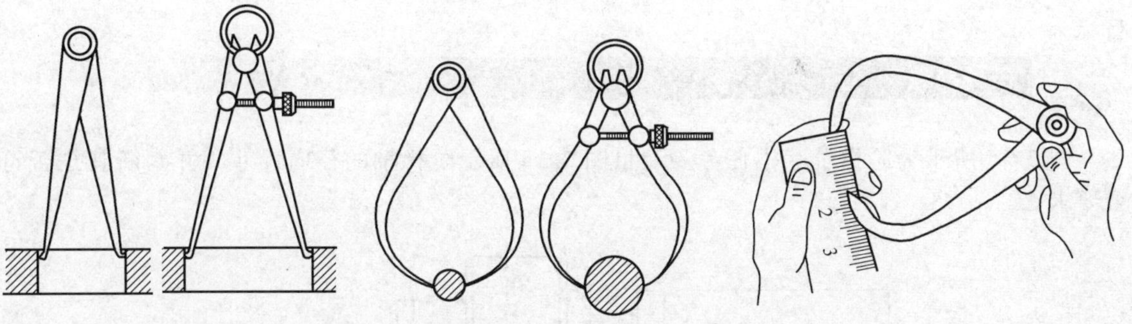

图 2-13　使用内、外卡钳测量

任务评价

任务结束后留出部分时间，分小组交流讨论，分享各自的学习成果，共同进步。参照“附表十四”做出正确的任务评价与总结。

活学活用

1. 求出下列孔、轴的公称尺寸、上下极限尺寸。

1）轴尺寸 $\phi80_{-0.049}^{-0.030}$。

2）孔尺寸 $\phi60_{0}^{+0.3}$。

2. 车削一轴，要求轴的直径在 79.970~79.951mm 之间变化，而测量直径为 79.949mm，问该轴尺寸是否合格。

3. 使用游标卡尺时应注意哪些问题？

4. 用游标卡尺测量两孔的中心距有两种方法。

1）一种是先用游标卡尺分别量出两孔的内径 D_1 和 D_2，再量出两孔内表面之间的最大距离 A，如图 2-14 所示，则此时两孔的中心距等于多少？

2）另一种测量方法也是先分别量出两孔的内径 D_1 和 D_2，然后量出两孔内表面之间的最小距离 B，则此时两孔的中心距等于多少？

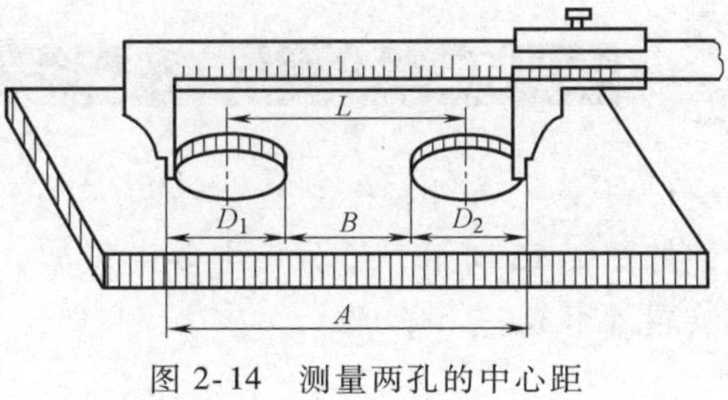

图 2-14　测量两孔的中心距

5. 用 0~200mm 规格的双面游标卡尺测量内孔时，尺上读数为 20.24 mm，问工件内孔的实际尺寸是多少？

任务二　用千分尺测量阶梯轴外径

任务导入

普通千分尺也是测量长度和深度的常用量具。因它操作读数简单方便，在机械行业中使用比较广泛，广泛使用在测绘、加工、装配、检验、测试、调试等工作中。千分尺的使用频率比游标卡尺稍低。千分尺在检测中要注意哪些事项？如何正确使用它检测工件是本任务的目标。

任务描述

图 2-15 所示为阶梯轴。本任务为测量图 2-15 所示阶梯轴的径向尺寸，并判断其是否符合要求。

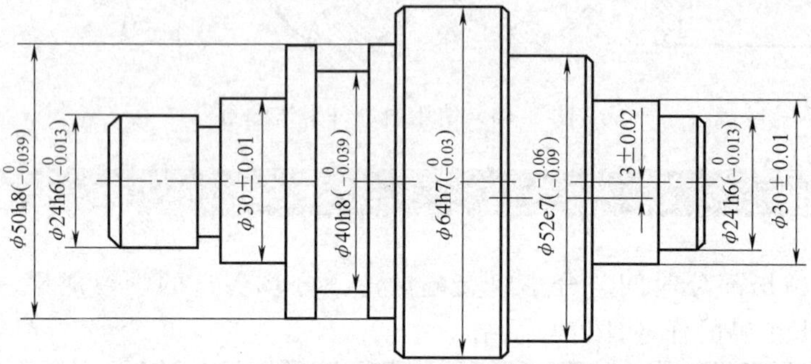

图 2-15　阶梯轴

任务分析

图 2-15 所示阶梯轴中有 8 个径向尺寸，完成本任务，同时需了解相关量具的使用规则，需明确以下两点。

1）图 2-15 所示尺寸 $\phi 24h6\left(^{0}_{-0.013}\right)$ 中，h 是基本偏差代号，决定了尺寸两个极限偏差中上极限偏差的大小；6 表示标准公差等级，决定着该工件的尺寸加工精度。

2）根据本任务工件实际极限偏差的特点和要求，可以使用千分尺对实际尺寸进行测量。

知识链接

1. 千分尺（外径千分尺）结构

如图 2-16 所示，千分尺主要由尺架、微分套筒、固定套筒、微调旋钮、测微螺杆、锁紧装置等组成。

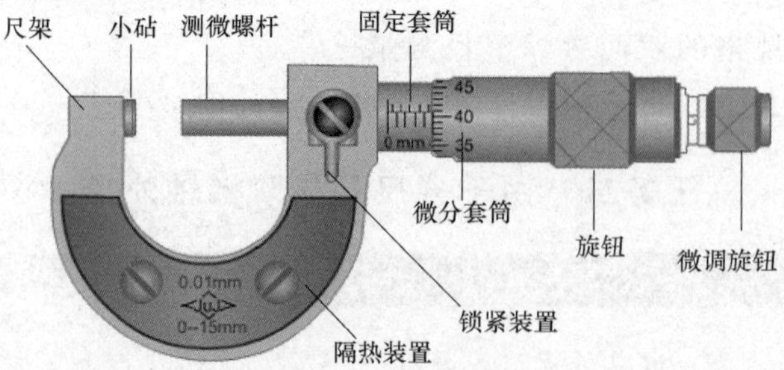

图 2-16　千分尺

2. 读数原理和读数方法

（1）读数原理

1）固定套筒上的水平线上、下各有一列间距为 1mm 的刻度线，上侧刻度线在下侧两相邻刻度线中间，如图 2-17 所示。

2）微分套筒上的刻度线是将圆周等分为 50 份的水平线，如图 2-15 所示。

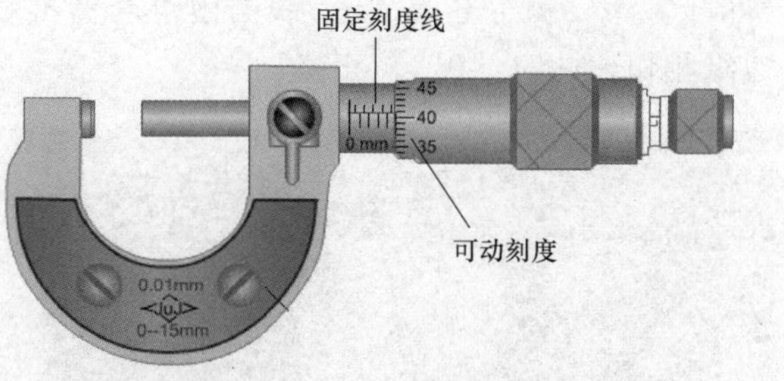

图 2-17　千分尺上的刻度线

3）根据螺旋运动原理，当微分套筒旋转一周时，测微螺杆前进或后退一个螺距 0.5mm，即当微分套筒旋转一个分度后，它转过了 1/50 周，这时测微螺杆沿轴线移动了 1/50×0.5mm＝0.01mm，因此，使用千分尺可以准确读出 0.01mm 的数值。

（2）读数方法（图 2-18）

1）先以微分套筒的端面为准线，读出固定套筒上刻度线的分度值，为过整数值 6mm。

2）再看固定套筒下刻度线，如出现刻度线就加半值，即加 0.5mm。

3）再以固定套筒上的水平横线作为读数准线，读出可动刻度上的格数，得出小数部分为 20×0.01mm＝0.2mm，再根据格数估计小数点最后一位，为 0.003mm。

4）四者相加求和为 6mm+0.5mm+0.2mm+0.003mm＝6.703mm。

练一练

如图 2-19 所示，固定套筒上刻度线整数部分是________mm，下刻度线出现加________mm。微分套筒上的刻线正好与读数准线对齐，即________mm。

因此，其读数值为________mm+________mm+________mm＝________mm。

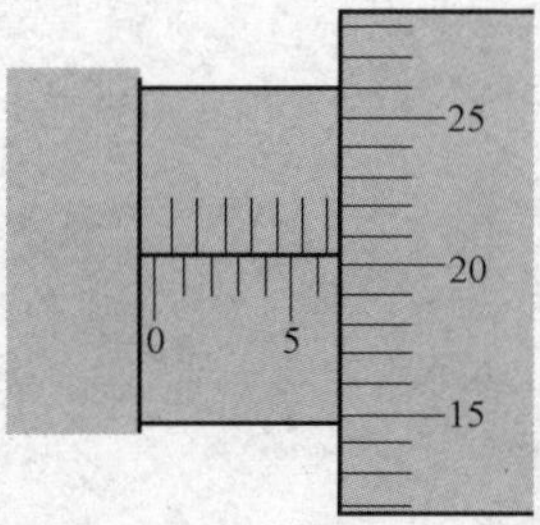

图 2-18　千分尺读数方法

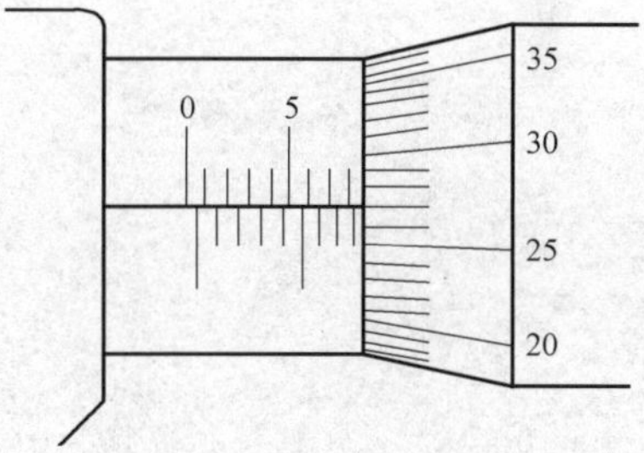

图 2-19　读数

任务实施

1. 测量准备工作

（1）检查（图 2-20）检查各部位的相互作用。用棉丝擦净千分尺各部位表面；旋转微调旋钮，要求其能轻快而灵活地带动微分套筒旋转，测微螺杆移动要平稳，无卡住现象；微分套筒与固定套筒之间无摩擦，锁紧测微螺杆后微调旋钮能发出“咔咔”声。

（2）校对“0”位　测量范围 0~25mm 的千分尺直接校对；测量范围大于 25mm 的千分尺用量杆或量块校对，如图 2-21 所示。

擦净两个测量面，旋转微分套筒，两个测量面即将接触时轻转微调旋钮，发出三声

“咔咔”声，微分套筒“0”线与固定套筒准线重合，微分套筒端面与固定套筒“0”线右边缘相切，此时“0”位正确。

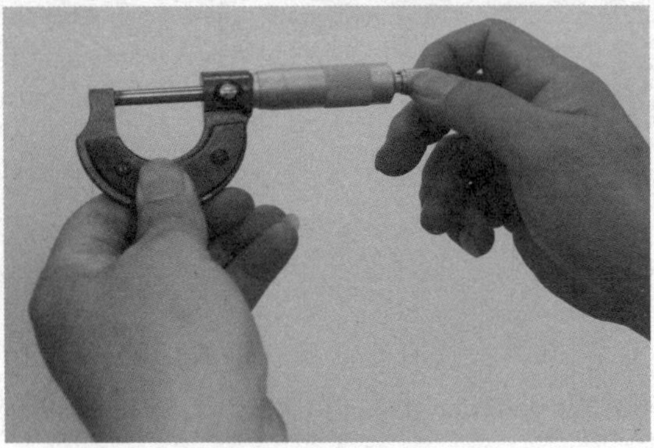

图 2-20　检查千分尺

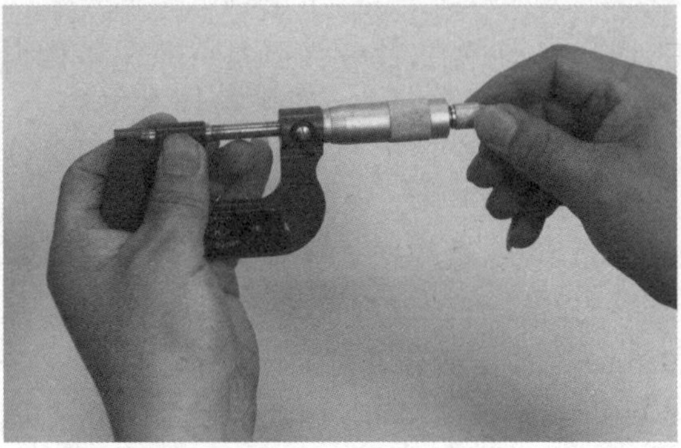

图 2-21　校对“0”位

（3）调整“0”位　若出现“0”位不对齐，则需要调整“0”位。用专用扳手插入固定套筒的调整孔内（固定套筒“0”线的背面），扳动固定套筒转过一定角度，使千分尺“0”位对准固定套筒准线，如图 2-22 所示。

若使用者本人不能调整，应送量具检修部门由专业人员进行调整；也可在读数时加修正值。

2. 测量工件

如图 2-23 所示，先转动微分套筒，使测微螺杆端面逐渐接近工件被测表面，再转动微调旋钮，直到发出“咔咔”声，读出测量值。退出时应反转微分套筒，测微螺杆端面离开被测表面后将千分尺退出。不要在工件转动或加工时测量。

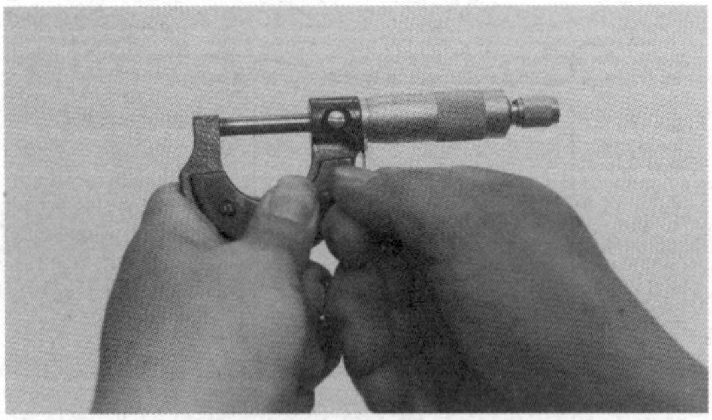

图 2-22　调整“0”位

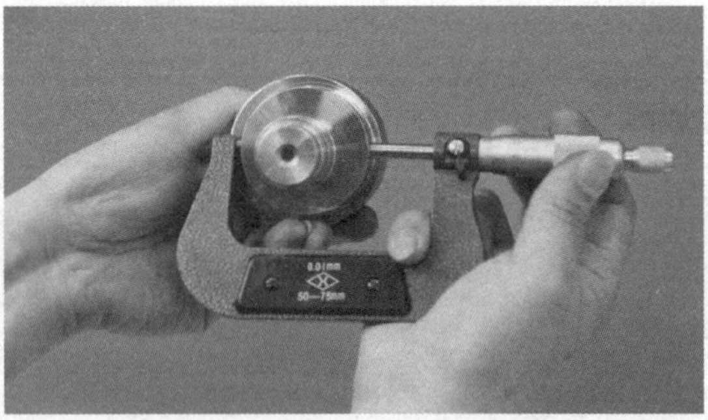

图 2-23　使用千分尺测量工件

3. 测量结束

完成测量，并将有关数据填入表 2-4 中。

表 2-4　千分尺测量结果

工作项目	图样要求	实测			平均值	结论
		1	2	3		
外径(左)	$\phi24h6(^{0}_{-0.013})$					
	$\phi30\pm0.01$					

（续）

工作项目	图样要求	实　测			平均值	结论
		1	2	3		
外径（左）	$\phi40h8(^{0}_{-0.039})$					
	$\phi50h8(^{0}_{-0.039})$					
	$\phi64h7(^{0}_{-0.03})$					
外径（右）	$\phi52e7(^{-0.06}_{-0.09})$					
	$\phi30\pm0.01$					
	$\phi24h6(^{0}_{-0.013})$					

任务拓展

1. 一般公差

一般公差是指在车间通常加工条件下可保证的公差。采用一般公差的尺寸，在该尺寸后不需注出其极限偏差数值。

选取图样上未注公差尺寸的一般公差的公差等级时，应考虑通常的车间精度并由相应的技术文件或标准做出具体规定。

在车间一般把这种公差称为自由公差。未注公差应按国家标准 GB/T 1804—2000《一般公差 未注公差的线性和角度尺寸的公差》执行。

2. 其他千分尺

1）内径千分尺（图 2-24）用于测量内径及槽宽等尺寸，刻线方向与外径千分尺相反，测量范围有 5~30mm 和 25~50mm 等。单杆式内径千分尺可接长杆使用，用于测量大孔径，又称为接杆千分尺。

2）深度千分尺（图 2-25）与外径千分尺相比，多了一个基座而没有尺架，用于测量尺寸精度要求较高的不通孔、槽的深度和台阶的高度，更换测杆可以扩大测量范围。

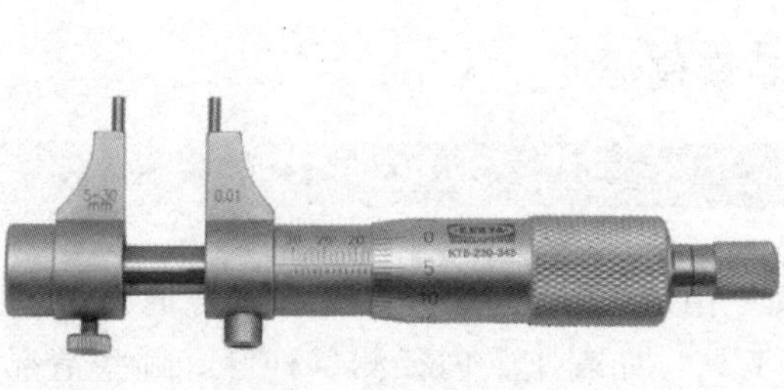

图 2-24　内径千分尺

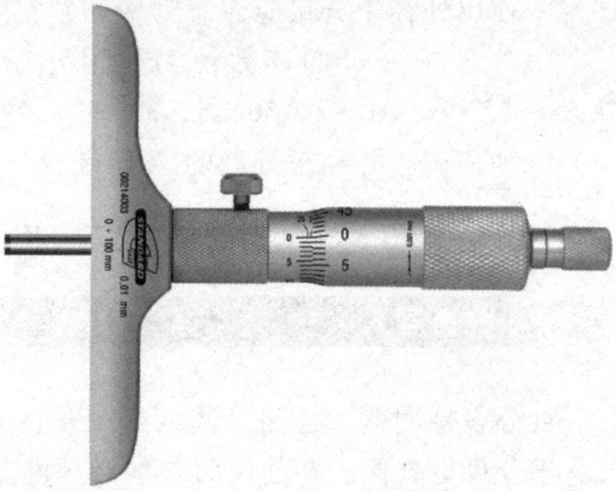

图 2-25　深度千分尺

3）螺纹千分尺（图 2-26）用于测量精度较低的螺纹中径；与外径千分尺相比只是用两个可调换的测量头取代了砧座，测量头与螺纹牙型角相吻合，测量螺距范围为 0.4~6mm，测量时可根据被测螺距选择相应的测量头。

4）公法线千分尺（图 2-27）用于测量模数大于 1mm 的中等精度的外啮合直齿、斜齿或人字齿渐开线圆柱齿轮的公法线长度；其结构与外径千分尺相似，只是用两个精确平面的圆盘代替原来的测量面。

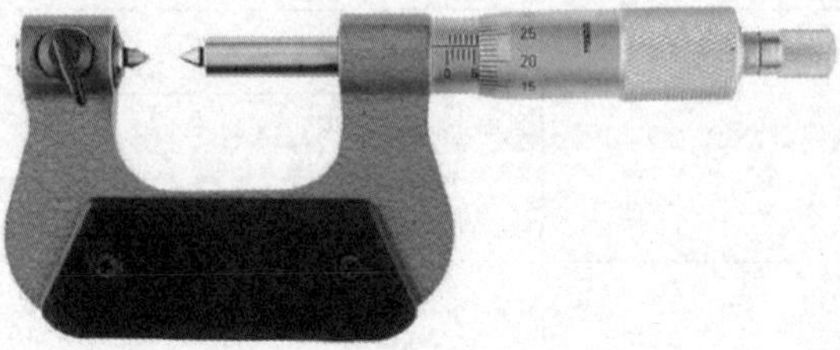

图 2-26　螺纹千分尺

5）杠杆千分尺（图 2-28）又称为百分表式卡规或表式卡规，是将活动测量头的直线移动变成百分表指针的角位移进行读数的通用长度测量工具。

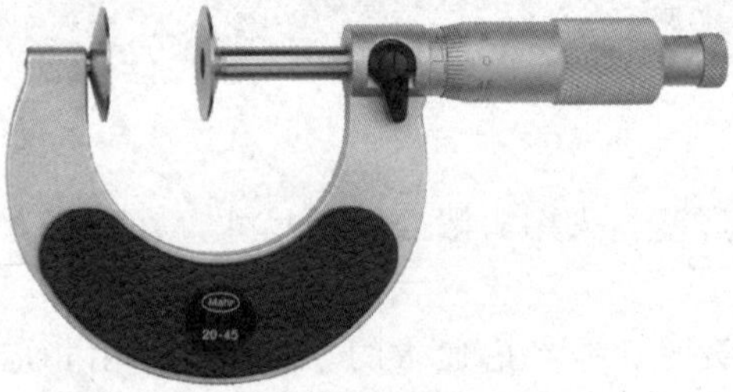

图 2-27　公法线千分尺

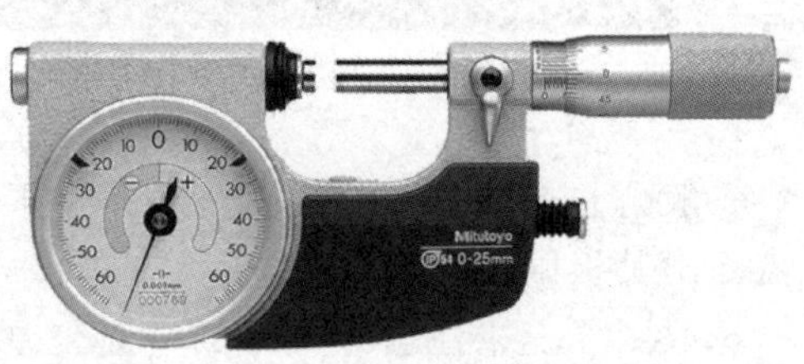

图 2-28　杠杆千分尺

任务评价

任务结束后留出部分时间，分小组交流讨论，分享各自的学习成果，共同进步。参照“附表十四”做出正确的任务评价与总结。

活学活用

1. 查国家标准确定 ϕ18H7 和 ϕ18h7 的标准公差和基本偏差数值。
2. 使用外径千分尺应注意哪些问题？
3. 外径千分尺的读数练习。用外径千分尺完成以下读数：0、5.01、9.12、16.28、17.85、25.66、31.97、36.08、39.99 、49.39。
4. 如何调整外径千分尺的“0”位？

任务三　用百分表测量偏心距

任务导入

百分表是调整、检测、调试等工作的常用量具。由于是表，因此它读数比普通游标卡尺、千分尺更方便。在使用时一般必须配其他测量工具，如表座、内径测量杆等。哪些情况下可使用百分表进行检测？如何正确使用它检测工件是本任务的目标。

任务描述

图 2-29 所示尺寸 $\phi52_{-0.09}^{-0.06}$外圆的轴线和两个尺寸 $\phi30\pm0.01$ 外圆及中心孔的轴线平行而不重合，这样的工件称为偏心工件。图 2-29 中的偏心距尺寸为 3 ± 0.02。

本任务就是要完成对偏心工件的测量。

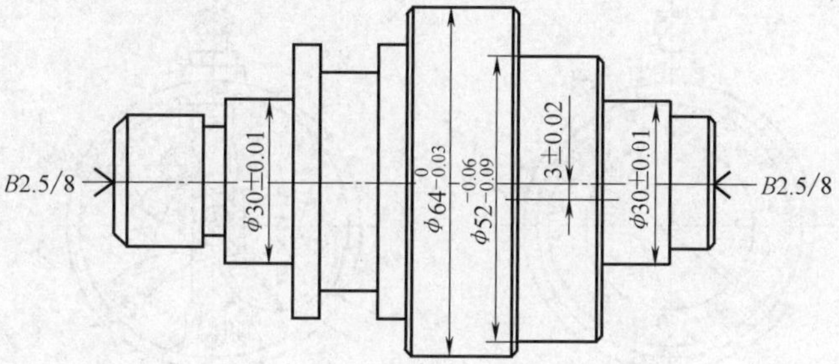

图 2-29　偏心轴

任务分析

1）在本任务中，“偏心”的程度用偏心距表示，判断工件是否合格，就是要判定偏心距是否合格，换句话说，本任务要测量工件的偏心距。

2）在前两个任务中学习过的测量方法和测量工具，已经不能满足本任务的要求。

3）完成本任务，需要使用百分表及磁性表座、两顶尖、V 形铁（或偏摆仪）、平板等工量具。

知识链接

1. 百分表

百分表（图 2-30）是将其测量杆的直线位移转变为指针在表盘的角位移进行读数的一种通用量具，应用广泛，使用简单，维修方便，测量范围大，不仅能用于比较测量，也能用于绝对测量，但由于齿轮的磨损及齿轮本身的误差，因此不宜用于精度要求较高工件的测量。

百分表的结构与传动原理，如图 2-31 所示。百分表的测量杆移动 1mm，大指针正好回转一圈，而在百分表的表盘上沿圆周刻有 100 个刻度，当指针转过 1 格时，表示所测量的尺寸变化为 1mm/100 = 0.01mm，所以百分表的分度值为 0.01mm。按量程分，常用百分表的规格有 0~3mm，0~5mm，0~10mm 三种。

2. 杠杆百分表

杠杆百分表又称为杠杆表或靠表，小巧灵活，可适应复杂形状工件的测量工作。它常用于车床、磨床上校正工件的安装位置或用于小孔的测量，尤其是百分表放不进去或测量杆无

图 2-30　百分表

法垂直于工件被测表面时，使用杠杆百分表就显得十分方便。

杠杆百分表的外形与传动原理如图 2-32 所示。它是由杠杆、齿轮传动机构等组成的，将测量杆摆动通过杠杆 5 使扇形齿轮 4 绕其轴摆动，并带动与它互相啮合的小齿轮 1 转动，使固定在同一轴上的指针 3 偏转。当测量杆的测头摆动 0.01mm 时，杠杆、齿轮传动机构的指针正好偏转一小格，这样就得到 0.01mm 的读数值。

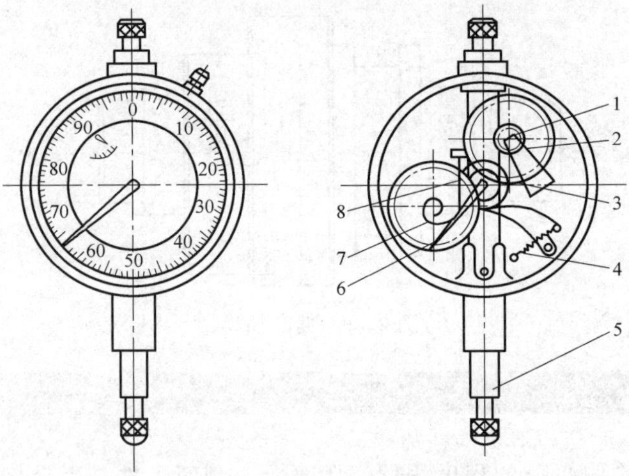

图 2-31　百分表的结构与传动原理

1—小齿轮　2、7—大齿轮　3—中间齿轮　4—弹簧

5—测量杆　6—指针　8—游丝

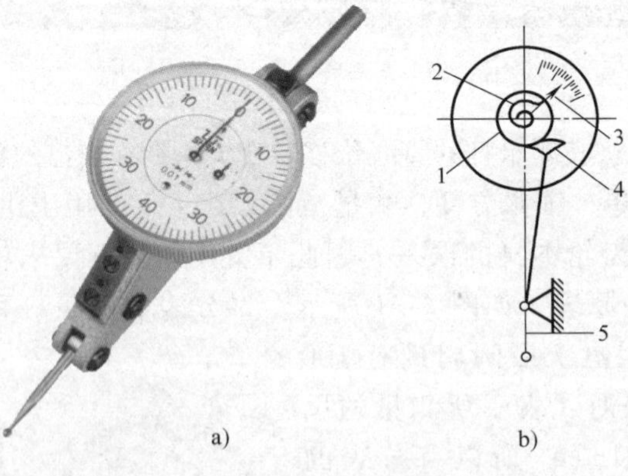

图 2-32　杠杆百分表的外形与传动原理

1—小齿轮　2—游丝　3—指针　4—扇形齿轮　5—杠杆测头

任务实施

1. 测量准备工作

1）选择适合量程的百分表。百分表的量程必须大于偏心距的两倍。

2）检查百分表（图 2-33）：表面透明，没有损坏；后盖严密；活动部位无锈迹、划痕；表圈转动平稳，静止可靠；测量杆活动平稳、灵活；指针与表盘无摩擦，字盘不晃动；拨动测量杆指针能回原位，误差小于±0.003mm；测量杆行程符合要求。

3）百分表调“0”，指针保持不动，转动表盘使其上的“0”线与指针重合；也可不调“0”，把测量头与基准面接触，指针预先转过 0.5～1 圈后指针的停留位置作为测量起始位置。

2. 测量工件

1）在两顶尖间测量偏心距（图 2-34）。偏心距较小时，工件装在两顶尖（或偏摆仪）之间，测量头接触在偏心部位上，用手转动轴，百分表上指示出的最大值（最高点）和最小值（最低点）之差的一半就等于偏心距的实际尺寸，即偏心距=(最大值-最小值)/2。

测量偏心套的偏心距时，必须将其装在心轴上进行测量。

使用杠杆百分表时，杠杆百分表应固定在可靠的表架上；不准用工件撞击测量头；测量杆上不要加机油，以免油污进入表内；测量杆与被测表面的夹角 α 越小，误差越小，误差过大需修正。

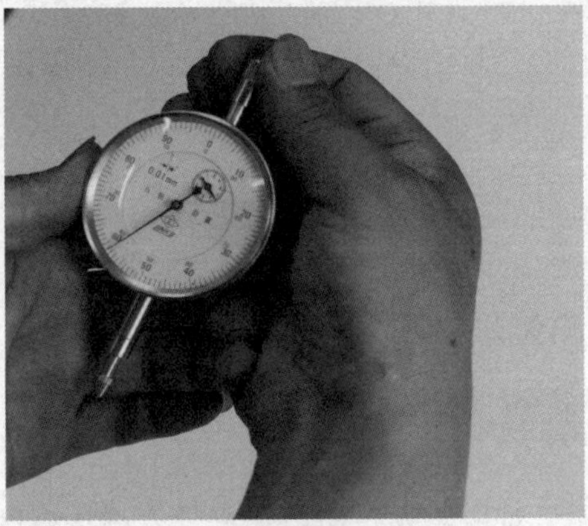

图 2-33　检查百分表

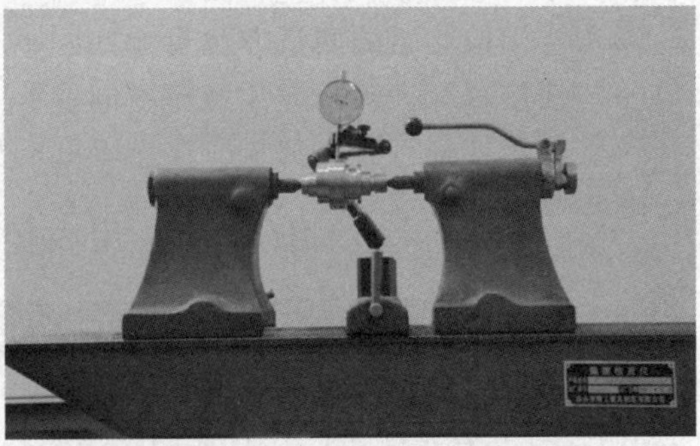

图 2-34　在两顶尖间测量偏心距

2）在 V 形铁上测量（图 2-35）。此方法用于测量偏心距较大或无中心孔的工件。把 V 形铁放在平板上，工件放在 V 形铁中，测量出偏心轴的最高点，然后工件固定不动，移动百分表，水平测出偏心轴外圆到基准外圆之间的距离 a，再用下式计算出偏心距，即

$$e=D/2-d/2-a$$

式中　e——偏心距（mm）；

D——基准轴外径（mm）；

d——偏心轴直径（mm）；

a——基准轴外圆到偏心轴外圆之间最小距离（mm）。

使用百分表时，测量杆应垂直于被测表面，测量杆的中心线要通过被测圆柱表面；测量头开始接触被测表面时，测量杆应压缩

图 2-35　在 V 形铁上测量偏心距

0.5~1mm，避免有负偏差时得不到测量数据；不能急速放下测量杆，否则容易造成测量误差；不能将工件强行推入测量头下，以免损坏量仪。

任务评价

任务结束后留出部分时间，分小组交流讨论，分享各自的学习成果，共同进步。参照“附表十四”做出正确的任务评价与总结。

3. 测量结果

完成测量，并将有关数据填入表 2-5 中。

表 2-5　百分表测量

工作项目	图样要求	测量基准	实测			平均值	结论
			1	2	3		
偏心距	3±0.02	两个中心孔的轴线					
偏心距	3±0.02	$\phi64_{-0.03}^{\ 0}$ 的轴线					

活学活用

1）什么是偏心轴？什么是偏心距？

2）常用偏心距的测量方法有哪些？

3）使用百分表测量应注意哪些问题？

4）使用杠杆百分表测量应注意哪些问题？

任务四　用内径百分表测量轴套内径

任务导入

内径百分表是测量内孔直径的精密量具。内孔测量难度较大，用内径百分表测量精度要求较高的内孔比较方便。由于它的测量杆可以加长，因此它还可以深入到其他普通量具无法到达的部位进行测量。因此它在机械行业的加工、检验中经常使用。哪些情况下可使用内径百分表进行检测？如何正确使用它检测工件是本任务的目标。

任务描述

对内孔的孔径测量来说，由于视线不好，测量难度较大。图 2-36 所示轴套，要完成对孔尺寸 $\phi46\text{H8}\left(^{+0.039}_{\ \ 0}\right)$、$\phi50\text{D9}\left(^{+0.142}_{+0.080}\right)$、$\phi30\text{JS8}$（±0.016）和 $\phi40\text{S7}\left(^{-0.034}_{-0.059}\right)$ 的测量。目前常用的量具有极限量规、游标卡尺、内径千分尺、内径百分表等。本任务主要是测量内径。

任务分析

图 2-36 所示轴套中有 4 处要求较高的尺寸需要测量，其中尺寸 $\phi50\text{D9}\left(^{+0.142}_{+0.080}\right)$ 用极限量规、游标卡尺及一般的内径千分尺无法测量，主要是量具无法到达测量点。所以选择用内径百分表测量。

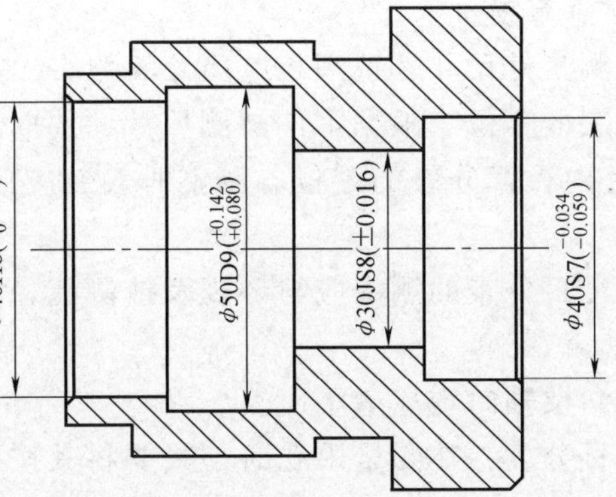

图 2-36　轴套

知识链接

1. 内径百分表

内径百分表又称为内径表，由百分表和专用表架组成，如图 2-37 所示。它用于测量孔的直径和孔的形位误差，特别适宜于深孔的测量。

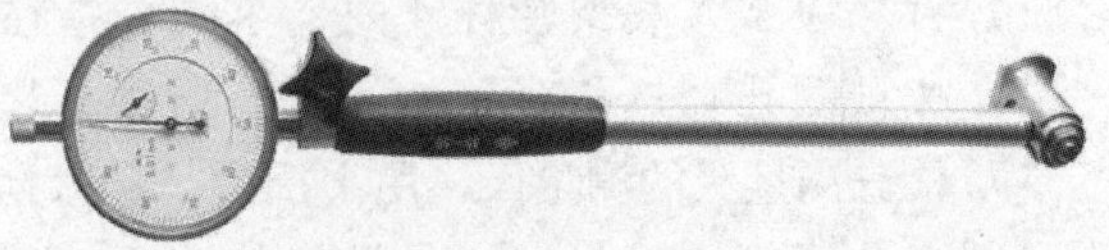

图 2-37　内径百分表

2. 内径百分表的结构

内径百分表的结构如图 2-38 所示，百分表的测量杆与传动杆始终接触，测力弹簧 6 是控制测量力的，并经过传动杆、杠杆向外顶住活动测头。测量时，活动测头的移动使杠杆回转，通过传动杆推动百分表的测量杆，使百分表指针回转。由于杠杆是等臂的，百分表测量杆、传动杆及活动测头三者的移动量是相同的，所以，活动测头的移动量可以在百分表上读出来。

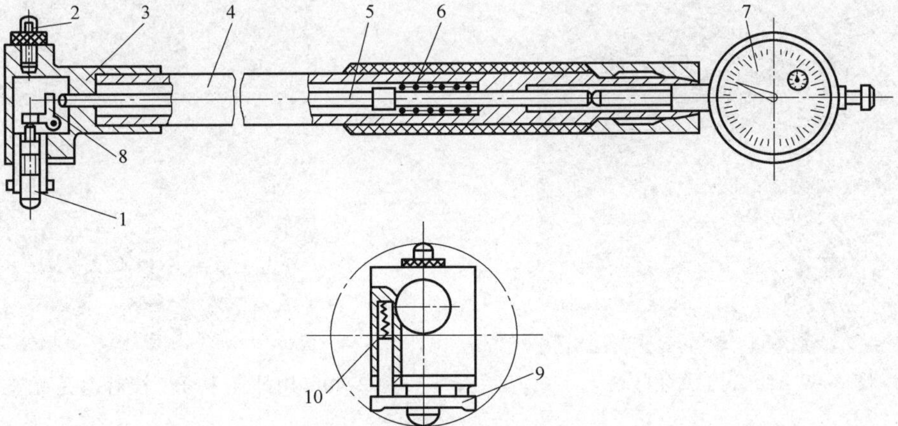

图 2-38　内径百分表的结构

1—活动测头　2—可换测头　3—表架头　4—表架套杆　5—传动杆　6—测力弹簧
7—百分表　8—杠杆　9—定位装置　10—定位弹簧

内径百分表使用时的注意事项：

1）测量前必须根据被测工件尺寸，选用相应尺寸的测头，安装在内径百分表上。

2）使用前应调整百分表的零位。根据工件被测尺寸，选取相应精度标准环规或用量块及量块附件的组合体来调整内径百分表的零位。调整时表针应压缩 1mm 左右，表针指向正上方为宜。

3）调整及测量中，内径百分表的测头应与环规及被测孔径轴线垂直，即在径向找最大值，在轴向找最小值。

4）测量槽宽时，在径向及轴向均找最小值。

5）具有定心器的内径百分表，在测量内孔时，只要将其按孔的轴线方向来回摆动，其最小值即为孔的直径。

任务实施

1. 测量准备工作

（1）组合内径百分表（图 2-39）

1）百分表装入表架套杆 4 内，小指针指在 0~1 位置，给百分表一定的预压力。

2）按被测孔径选相应尺寸的可换测量头装到主体上。

3）检查测量头的测量面，用手抚摸。若感觉有棱，说明测量面已经不是圆弧面，不能使用。

4）安装可换测量头时，尽量使其在活动范围的中间位置，这时产生的误差最小。

（2）校对“0”位　按被测孔径选择量块，组合于量块夹内，测量头放入量块夹内并轻轻摆动，在指针的最小值处将指示表调“0”。量块擦净后才能组合。也可根据被测尺寸选取校对环规或外径千分尺，校对“0”位，如图 2-40 所示。调好“0”位的内径百分表，不得松动，以防“0”位变化。

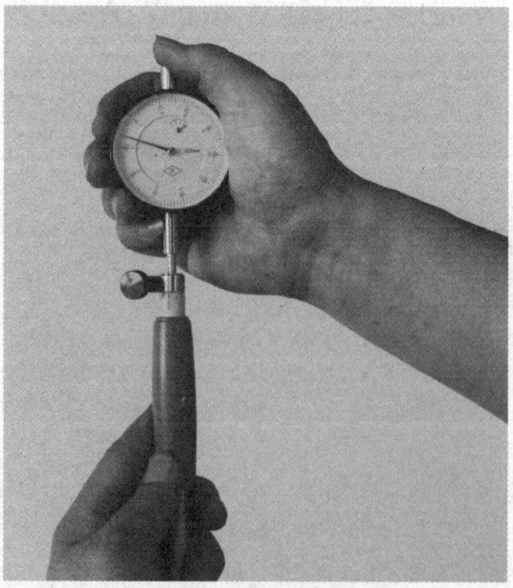

图 2-39　组合内径百分表

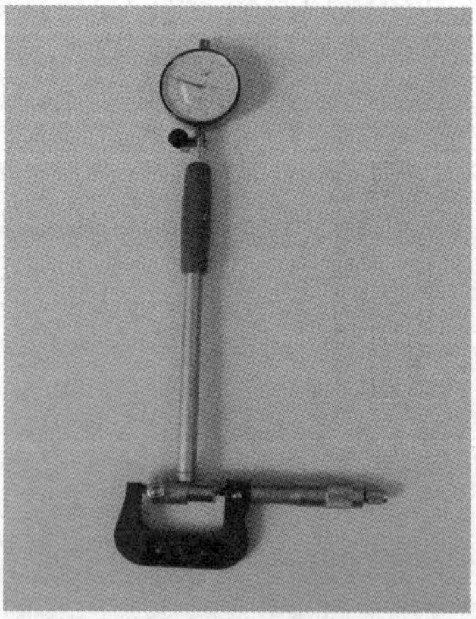

图 2-40　用外径千分尺校对内径百分表“0”位

2. 测量工件

将测量头放入被测孔内，摆动手柄几次，摆动过程中读取最小读数，即为孔径的实际偏差。测量时套杆中心线应与工件中心线平行，不得歪斜；应在圆周上多测几个点，如

图 2-41所示。

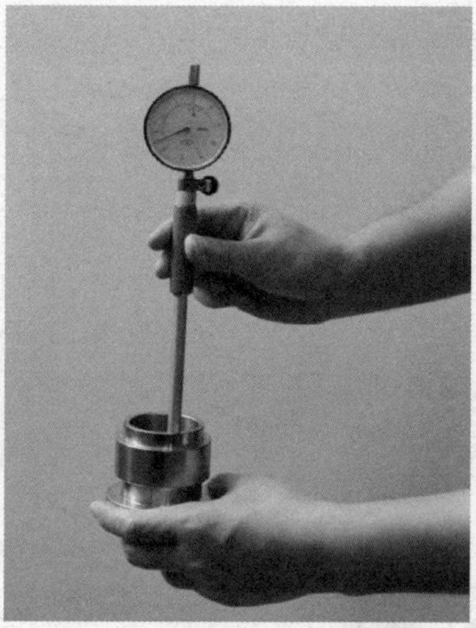

图 2-41　用内径百分表测量孔

3. 测量结果

完成图 2-36 所示工件孔径的测量，将数据填入表 2-6 中。

表 2-6　内径测量结果

工作项目	图样要求	实测			平均值	结论
		1	2	3		
内径测量	$\phi46\text{H8}(^{+0.039}_{0})$					
	$\phi50\text{D9}(^{+0.142}_{+0.080})$					
	$\phi30\text{JS8}(\pm0.016)$					
	$\phi40\text{S7}(^{-0.034}_{-0.059})$					

任务拓展

1. 孔用极限量规

在批量或大批量生产中，用极限量规来检验孔径比较频繁。检验孔径的光滑极限量规称为塞规，有时也称为止通规，如图 2-42 所示。

图 2-42　孔用极限量规

"T" 端塞规称为通规，"Z" 端塞规称为止规。使用时，塞规的通规通过被检验孔，塞规的止规塞不进被检验孔，则被检验孔是合格的。

2. 三点式内径千分尺

随着科技的进步，对制造业的要求越来越高，测量技术、测量器具也随着不断地提高。由于用游标卡尺、两爪内径千分尺测量内孔误差太大，用内径百分表测量内孔的调整过程太费时，因此目前测量内孔的常用量具为三点式内径千分尺，图 2-43 列举了四种不同型号的三点式内径千分尺，这些量具测量内孔比较精准，读数方便，省时又省力。

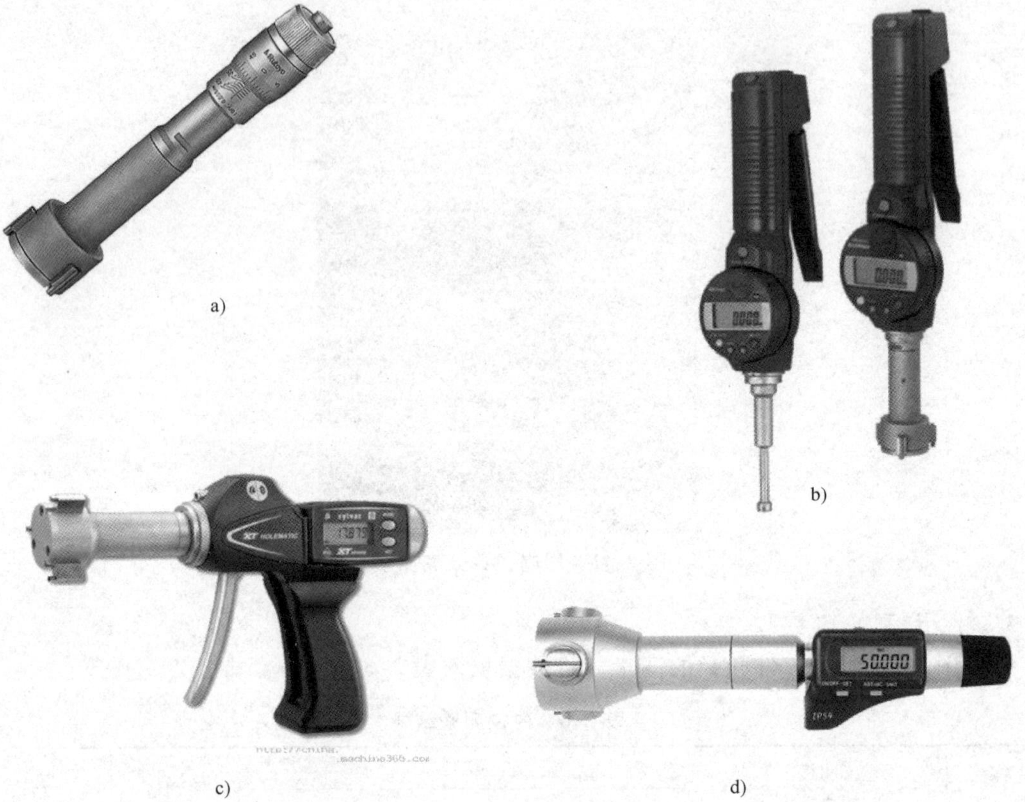

图 2-43　三点式内径千分尺

任务评价

任务结束后留出部分时间，分小组交流讨论，分享各自的学习成果，共同进步。参照“附表十四”做出正确的任务评价与总结。

活学活用

1. 常用内孔的检测量具有哪些？

2. 使用内径百分表测量内孔时应注意的问题。

3. 用两点式、三点式内径千分尺和内径百分表测量图 2-36 轴套中各内径尺寸，比较测量结果。

表 2-7　内径测量结果

工作项目	图样要求	计量器具	实测			平均值	结论
			1	2	3		
内径测量	$\phi46H8(^{+0.039}_{0})$	两点式内径千分尺					
	$\phi50D9(^{+0.142}_{+0.080})$						
	$\phi30JS8(\pm0.016)$						
	$\phi40S7(^{-0.034}_{-0.059})$						

（续）

工作项目	图样要求	计量器具	实测			平均值	结论
			1	2	3		
内径测量	$\phi46H8(^{+0.039}_{0})$	三点式内径千分尺					
	$\phi50D9(^{+0.142}_{+0.080})$						
	$\phi30JS8(\pm0.016)$						
	$\phi40S7(^{-0.034}_{-0.059})$						
	$\phi46H8(^{+0.039}_{0})$	内径百分表					
	$\phi50D9(^{+0.142}_{+0.080})$						
	$\phi30JS8(\pm0.016)$						
	$\phi40S7(^{-0.034}_{-0.059})$						

项目二　角度、锥度测量

对于角度、锥度的测量用前面学的游标卡尺、千分尺等常用量具无法完成。现有的测量角度、锥度的常用量具主要有游标万能角度尺、正弦规、角度样板、极限量规等。采用的方法有涂色法、光隙法等。

任务一　用游标万能角度尺测量角度

任务导入

在企业生产中，会经常用到游标万能角度尺去测量加工工件的角度尺寸，如何对加工的角度进行检测，是本任务的目标。游标万能角度尺操作相对较复杂，但读数比较方便，因此在测量角度时使用频率最高，在测绘、加工、装配、检验、测试、调试等场所都广泛使用。

任务描述

图 2-44 所示为某一工人加工完成的异形件。本任务为选择合适角度测量的量具，对 4 个角度进行检测。

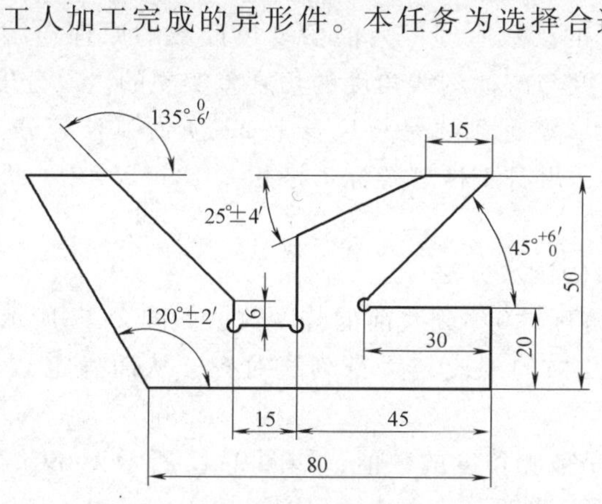

图 2-44　异形件

任务分析

该任务需要测量角度，完成本任务，需明确以下 4 点。

1）在测量之前，根据之前学的知识，计算出合格工件的极限值，以便根据测量值判断工件是否合格。

2）要根据工件的形状与结构，选择合适的量具。

3）要根据公差的数值，选择适合精度的量具。

4）必须知道图中角度大致范围，才能选择合适的测量方法。

知识链接

游标万能角度尺是利用活动直尺测量面相对于基尺测量面的旋转，对两测量面间分隔的角度进行读数的角度测量器具。它是用来测量精密零件内外角度或进行角度划线的角度量具。

（1）游标万能角度尺的结构　游标万能角度尺是一种常见的游标角度量具，如图 2-45 所示，通过不同的组合，可测 0°~320°的任何角度，精度有 2′和 5′两种。

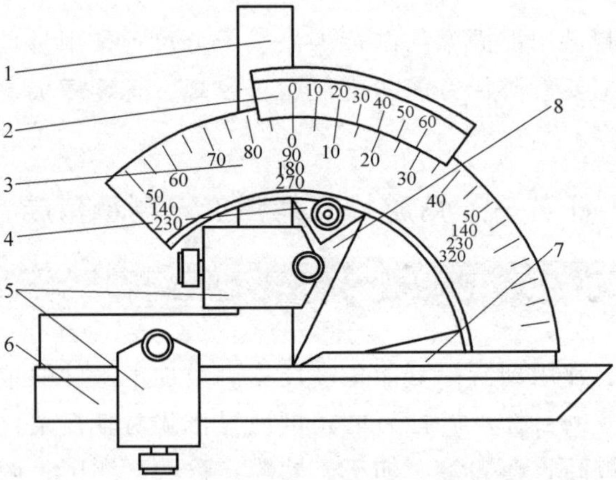

图 2-45　游标万能角度尺的结构

1—直角尺　2—游标　3—主尺　4—制动头　5—卡块　6—直尺　7—基尺　8—扇形板

（2）游标万能角度尺的读数原理　万能角度尺读数的原理与游标卡尺的读数原理基本相同，是利用主尺刻线角度与游标刻线角度的角度差实现的。以分度值为 2′的游标万能角度尺为例，尺身刻线间隔 1°，游标刻线是将尺身上 29°所占弧长等分为 30 格，每格所对的角度为 29°/30 即 58′，因此，尺身 1 格与游标 1 格相差 1°-58′=2′，即游标万能角度尺的测量精度为 2′，如图 2-46 所示。

（3）游标万能角度尺的读数方法

1）先从尺身上读出游标“0”刻线前的整度数，如图 2-47 所示为 69°。

2）再判断游标上第几格的刻线与尺身刻线对齐，从而确定“分”的数值，如图 2-46 所示为 42′。

3）然后两者相加就是被测角度的数值，如图 2-47 所示为 69°42′。

（4）游标万能角度尺识读练习

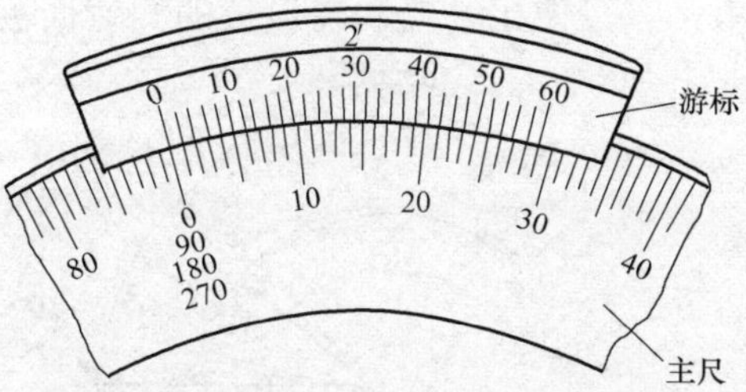

图 2-46　游标万能角度尺的读数原理

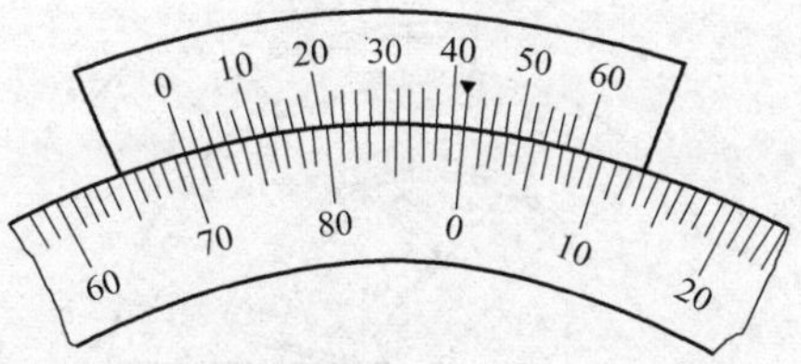

图 2-47　读数方法

1）读出图 2-48 所示角度值。

① 角度的整数为________°。

② 角度的小数为________′。

③ 求和________°+________′=________°________′为测量结果。

2）读出图 2-49 所示角度值。

① 角度的整数为________°。

② 角度的小数为________′。

③ 求和________°+________′=________°________′为测量结果。

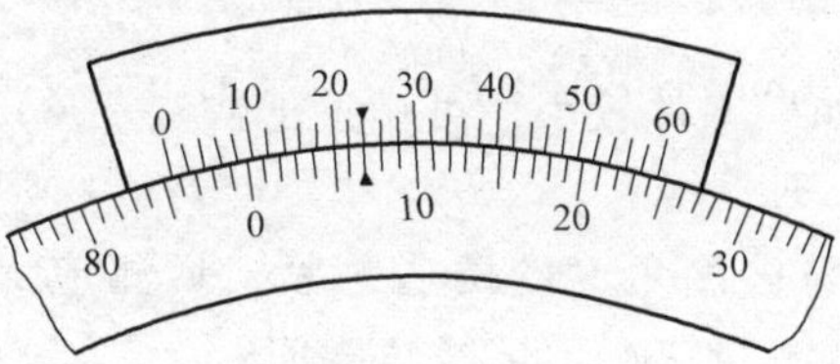

图 2-48　识读练习 1

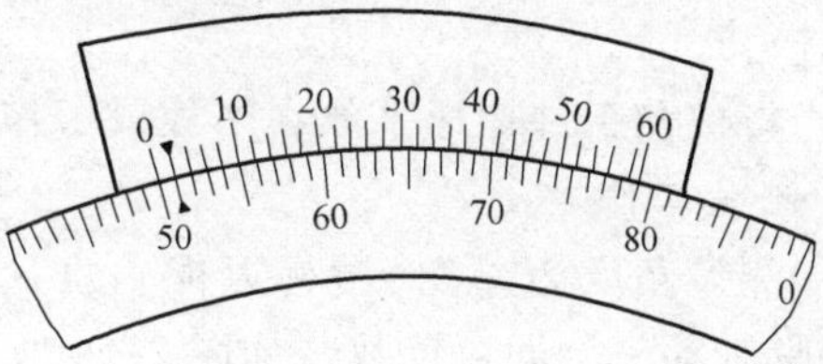

图 2-49　识读练习 2

（5）游标万能角度尺的使用方法

1）测量 0°~50°（图 2-50），应装上角尺和直尺。

2）测量 50°~140°（图 2-51），只需装上直尺。

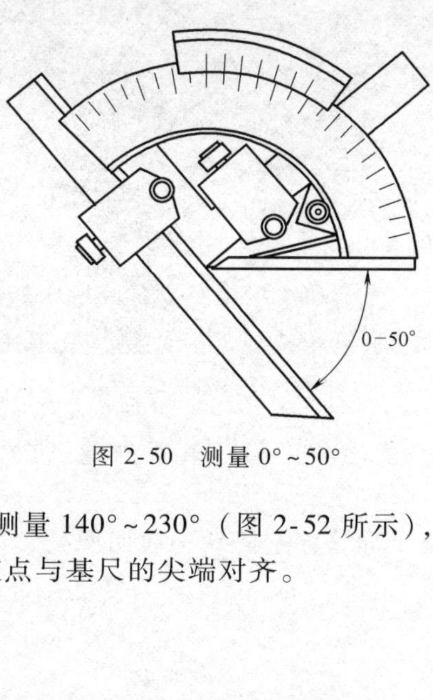

图 2-50　测量 0°~50°

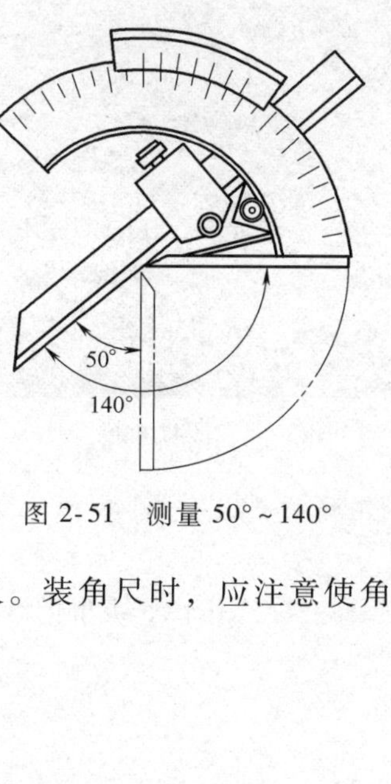

图 2-51　测量 50°~140°

3）测量 140°~230°（图 2-52 所示），只需装上角尺。装角尺时，应注意使角尺长边与短边的交点与基尺的尖端对齐。

4）测量 230°~320°（图 2-53），不装直尺和角尺，只使用基尺和扇形板的测量面测量。

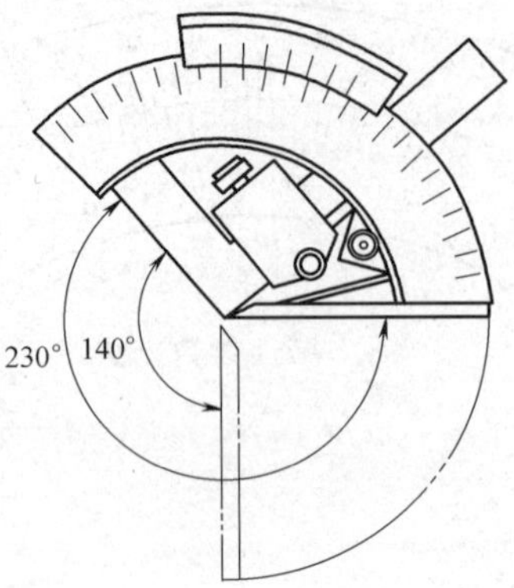

图 2-52　测量 140°~230°

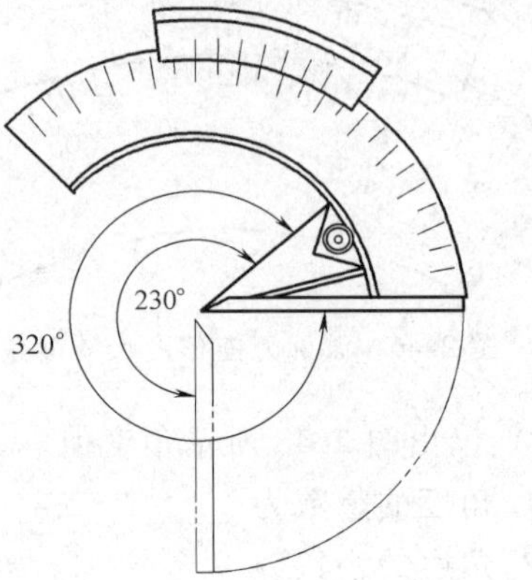

图 2-53　测量 230°~320°

任务实施

1. 测量准备工作

1）使用前，用干净纱布擦干，再检查各部件相互之间是否移动平稳可靠、止动后的游标是都松动，然后对“0”位。

2）将被测工件擦净平放在平板或工作台上。如果工件较小，可用手把住。

2. 测量工件

1）测量角度 20°。使游标万能角度尺的两边与被测角度的两边贴紧，目测应无间隙，然后锁紧制动头，即可读数，如图 2-54 所示。重复测量三次，记录角度值。

2）测量角度 45°。注意事项同上，测量方法如图 2-55 所示，读出角度值，重复测量三次，记录角度值。

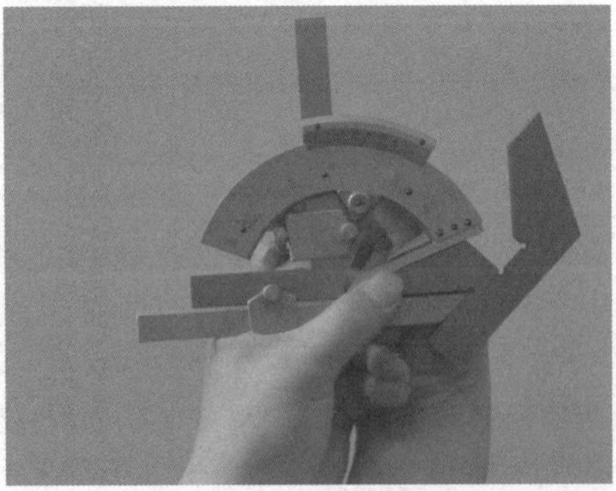

图 2-54　测量角度 20°

图 2-55　测量角度 45°

3）测量角度 120°。测量方法如图 2-56 所示，读出角度值，重复测量三次，记录角度值。

4）测量完毕，用干净纱布把游标万能角度尺擦干净，涂上防锈油放回原处，如图 2-57 所示。

图 2-56　测量角度 120°

图 2-57　量具盛放

3. 测量结果

完成测量，并将有关数据填入表 2-8 中。

表 2-8　游标万能角度尺测量结果

工作项目	图样要求	实　测			平均值	结论
		1	2	3		
角度测量	$135^{\circ}{}_{-6'}^{0}$					
	$45^{\circ}{}_{0}^{+6'}$					
	25°±4′					
	120°±2′					

知识拓展

1. 另一种游标万能角度尺

图 2-58 所示为另一种游标万能角度尺。它的测量范围是 0°~360°，精度为 5′。这类角度尺的测量方法，如图 2-59 所示。

2. 数显万能角度尺

图 2-60 所示为数显万能角度尺，又称为数显万向角度尺，其测量范围也是 0°~360°，精度为 5′。由于它是数显的，读数显示可达 30″。

3. 角度样板

图 2-61 所示角度样板在机械行业中又称为螺纹对刀样板，主要是在螺纹车刀刃磨及安装时使用。

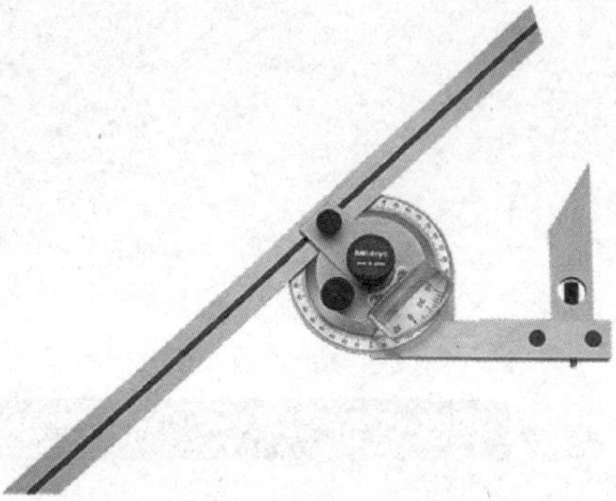

图 2-58　另一种游标万能角度尺

图 2-62 所示角度样板一般在比对角度时使用，工具钳工在加工角度时也可以作为检测工具使用。它的主要优点是使用方便，能对游标万能角度尺难测量的部位进行检测。它的缺点是测量精度低。

图 2-59　数显万能角度尺的测量方法

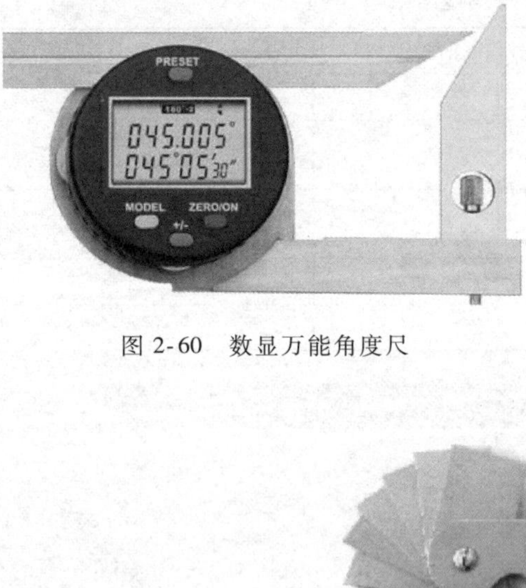

图 2-60　数显万能角度尺

图 2-61　角度样板（螺纹对刀样板）

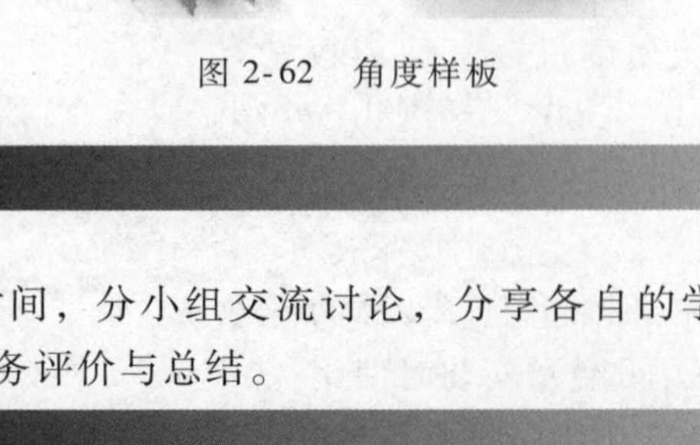

图 2-62　角度样板

任务评价

任务结束后留出部分时间，分小组交流讨论，分享各自的学习成果，共同进步。参照“附表十四”做出正确的任务评价与总结。

活学活用

1. 简要叙述分度值为 2′的游标万能角度尺的刻线原理。

2. 用游标万能角度尺测量图 2-44 所示异形件中的其他几个角度尺寸，并将检测结果填入表 2-9。

表 2-9 游标万能角度尺测量结果

工作项目		实测			平均值	结论
		1	2	3		
角度测量	$60°\pm4'$					
	$135°{}^{0}_{-6'}$					
	$155°\pm6'$					

任务二 用极限量规测量锥度

任务导入

极限量规是机械加工、检验检测、安装调试等工作中经常使用的量具。由于它的单一性，即只能对一种尺寸或一种型号的工件进行测量，因此它在大批量生产中广泛使用。如何对工件的加工锥度进行检测，保证其达到精度要求是本任务的目标。

任务描述

本任务为测量图 2-63 所示锥轴 Morse No4。

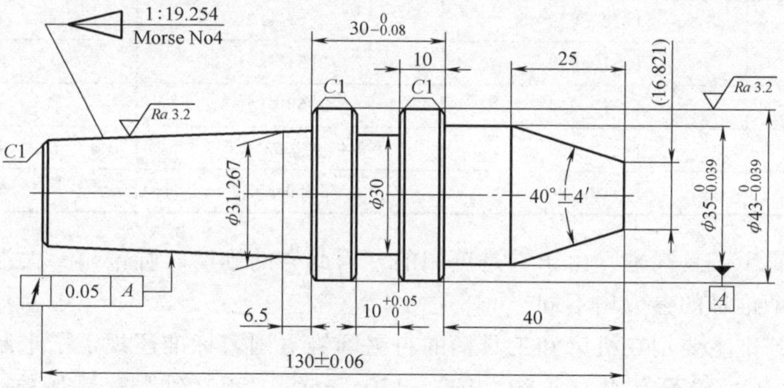

图 2-63 锥轴

任务分析

工人加工该工件，在加工过程中需进行在线测量，以保证工件合格。完成本任务需明确以下 3 点。

1）在图 2-63 中，Morse No4 所指的表面是 4 号莫氏锥度。

2）要正确地测量圆锥，必须查阅有关标准，得到圆锥各项参数。

3）选择合适的量具和正确的测量方法。

由于莫氏锥度是英制的，它的大小端直径的测量很难得到较精确的数值，而且主要精度取决于它的锥度。很明显测量莫氏锥度的难度很大。目前测量莫氏外锥度的常规量具是圆锥套规，测量莫氏内锥度的常规量具是圆锥塞规。

知识链接

1. 圆锥的基本参数（图 2-64）

（1）圆锥角 α　通过圆锥轴线的截面内两条素线之间的夹角。

（2）圆锥半角 $\alpha/2$　圆锥素线与其轴线间的夹角，等于圆锥角的一半。

（3）圆锥直径　在垂直轴线截面上的直径。

（4）圆锥长度　圆锥的最大直径与最小直径之间的距离。

（5）圆锥配合长度　相互结合的内外圆锥基面间的距离。

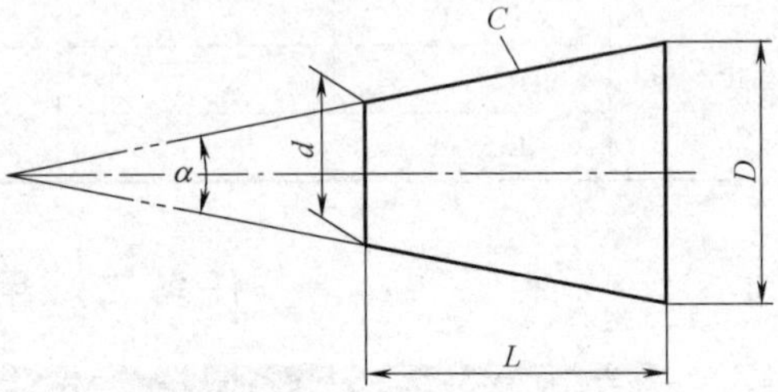

图 2-64　圆锥的基本参数

（6）锥度 C　最大圆锥直径 D 与最小圆锥直径 d 之差对圆锥长度 L 之比，即 $C=(D-d)/L=2\tan(\alpha/2)$。

2. 莫氏圆锥的尺寸规格（表 2-10）

表 2-10　莫氏圆锥的尺寸规格

莫氏锥号	锥度 C	圆锥角 α	大端直径 D/mm
0	1∶19.212	2°58′54″	9.045
1	1∶20.047	2°51′26″	12.065
2	1∶20.020	2°51′41″	17.78
3	1∶19.922	2°51′32″	23.825
4	1∶19.254	2°58′31″	31.267
5	1∶19.009	3°0′53″	44.399
6	1∶19.180	2°59′12″	63.348

莫氏圆锥属于工具圆锥。由于它是英制的，因此它的锥度、圆锥角、大端直径均不是整数，而且每一个锥号的参数均不同。

目前莫氏圆锥主要用在机床和工具柄的自夹圆锥。国家标准还规定了米制圆锥，米制圆锥的锥度是 1∶20，锥号有 4、6、80、100、120、160、200（锥号表示圆锥大端直径）。米制圆锥主要用来补充、延伸莫氏圆锥。

3. 圆锥极限量规

（1）圆锥塞规　图 2-65 所示为莫氏 3 号塞规。

（2）圆锥套规　图 2-66 所示为莫氏 3 号套规。

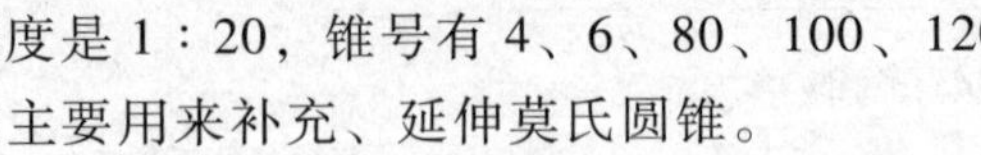

图 2-65　莫氏 3 号塞规

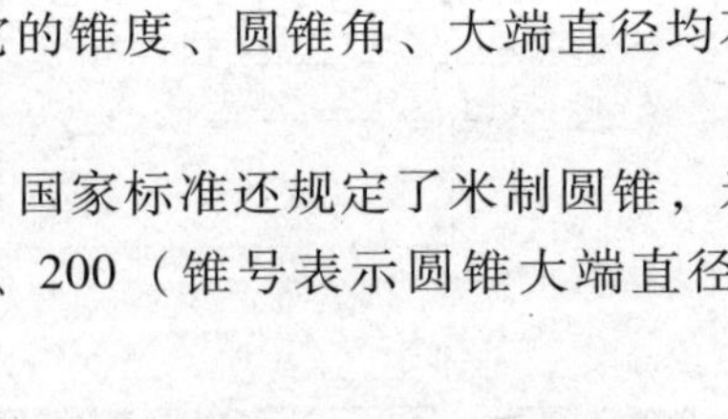

图 2-66　莫氏 3 号套规

用圆锥极限量规测量内外圆锥的方法是涂色法。

4. 圆锥极限量规使用方法与步骤

1）在外圆锥工件（圆锥塞规）上沿素线方向上涂上3~4条均匀分布的显示剂（红丹或蓝油）。

2）将圆锥极限量规与被测件套合后，稍加周向推力，轻轻转动一周。

3）取下圆锥极限量规，观察外圆锥工件（圆锥塞规）表面显示剂擦去的情况。

4）根据表2-11进行判断。

表2-11　圆锥极限量规检验方法

检验方法	用圆锥套规检验外圆锥		用圆锥塞规检验内圆锥	
显示剂的涂抹位置	外圆锥工件		圆锥塞规	
显示剂擦去情况	小端擦去，大端未擦去	大端擦去，小端未擦去	小端擦去，大端未擦去	大端擦去，小端未擦去
工件圆锥角	小	大	大	小
测量圆锥的线性尺寸	外圆锥的最小圆锥直径		内圆锥的最大圆锥直径	

5）用圆锥极限量规检验工件的基面距误差。在量规的大端或小端处有距离为 m 的两条刻线或台阶，m 为圆锥工件的基面距公差。圆锥工件端面位于量规基准端面上的距离为 m 的两刻线或台阶之间为合格，如图2-67和图2-68所示。

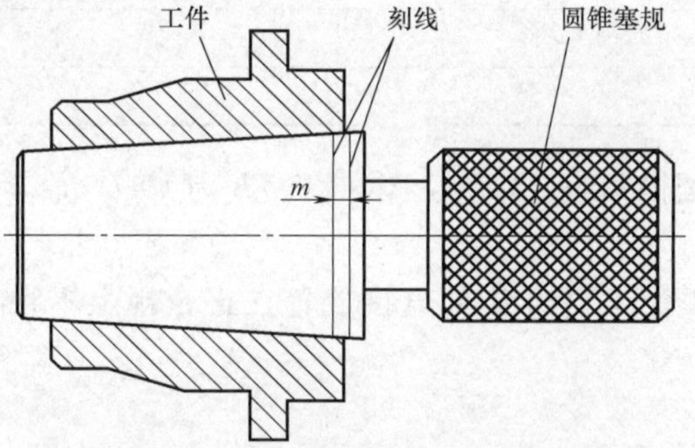

图2-67　用圆锥塞规测量的示意图

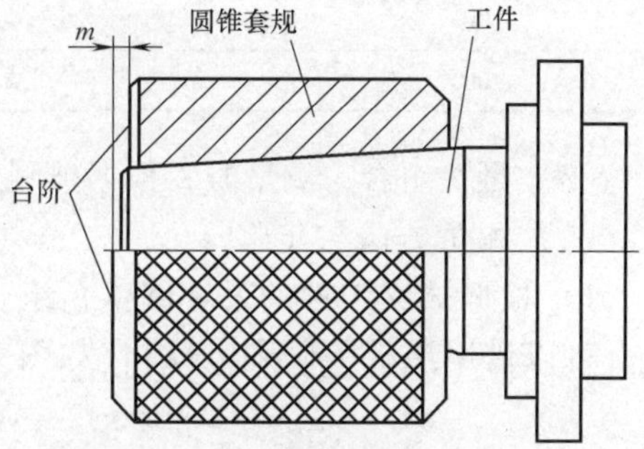

图2-68　用圆锥套规测量的示意图

任务实施

测量图2-63所示锥轴左端4号莫氏锥度。

1）清洁、检查圆锥套规和锥轴。

2）涂色法检测锥度。在锥轴上沿素线方向涂上3~4条均匀分布的红丹粉。

3）套合后轻轻转动圆锥套规一周。

4）取下圆锥套规，观察圆锥表面显示剂擦去的情况。根据表面痕迹对照表2-11判断圆锥角大小。

5）判定锥度部分大小，可以观察工件锥体部分的一端与台阶的关系。也可以用测量法，具体可参考本任务对“4号莫氏锥度”的测量。

完成测量，并将有关数据填入表2-12中。

表 2-12　圆锥套规测量结果

工作项目	量具	实测 （显示剂擦去情况）	刻线 （是否在 m 范围内）	结论
圆锥角测量				

知识拓展

1. 用正弦规测量锥度

（1）正弦规的结构　正弦规是间接测量角度的常用量具之一。它需和量块、百分表等配合使用。正弦规的结构，如图 2-69 所示。它由主体和两个圆柱等组成，分宽型和窄型两种。

（2）正弦规的结构参数（表 2-13 和表 2-14）

表 2-13　宽型正弦规的结构参数　（单位：mm）

L	B	H	d
100	80	40	20
200	150	65	30

表 2-14　窄型正弦规的结构参数　（单位：mm）

L	B	H	d
100	25	30	20
200	40	55	30

（3）量块组合　测量时，根据被测件的公称圆锥角组合量块。量块高度 h 为 $h=L\sin\alpha$。

（4）测量方法与步骤

1）根据被测工件的公称圆锥角组合量块，固定工件（工件直接放置在正弦规上不稳定时，可以借用压板等固定工件），如图 2-70 所示。

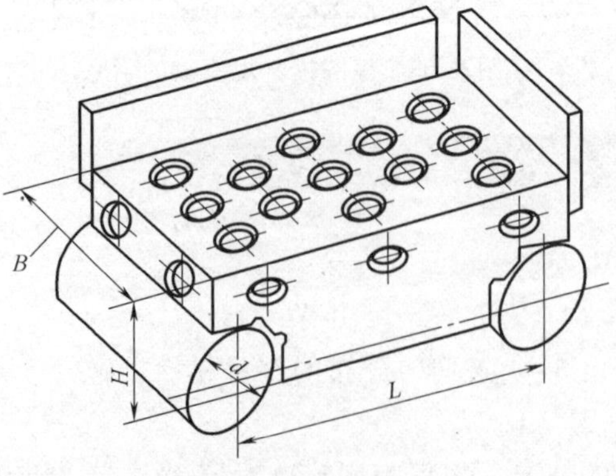

图 2-69　正弦规

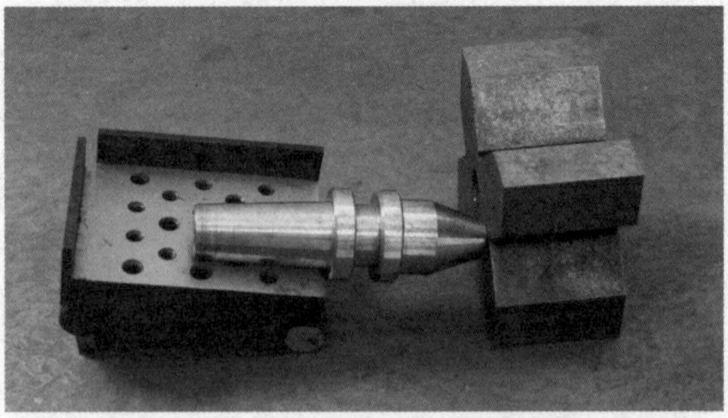
图 2-70　固定工件

2）用百分表在圆锥素线上 a、b 两点处（图 2-71 中未标出 a、b）测量（按指示表最大示值读数），如图 2-71 所示。a、b 两点读数差 Δh 与 a、b 两点间距离 L 之比为锥度误差，即 $\Delta C=\Delta h/L$，角度误差为 $\Delta\alpha=206265''\Delta C\approx2\times10^5\Delta C$（$''$）（1 弧度 $=206265''$）。

图 2-71　测量工件锥度

3）将工件转过 90°，重复上述测量，以两次测得锥度误差绝对值最大者作为工件的锥度误差。

2. 用游标万能角度尺测量锥度

图 2-63 所示锥轴右端的圆锥是用圆锥角表示的，而且它的偏差也比较大，也可以采用游标万能角度尺测量，如图 2-72 所示。

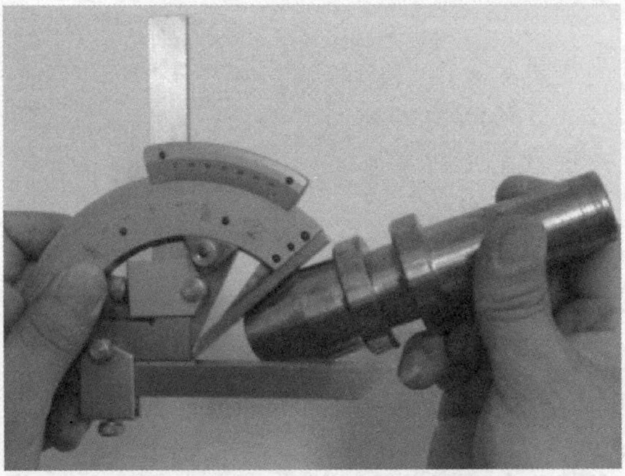

图 2-72　用游标万能角度尺测量圆锥角

任务评价

任务结束后留出部分时间，分小组交流讨论，分享各自的学习成果，共同进步。参照“附表十四”做出正确的任务评价与总结。

活学活用

1. 简述正弦规的工作原理。
2. 简述圆锥极限量规是如何测量工件圆锥表面的。
3. 测量 30°的圆锥角，如何组合量块尺寸。
4. 利用圆锥极限量规，测量 3 号莫氏锥度的圆锥角。

模块三

几何公差与测量

学习目标

◆**知识目标**

➢认识几何公差的术语及其定义。

➢掌握控制几何公差在生产中的重要作用。

➢熟悉常用几何公差的公差带形式及含义。

➢正确识读几何公差框格并标注。

◆**能力目标**

➢能够测量部分常用几何误差。

➢能正确合理设计几何误差的测量方法。

➢熟悉如何在实际生产中控制几何误差。

➢了解几何公差对生产工艺的影响。

◆**情感目标**

➢培养理论联系实际的学习方法和从实际出发的思考问题方法。

➢巩固专业思想，明确学好本课程在生产中的重要指导意义。

几何公差是机件的组成要素（面或面上的线）或导出要素（由一个或几个组成要素得到的中心点、中心线或中心面）偏离正几何形状或偏离基准要素的允许值。根据国家标准GB/T 1182—2008《产品几何技术规范（GPS） 几何公差 形状、方向、位置和跳动公差标注》，几何公差分为形状公差、方向公差、位置公差和跳动公差四项。本模块主要学习几何公差的标注、公差带及测量。

项目一 形状公差与测量

形状公差是指单一实际要素的形状所允许的变动全量。它只与被测要素本身有关，也可以说它的基准要素就是它本身。国家标准GB/T 1182—2008规定的形状公差有直线度公差、平面度公差、圆度公差、圆柱度公差、线轮廓度公差、面轮廓度公差6种。

任务一 直线度公差与测量

任务导入

直尺是机械识图中常用的绘图工具（图 3-1）。在绘制直线时，直线的精度取决于直尺工作部分的精度。然而，直尺工作部分的直线度往往存在问题，不仅是加工过程的热变形、工作过程的磨损产生了直线度误差，而且平面方向容易产生弯曲（这不影响画直线的直线度）。在实际生产中，如何对零件的直线度进行检测是本任务的目标。

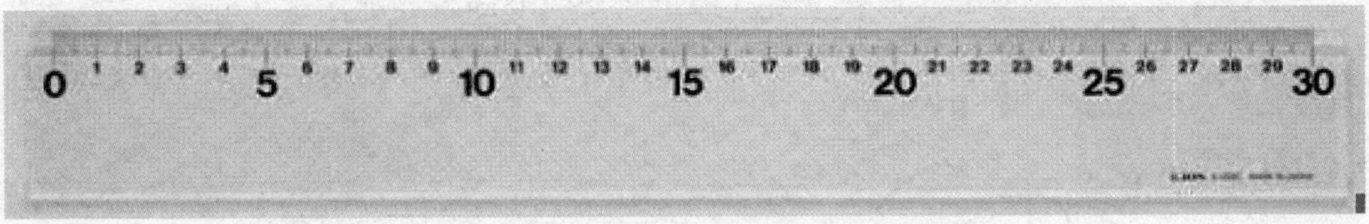

图 3-1 直尺

任务描述

图 3-2 所示为传动轴，俯视图中的公差为直线度公差，是形状公差的一种，用来限制被测尺寸为 ϕ26 圆柱表面任一素线对理想直线的变动量。本任务为测量零件该表面的直线度，并判断误差是否在其公差范围内，以此判断零件是否合格。

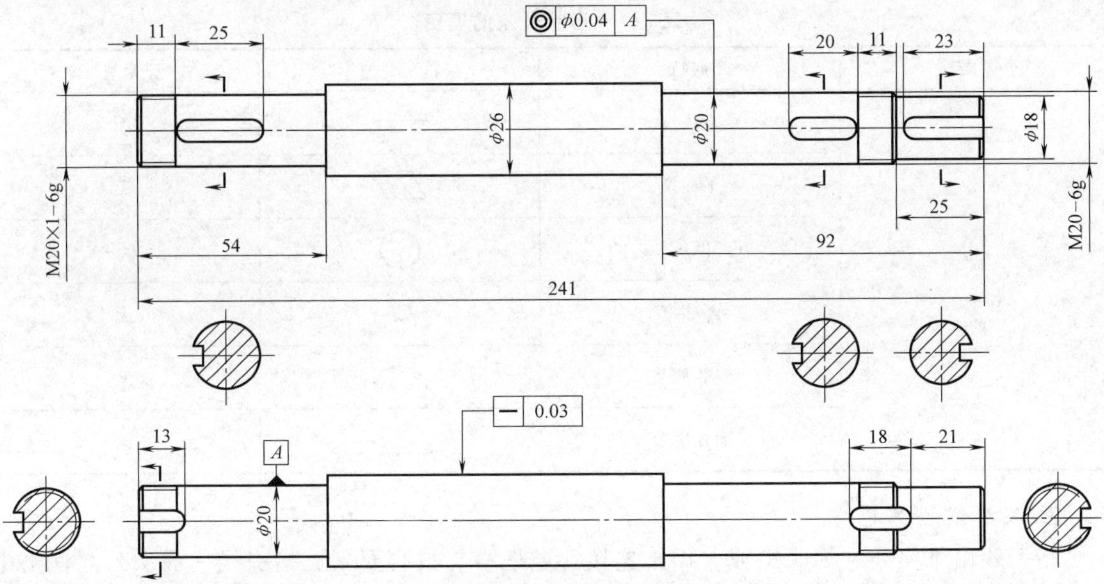

图 3-2 传动轴

任务分析

完成本任务，需明确以下两点。

（1）识读其标注　在图 3-2 中，直线度公差框格中“—”为直线度公差符号，“0.03”表示直线度公差带，被测要素是尺寸为 $\phi26$ 圆柱表面任一素线。

（2）测量直线度　根据零件的功能要求，可分别给出在给定平面内、给定方向上和任意方向上的直线度要求。根据不同的要求和公差大小，可采用不同的测量方法。该任务直线度应该是给定方向上的直线度。

知识链接

1. 形状误差和形状公差

形状误差：被测实际要素在形状上对其理想要素的变动量，如图 3-3 所示。

形状公差：被测实际要素在形状上相对于理想要素所允许的最大变动量，如图 3-4 所示。

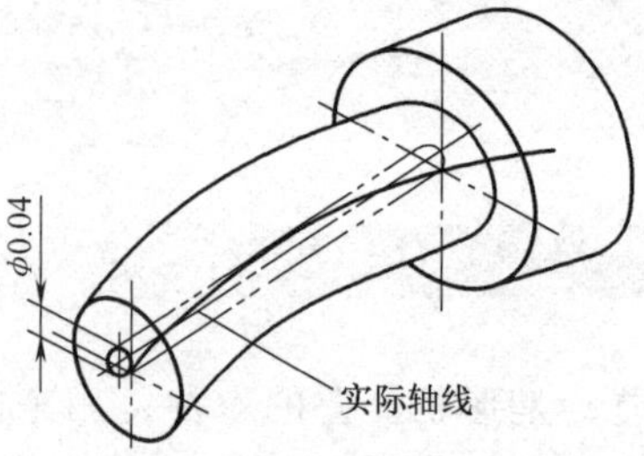

图 3-3　形状误差

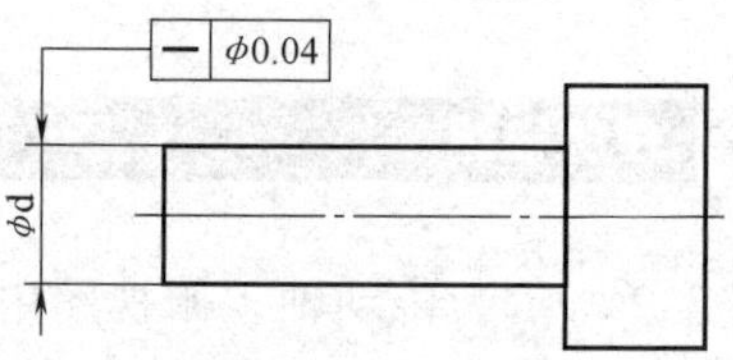

图 3-4　形状公差

2. 形状公差的项目（表 3-1）

表 3-1　形状公差的项目

公差类型	几何特征	符　号	有无基准
形状公差	直线度	—	无
	平面度	▱	无
	圆度	○	无
	圆柱度	⌭	无
	线轮廓度	⌒	无
	面轮廓度	⌓	无

3. 指引线的规定

指引线由细实线和箭头组成，用来连接公差框格与被测要素。指引线一般从公差框格中间引出，与公差框格端线垂直，箭头置于被测要素的轮廓线（或延长线）上，指引线可以曲折，但不多于两次。

当公差涉及轮廓线或表面时，将箭头置于被测要素的轮廓线或轮廓线的延长线上，并与尺寸线明显分开，如图 3-5 所示。

当公差涉及轴线、中心平面或由尺寸要素确定的点时，则带箭头的指引线应与尺寸线的延长线重合，如图 3-6 所示。

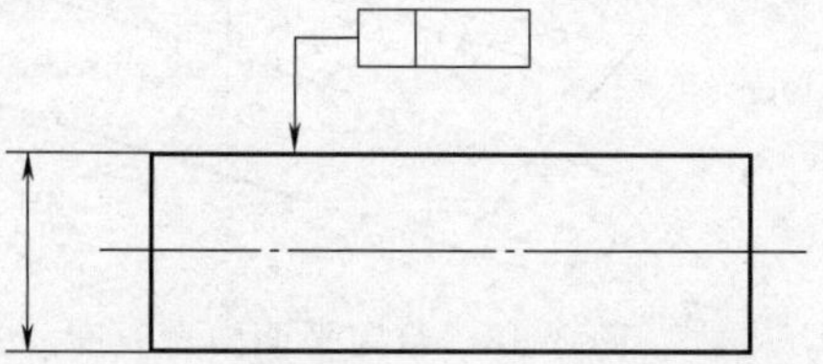

图 3-5 被测要素为轮廓线的标注

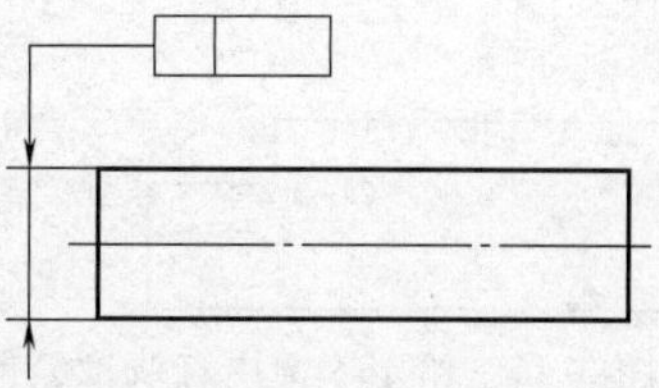

图 3-6 被测要素为轴线的标注

4. 直线度公差

直线度公差：直线形状物体偏离几何学正直线的允许值。

(1) 给定方向上的直线度公差

1) 公差标注识读。图 3-7 所示棱边的直线度公差为 0.1mm。

2) 直线度公差带含义。间距为公差值 t 的两平行平面所限定的区域，如图 3-8 所示。

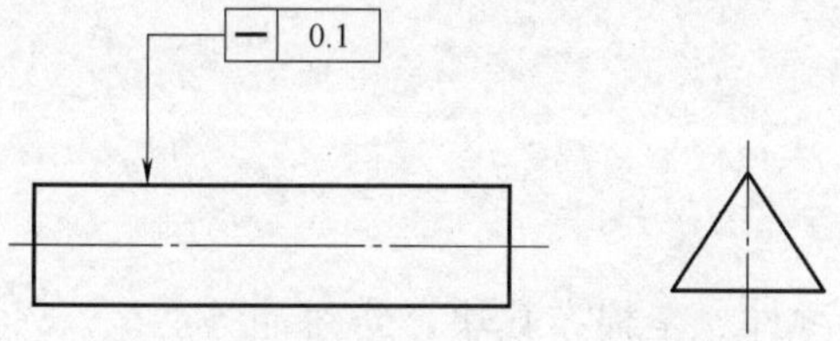

图 3-7 给定方向上直线度公差的标注

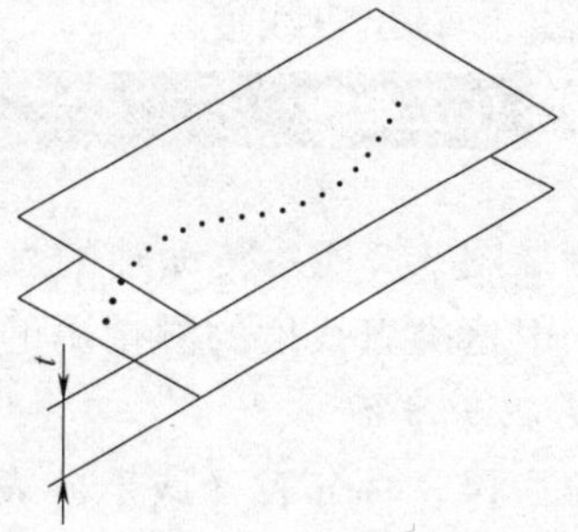

图 3-8 给定方向上直线度公差带

(2) 任意方向上的直线度公差

1) 公差标注识读。图 3-9 所示圆管的外圆柱面轴线的直线度公差为 $\phi0.08$mm。

2) 直线度公差带含义。直径等于公差值 ϕt 的圆柱面所限定的区域，如图 3-10 所示。

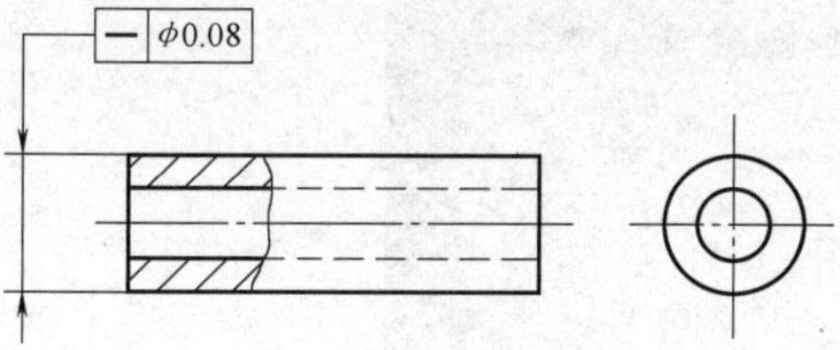

图 3-9 任意方向上直线度公差的标注

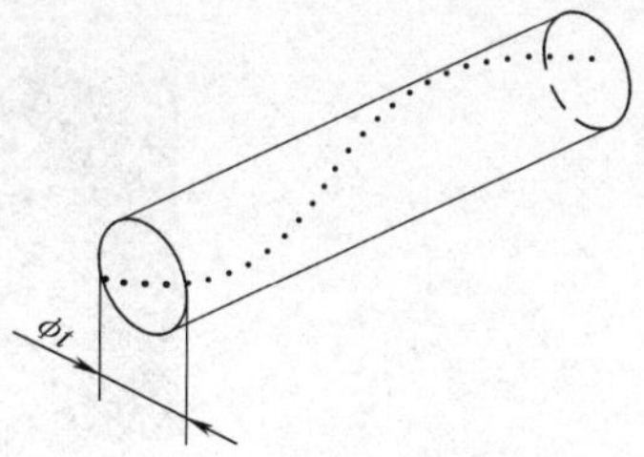

图 3-10 任意方向上直线度公差带

(3) 给定平面内的直线度公差

1) 公差标注识读。图 3-11 所示平面内的任一直线的直线度公差为 0.1mm。

2) 直线度公差带含义。在给定平面内和给定方向上，间距为公差值 t 的两平行直线所限定的区域，如图 3-12 所示。

5. 测量直线度的方法

(1) 贴切法 采用将被测要素与理想要素比较的原理来测量。如将刀口尺视为理想要素，测量时将其与被测表面贴切，使两者之间的最大间隙为最小，此最大间隙就是被测要素

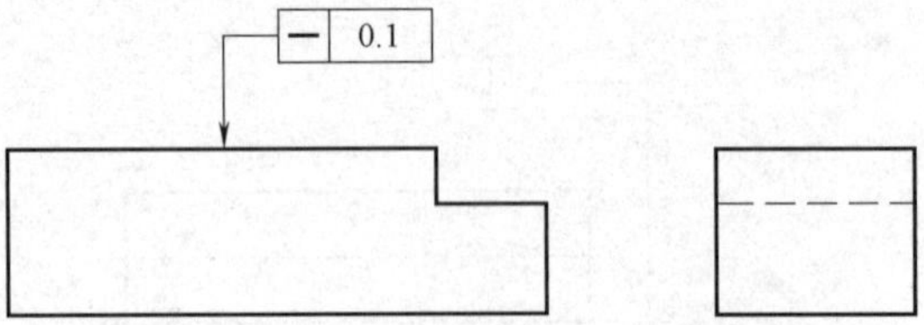

图 3-11　给定平面内直线度公差的标注

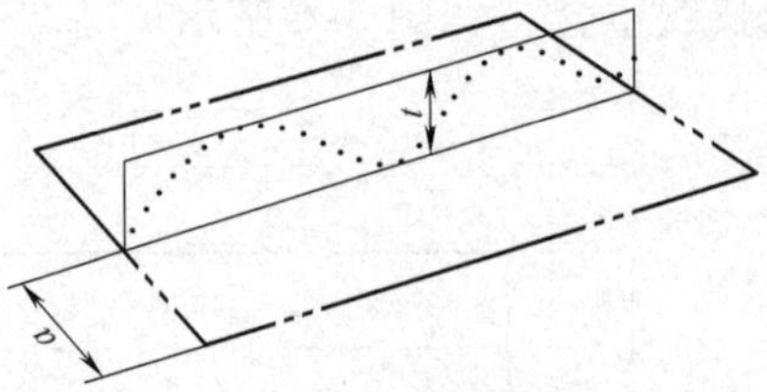

图 3-12　给定平面内直线度公差带

的直线度误差。当间隙较小时，用标准光隙估读；当间隙较大时，用量块或塞尺估读。

（2）测微法　用于测量圆柱体素线或轴线的直线度。用测微仪（一般用百分表或千分表）在被测要素上测出变动量。

（3）节距法　适用于长零件的测量。将被测量长度分成若干小段，用水平仪、自准仪等测出每一段的相对读数，最后通过数据处理求出直线度误差。

（4）数据采集仪连接百分表法　数据采集仪会从百分表中自动读取测量数据，通过软件分析、计算出直线度。

任务实施

测量图 3-2 所示传动轴的直线度误差。

一般这类直线度的测量用的是测微法。

1. 测量准备

偏摆仪、百分表（或千分表）及表座、被测件、全棉布数块、防锈油等。

2. 测量步骤

1）被测件装夹在偏摆仪的两顶尖之间，如图 3-13 所示。

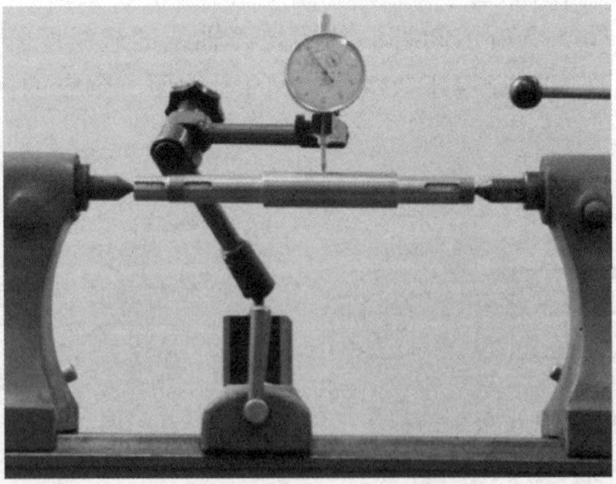

图 3-13　测量直线度误差

2）在支架上装上百分表（或千分表），百分表测量头垂直指向工作面，并有 1~2 圈的压缩量，最好将表的刻度调整到一个容易记忆的读数，如图 3-13 所示。

3）沿轴向移动表座，记录百分表读数最大值和最小值。

4）将零件旋转 3 次（或多次）重复 3）的操作。

5）计算每次读数的最大值和最小值之差，取差值的最大值为该直线度的误差，对照公差判断是否超差。

3. 测量结果

按步骤完成测量并将被测件的相关信息及测量结果填入直线度误差测量结果（表3-2）中。

表 3-2 直线度误差测量结果 （单位：mm）

测量次数 结果	1		2		3		4	
	最大值	最小值	最大值	最小值	最大值	最小值	最大值	最小值
读数								
计算差值								
直线度误差	0.025			判定合格性				

任务拓展

刀口尺主要用于光隙法或涂色法检验精密平面的直线度和平面度，常用于检测磨削或研磨加工的小平面及短圆柱工件。图 3-14 所示为刀口尺。

光隙法是凭借人眼观察通过实际间隙的可见光隙量多少来判断间隙大小的一种基本方法。凡是在 0.001～0.03mm 范围内的间隙，只要能产生可见光隙，都可以用光隙法检测。光隙法测量是将刀口尺置于被测实际线上并使刀口尺与被测实际线紧密接触，转动刀口尺使其位置符合最小条件，然后观察刀口尺与被测实际线之间的最大光隙，此时的最大光隙即为直线度误差，如图 3-15 所示。当光隙值较大时，可用量块或塞尺测出其值。光隙值较小时，可通过与标准光隙比较来估读光隙大小。间隙大于 0.0025mm 时，则透光颜色为白光；间隙在 0.001～0.002mm 时，透光颜色为红光；间隙为 0.001mm 时，透光颜色为蓝光；间隙小于 0.001mm 时，透光颜色为紫光；间隙小于 0.0005mm 时，则不透光。由此可以判断直线度误差。

图 3-14 刀口尺

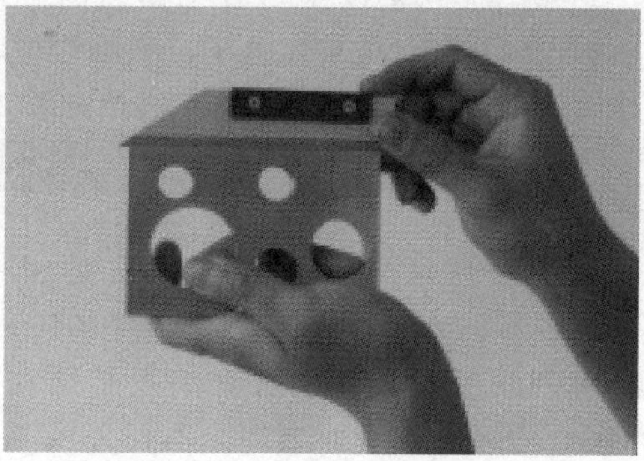

图 3-15 用刀口尺测量直线度

任务评价

任务结束后留出部分时间，分小组交流讨论，分享各自的学习成果，共同进步。参照“附表十四”做出正确的任务评价与总结。

活学活用

1. 写出形状公差的名称及其对应的形状公差的项目符号。
2. 指出图 3-16 所示几何公差含义。

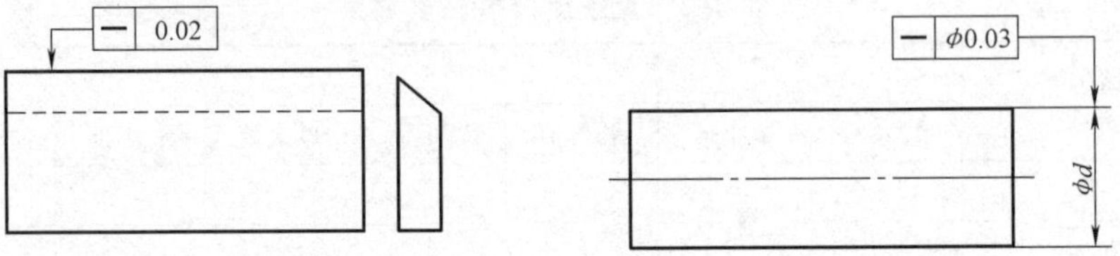

a)　　b)

图 3-16　直线度公差

a）刀口尺　b）轴

3. 什么是直线度公差？有哪 3 种不同的直线度公差？
4. 测量图 3-16 所示直线度误差，试述其测量方法及步骤。

任务二　平面度公差与测量

任务导入

图 3-17 所示为公差等级为 2 级、规格为 600mm×400mm 的划线平板，用于零件划线、研磨加工，安装设备等。同时，划线平板还是检验机械零件平面度、平行度、直线度等几何公差的测量基准。划线平板的精度将直接影响上述工作的工作质量。因此划线平板在机械行业既是量具又是工具。

图 3-17　划线平板立体图

划线平板的精度主要看工作面的平面度。如果划线平板的精度差了，利用它加工和检测的精度也不可能高。如何检测此类工件的平面度是本任务的目标。

任务描述

图 3-18 所示为 400mm×300mm 的划线平板，要求划线平板表面的平面度公差为 0.05mm，也就是要求划线平板表面上所有的点必须在距离为 0.05mm 的两平行平面之间。本任务就是学习测量平面度的方法。

图 3-18　划线平板

任务分析

1）“▱”为平面度公差符号，“0.05”为划线平板平面度公差。

2）平面度误差是指被测实际表面对其理想平面的变动量。平面度误差是将被测实际表面与理想平面进行比较，两者之间的线值距离即为平面度误差值；或通过测量实际表面上若干点的相对高度差，再换算以线值表示的平面度误差值。测量划线平板的平面度一般采用的方法是打表法。

知识链接

1. 平面度

平面度是限制实际表面对其理想平面变动量的一项指标，用于对实际平面的形状精度提出要求。

2. 平面度公差带

平面度公差带为距离等于公差值 t 的两平行平面之间的区域，如图 3-19 所示。

3. 平面度标注识读

如图 3-20 所示，零件的上表面应限定在距离等于 0.08mm 的两平行平面之间。

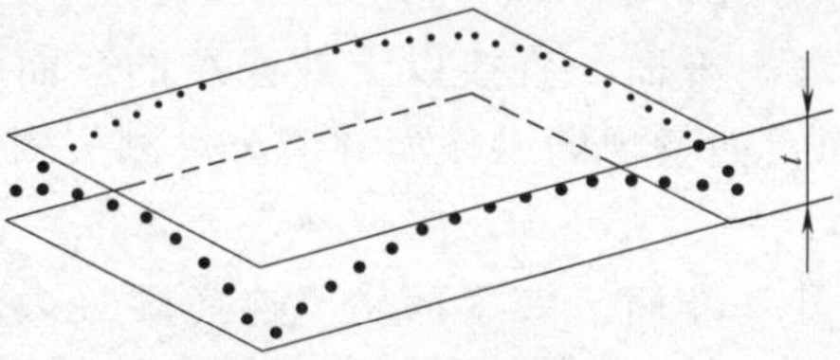

图 3-19　平面度公差带

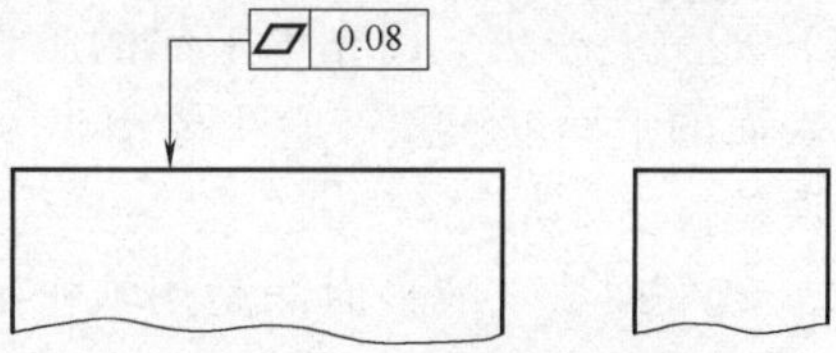

图 3-20　平面度标注识读

4. 用测微法测量平面度误差

测微法是将被测零件和百分表（或千分表）放在标准平板上，以标准平板作为测量基准面，用百分表沿实际表面逐点或沿几条直线方向进行测量。

平面度看似没有基准，但可以把它自己看为基准，因此测微法测量前必须先确定基准面。基准面的确定分为三点法和对角线法：三点法是将被测实际表面上相距最远的三点调整为等高；对角线法是将被测实际表面的对角线调整到两两等高。然后用百分表进行测量，百分表在整个被测实际表面上测得的最大变动量即为该被测实际表面的平面度误差。

任务实施

本任务采用打表法测量平面度误差。

1. 测量准备

标准平板、百分表（或千分表）及表座、被测件、全棉布数块、防锈油等。

2. 测量步骤

1）将被测件和百分表（或千分表）放在标准平板上。

2）采用三点法或对角线法确定基准面。

3）用百分表进行测量，记录下测量数据，如图 3-21 所示。

图 3-21　平面度测量方法

3. 测量结果

按步骤完成测量并将被测件的相关信息及测量结果填入表 3-3 中。

表 3-3 平面度误差测量结果 （单位：mm）

结果＼测量位置		边 1	边 2	边 3	边 4	对角 1	对角 2
读数	最大值						
	最小值						
计算差值							
平面度误差				判定合格性			

任务拓展

一、平面度误差的其他测量方法

平面度误差测量的常用方法除打表法外还有如下几种。

（1）平晶干涉法　用光学平晶的工作面体现理想平面，直接以干涉条纹的弯曲程度确定被测表面的平面度误差。它主要用于测量小平面，如量规的工作面和千分尺测头测量面的平面度误差。

（2）液平面法　液平面法是用液平面作为测量基准面，液平面由“连通罐”内的液面构成，然后用传感器进行测量。此法主要用于测量大平面的平面度误差。

（3）光束平面法　光束平面法是采用准直望远镜和瞄准靶镜进行测量，选择实际表面上相距最远的三个点形成的光束平面作为平面度误差的测量基准面。

除上述方法可测量平面度误差外，还有采用平面干涉仪、水平仪、自准直仪等测量大型平面的平面度误差。

二、平面度误差的评定方法

平面度误差的评定方法有三远点法、对角线法、最小二乘法和最小区域法。

（1）三远点法　三远点法是以通过实际被测表面上相距最远的三点所组成的平面作为评定基准面，以平行于此基准面且具有最小距离的两包容平面间的距离作为平面度误差。

（2）对角线法　对角线法是以通过实际被测表面上的一条对角线，且平行于另一条对角线所作的平面作为评定基准面，以平行于此基准面且具有最小距离的两包容平面间的距离作为平面度误差。

（3）最小二乘法　最小二乘法是以实际被测表面的最小二乘平面作为评定基准面，以平行于最小二乘平面且具有最小距离的两包容平面间的距离作为平面度误差。最小二乘平面是使实际被测表面上各点与该平面的距离的平方和为最小的平面。此法计算较为复杂，一般均需计算机处理。

（4）最小区域法　最小区域法是以包容实际被测表面的最小包容区域的宽度作为平面度误差，是符合平面度误差定义的评定方法。

任务评价

任务结束后留出部分时间，分小组交流讨论，分享各自的学习成果，共同进步。参照“附表十四”做出正确的任务评价与总结。

活学活用

1. 什么是平面度？
2. 识读图 3-22 所示平面度公差的含义、公差带形状。

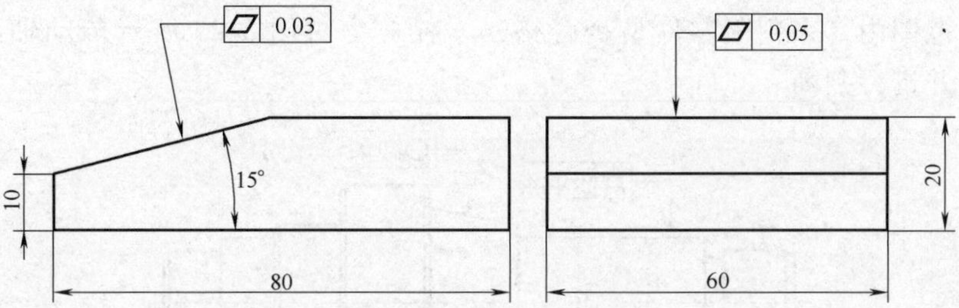

图 3-22　零件平面度公差标注示例

3. 测量图 3-22 所示平面度误差，试述其测量方法及步骤。

任务三　圆度、圆柱度公差与测量

任务导入

汽车是日常生活中最常见的交通工具（图 3-23），假若汽车的车轮制成图 3-24 所示正三棱的棱圆形状，汽车是否还能正常行驶？这结果是明显的。

在机械设备中也一样，如果圆的零件（如轴）不圆了，设备在运行过程中就会产生噪声、振动，造成使用寿命缩短等。如何测量工件的圆度误差是本任务的目标。

图 3-23　汽车

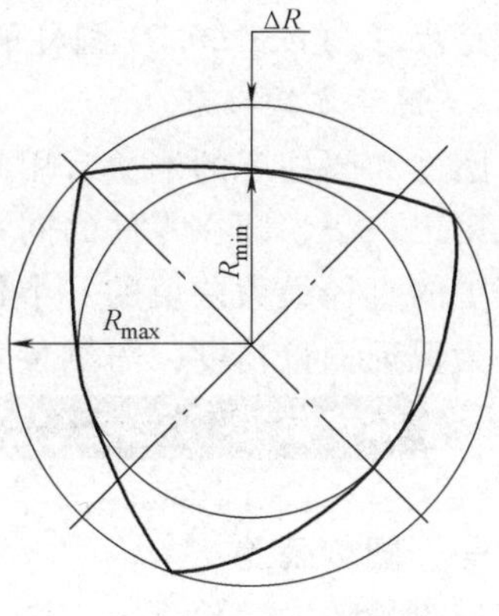

图 3-24　棱圆形状车轮示意图

圆度是控制圆柱面、圆锥面的截面和球面零件任意截面圆的程度的指标；圆柱度则是控制圆柱面的圆度、素线直线度、轴线直线度等圆柱面横截面和纵截面的综合误差的指标，可以看成圆柱体圆度和素线直线度的综合。在制造环境中，圆度误差、圆柱度误差产生的原因有不精确旋转、不稳定切削力、润滑不足、刀具磨损和卡盘爪不对齐等。

任务描述

图 3-25 所示为传动轴，直径尺寸 $\phi30\pm0.01$ 的圆柱与轴承配合，圆锥也有其自身的要求。它的形状误差将直接影响部件装配、传动精度和使用寿命。|○|0.006|称为圆度公差，|⌭|0.015|称为圆柱度公差。零件加工后，必须通过测量，根据测得的圆度误差、圆柱度误差是否在其公差范围内，来判断零件是否合格，本任务为对图 3-25 所示传动轴的圆度和圆柱度进行测量，并进行判断。

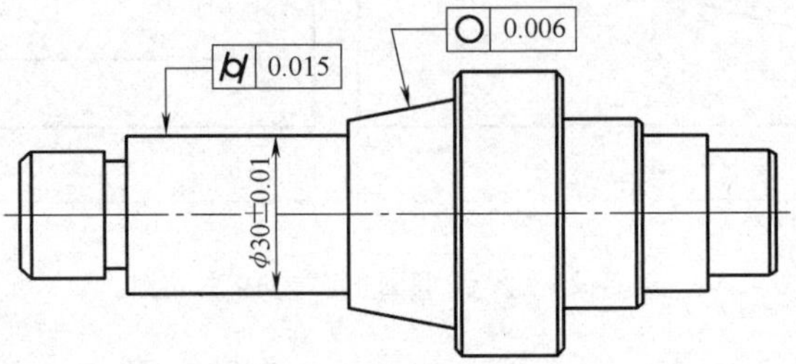

图 3-25　传动轴

任务分析

完成本任务，需要能识读圆度、圆柱度符号，会选择合适的工量具、采用合适的方案测量圆度误差、圆柱度误差，会对测量结果进行数据处理并能评定零件的圆度或圆柱度是否合格。

1. 测量任务解读

图 3-25 所示传动轴中，符号“○”为圆度公差符号，符号“⌭”为圆柱度公差符号，“0.006 和 0.015”为公差。圆度的被测要素是圆锥表面任一径向截面的圆，圆柱度的被测要素是尺寸为 $\phi30\pm0.01$ 圆柱的表面。

2. 测量方案确定

圆度和圆柱度的测量常用的方法有两点法和三点法，考虑到测量的稳定性和可靠性，一般采用三点法，即在零件的同一个横截面上按多个方向测量直径的变化情况，取各个方向测得值中的直径最大差值的一半作为该横截面的误差。

为保证测量精度，需测量若干个横截面，再进行计算。

知识链接

一、圆度公差

1. 概念

圆度公差是限制实际圆对其理想圆变动量的一项指标，用于对回转面在任一截面上的圆轮廓提出形状精度的要求。

圆度误差是指回转体（圆柱、圆锥、圆球）同一横截面内（径向截面，即垂直于轴线或通过球心的截面）被测实际圆对其理想圆的变动量。

2. 圆度公差带

圆度公差带是指在同一正截面上，半径差为公差值 t 的两同心圆之间所限定的区域，如

图 3-26 所示。

3. 标注识读

图 3-27 所示圆度公差含义：被测圆柱面和圆锥面的任意横截面上的截面圆必须位于半径差为公差值 0.03mm 的两同心圆之间。

图 3-25 所示 ○ 0.006 表示圆锥面的圆度公差为 0.006mm。

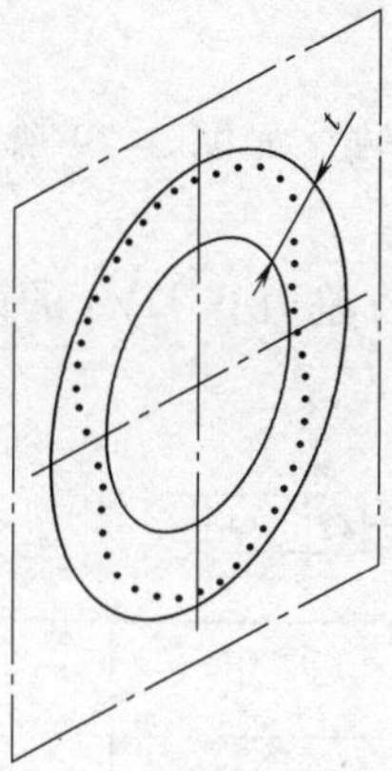

图 3-26　圆度公差带

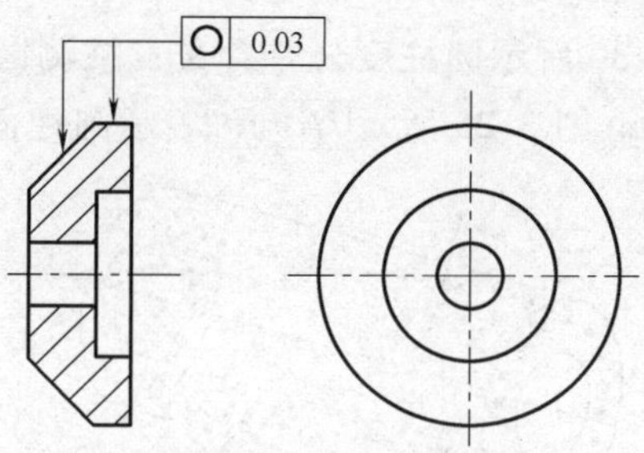

图 3-27　圆度公差标注识读

二、圆度误差的测量

圆度误差的近似测量方法有两点法和三点法。这两种方法为生产中常用的方法，操作也很简便。

1. 两点法（直径测量法）

在零件的同一横截面上按多个方向测量直径的变化情况，取各处方向测得值中的直径最大差值的一半，作为该截面圆的圆度误差。所谓两点是指实际圆上各点（一点）对固定点（一点）的变化量，即在同一横截面上沿不同方向测量直径的变动量。如图 3-28 所示，零件回转一周，百分表读数的最大差值的一半，作为该截面圆的圆度误差。测量若干个横截面，取横截面中最大的圆度误差作为零件的圆度误差。

采用两点法测量圆度误差，有时不能正确得出零件的圆度误差，应采用两点法和三点法进行组合测量。

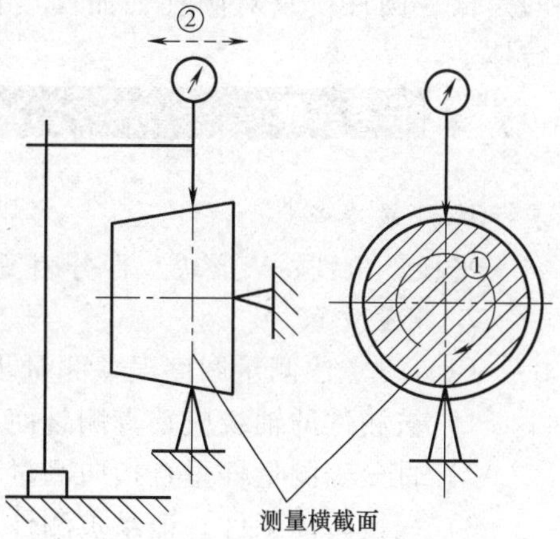

图 3-28　两点法测量圆度误差

2. 三点法

所谓三点是指实际圆上各点（一点）对固定点（两点）的变化量。测量时，将工件或专用表架相对转动一周，获得百分表最大与最小读数之差（Δh），按公式确定被测横截面轮廓的圆度误差，即 $\Delta=\Delta h/k$（k 为换算系数，它与工件棱数⊖ n 和 V 形块夹角 2α 有关，通常用 $2\alpha=90^\circ$的 V 形块测量，取 k 值为 2）。

⊖　棱数：在工件的截面轮廓上，重复的正弦波数目。

三、圆柱度公差

1. 概念

圆柱度公差是限制实际圆柱面对理想圆柱面变动量的一项指标，用于对圆柱面所有正截面和纵截面上的轮廓提出综合形状精度要求。圆柱度公差可以同时控制圆度、素线和轴线的直线度以及两条素线的平行度等。

圆柱度误差是指实际圆柱面要素对其理想圆柱面的变动量。

2. 圆柱度公差带

圆柱度公差带是指半径差为公差值 t 的两同轴圆柱面之间的区域，如图 3-29 所示。

3. 标注识读

图 3-30 所示圆柱度公差含义：被测圆柱面必须位于半径差为公差值 0.1mm 的两同轴圆柱面之间。图 3-25 所示 |⌭|0.015| 表示圆柱面的圆柱度公差为 0.015mm。

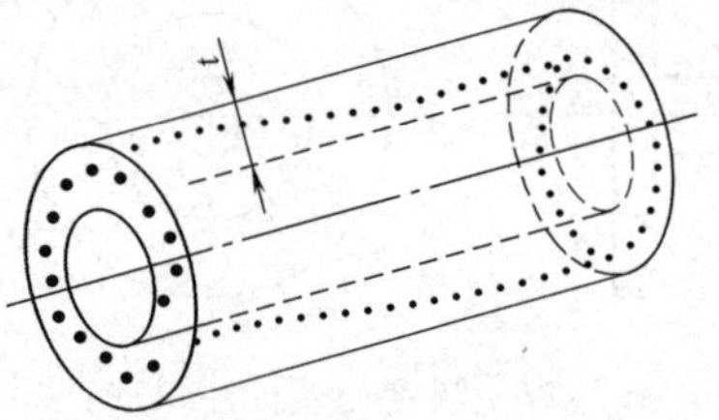

图 3-29　圆柱度公差带

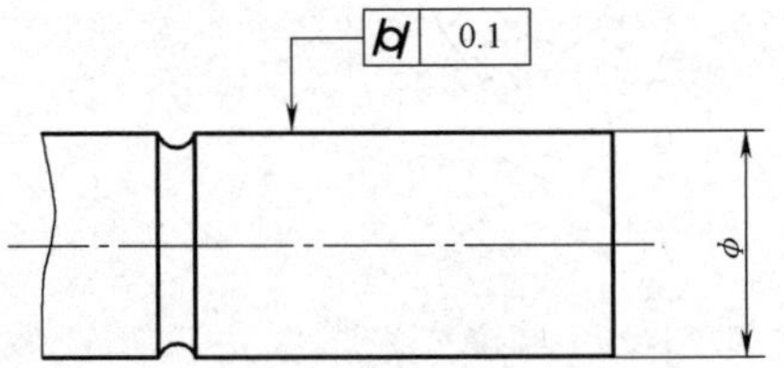

图 3-30　圆柱度公差标注识读

四、圆柱度误差的测量

圆柱度测量方法与圆度测量方法基本相同。所不同的是圆度测量的是线，圆柱度测量的是面；圆柱度只对圆柱，而圆度的被测要素可以是圆柱、圆锥及素线为任意曲线的回转体。

任务实施

1. 测量准备

平板、角铁、V 形块、百分表及表座、被测件、全棉布数块、防锈油等。

2. 测量步骤

（1）三点法测量圆度误差测量步骤（图 3-31）

1）被测件的轴线应垂直测量面，同时固定轴向位置。

2）百分表测量杆垂直指向测量面，并有 0.5~1mm 的压缩量。

3）缓慢转动工件，记录被测件在回转一周过程中百分表读数的最大和最小值，两者之差的一半为该横截面的圆度误差。

4）按上述方法测量若干个横截面，各横截面圆度误差的最大值为该零件的圆度误差。

（2）三点法测量圆柱度误差测量步骤（图 3-32）

1）被测件放在平板的 V 形块上。

2）百分表测量杆垂直指向测量面，并有 0.5~1mm 的压缩量。

3）转动工件，记录被测件在回转一周过程中百分表读数的最大和最小值。

4）按上述方法测量若干个横截面。

5）计算读数之差的一半，取最大值为该圆柱的圆柱度误差。

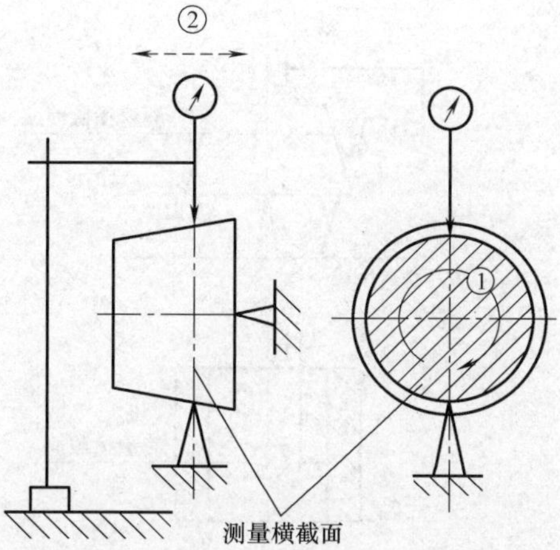

图 3-31　圆度误差的测量（三点法）

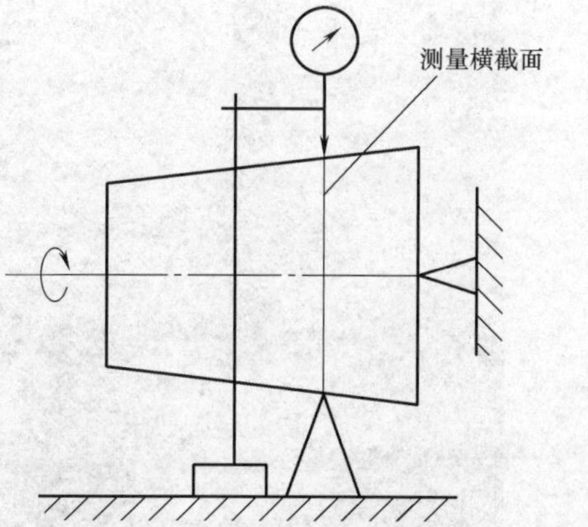

图 3-32　圆柱度误差的测量

3. 测量报告

按步骤完成测量并将被测件的相关信息及测量结果填入圆度和圆柱度误差测量报告单（表 3-4 和表 3-5）中。

表 3-4　圆度误差测量报告单　（单位：mm）

测量	横截面 1	横截面 2	横截面 3	横截面 4	横截面 5
最大值 Z_{max}					
最小值 Z_{min}					
计算 $(Z_{max}-Z_{min})/2$					
圆度误差					
判定合格性					

表 3-5　圆柱度误差测量报告单　（单位：mm）

测量	横截面 1	横截面 2	横截面 3	横截面 4	横截面 5
最大值 Z_{max}					
最小值 Z_{min}					
计算 $(Z_{max}-Z_{min})/2$					
圆柱度误差					
判定合格性					

任务拓展

其他测量圆度误差和圆柱度误差的方法如下。

1）常用千分尺、比较仪等测量，以被测圆柱某一横截面上各直径间大差值之半作为此横截面的圆度误差，这个方法也称为两点法测量。

2）用圆度仪测量圆度、圆柱度误差。圆度仪，如图 3-33 所示。

图 3-34 所示为用圆度仪测量圆度的原理图。图 3-35 所示为用圆度仪测量圆柱度的原理图。

3）用三坐标测量仪测量圆度、圆柱度误差。图 3-36 所示为用三坐标测量仪测量圆度的原理图。图 3-37 所示为用三坐标测量仪测量圆柱度的原理图。

4）用平板、直角座、百分表测量圆柱度误差的步骤（图 3-38）。

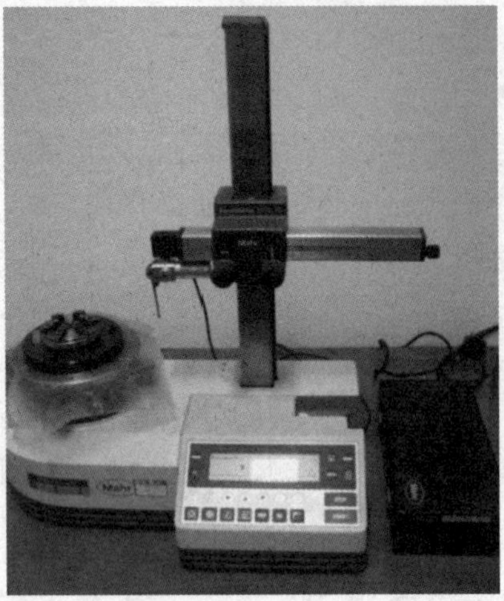

图 3-33　圆度仪

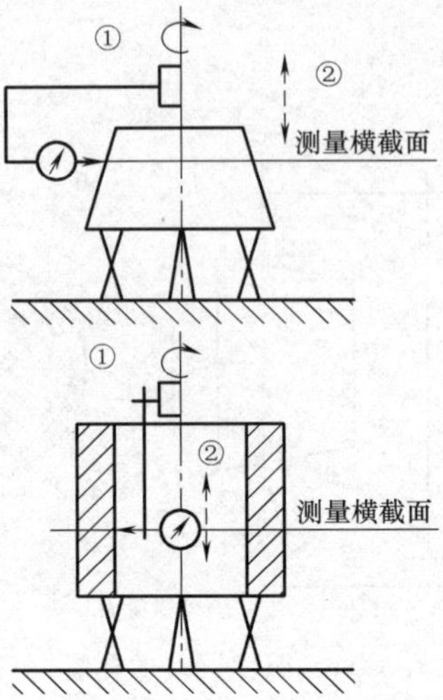

图 3-34　用圆度仪测量圆度的原理图

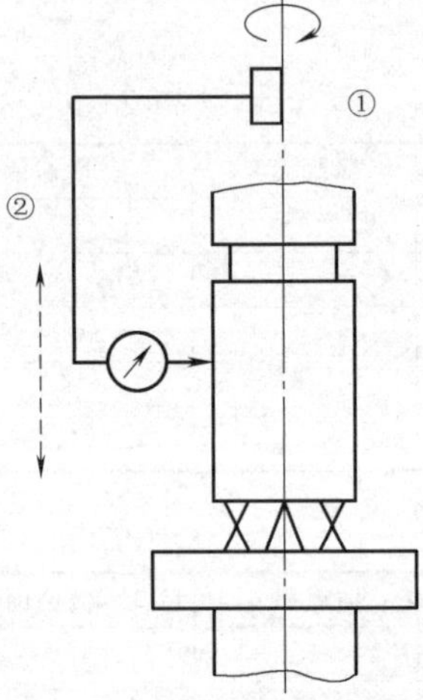

图 3-35　用圆度仪测量圆柱度的原理图

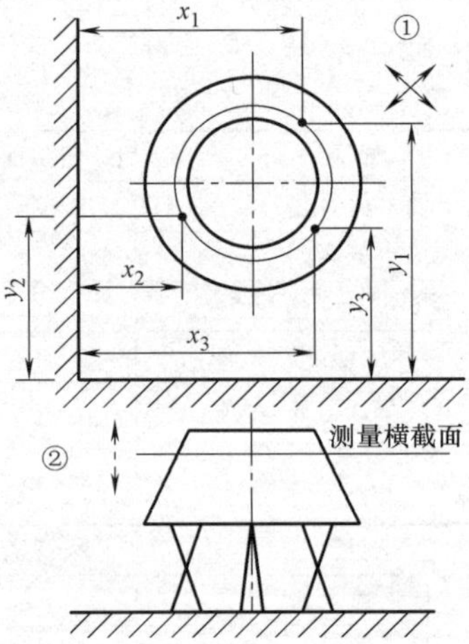

图 3-36　用三坐标测量仪测量圆度的原理图

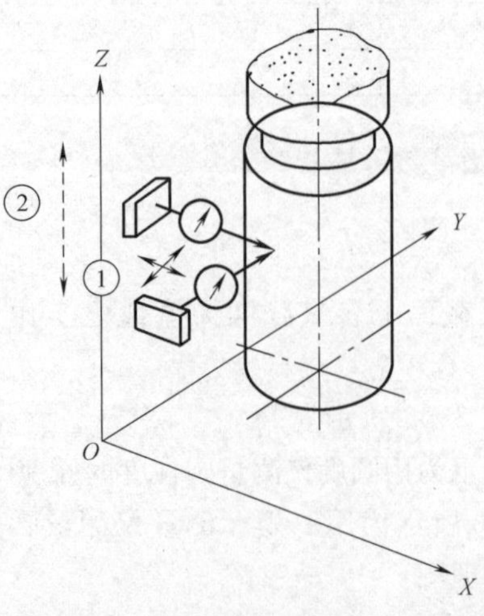

图 3-37　用三坐标测量仪测量圆柱度的原理图

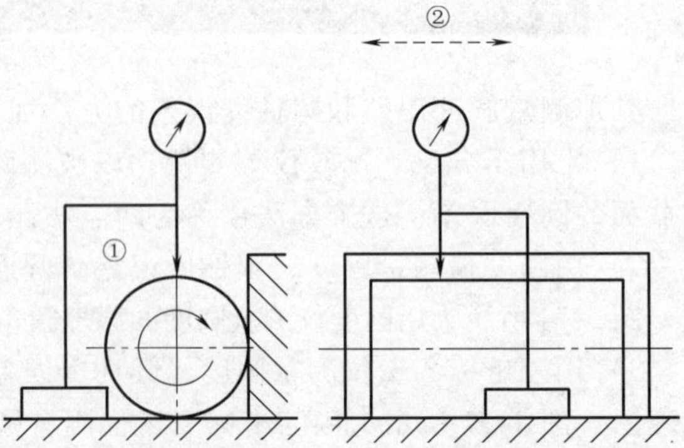

图 3-38　用平板、直角座、百分表测量圆柱度误差

① 将被测件放在平板上，并紧靠直角座。

② 安装好百分表。

③ 在被测件回转一周过程中，读出测量一个横截面上的最大与最小值。

④ 按上述方法测量若干个横截面，然后取各个横截面内最大与最小值差之半的最大值作为该零件的圆柱度误差。

任务评价

任务结束后留出部分时间，分小组交流讨论，分享各自的学习成果，共同进步。参照“附表十四”做出正确的任务评价与总结。

活学活用

1. 标注解析：对图 3-39 中的两处标注予以解读。

| ○ | 0.02 |

| ⌭ | 0.03 |

2. 标注圆度和圆柱度公差：在图 3-39 中标注两处尺寸 $\phi40_{-0.016}^{\ 0}$ 圆柱的圆度公差 0.008mm；尺寸 $\phi50$ 圆柱的圆柱度公差 0.02mm。

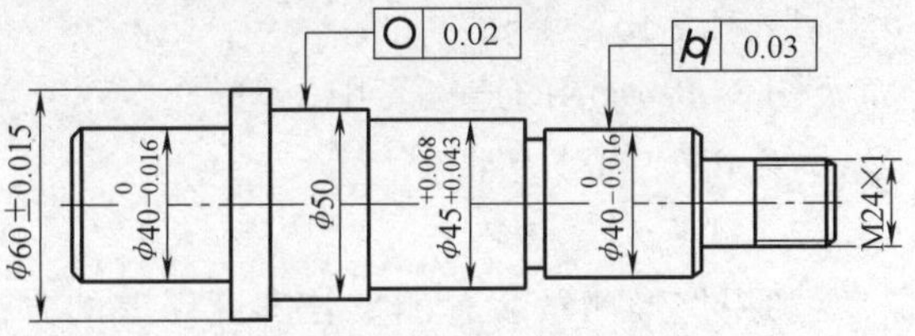

图 3-39　轴类零件

任务四　线轮廓度、面轮廓度公差与测量

任务导入

图 3-40 所示为学校兴趣小组制作的连接套。从结构和要求上看，需要在加工时进行轮廓度的控制和测量。如何控制和测量工件的轮廓度是本任务的目标。

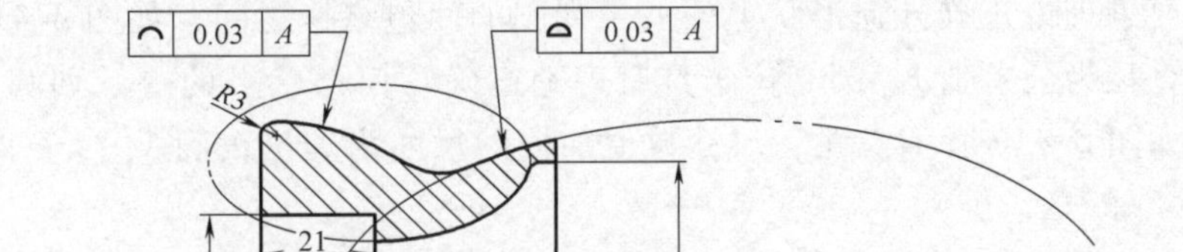

图 3-40　连接套

在制造环境中，轮廓度误差产生的原因有许多，如设备旋转精度、不稳定的切削力、润滑不足、刀具磨损等。

任务描述

图 3-40 所示为连接套的零件图，尺寸为 $R38$ 的圆弧有线轮廓度的要求，右侧椭圆面有面轮廓度的要求。它的误差将直接影响产品的美观和装配、传动精度和使用寿命。零件加工后，必须通过测量，根据测得的线轮廓度、面轮廓度误差是否在其公差范围内，来判断零件是否合格。本任务为测量 ⌒ | 0.03 | A 、⌓ | 0.03 | A 是否符合要求。

任务分析

任何零件都是由平面和曲面组成的。曲面形状误差的测量和评定也是产品检验中一个非常重要的项目。在机械制造业中，常用轮廓度指标评定其误差大小。轮廓度分为线轮廓度和面轮廓度。

1. 测量任务解读

图 3-40 所示的连接套中，符号“⌒”为线轮廓度公差符号，“⌓”为面轮廓度公差符号，“0.03”为公差。

2. 测量方案确定

利用仿形测量装置测量轮廓度误差的方法来测量。

知识链接

一、线轮廓度公差

线轮廓度公差是实际被测要素（轮廓线要素）对理想轮廓线的允许变动量。线轮廓度是对曲线形状的要求，是限制实际曲线对理想曲线变动量的一项指标。它是对非圆曲线的形状精度要求。

1. 无基准要求

在任一平行于图示投影面的截面内，提取（实际）轮廓线应限定在直径等于 0.04mm、圆心位于被测要素理论正确几何形状上的一系列圆的两包络线之间，如图 3-41a 所示。

公差带为直径为公差值 t、圆心位于具有理论正确几何形状上的一系列圆的两包络线所限定的区域；如图 3-41c 所示。注：尺寸数值加框的尺寸为理论正确尺寸。

2. 有基准要求

在任一平行于图示投影面的截面内，提取（实际）轮廓线应限定在直径等于 0.04mm、圆心位于由基准平面 A 和基准平面 B 确定的被测要素理论正确几何形状上的一系列圆的两包络线之间，如图 3-41b 所示。

公差带是直径等于公差值 t、圆心位于由基准平面 A 和基准平面 B 确定的被测要素理论正确几何形状上的一系列圆的两包络线所限定的区域，如图 3-41d 所示。

当线轮廓度公差无基准要求时为形状公差，有基准要求时为位置公差。

二、面轮廓度公差

面轮廓度公差是实际被测要素（轮廓面线要素）对理想轮廓面的允许变动。面轮廓度是对曲线形状的要求，是限制实际曲面对理想曲面变动量的一项指标，它是对曲面的形状精度要求。

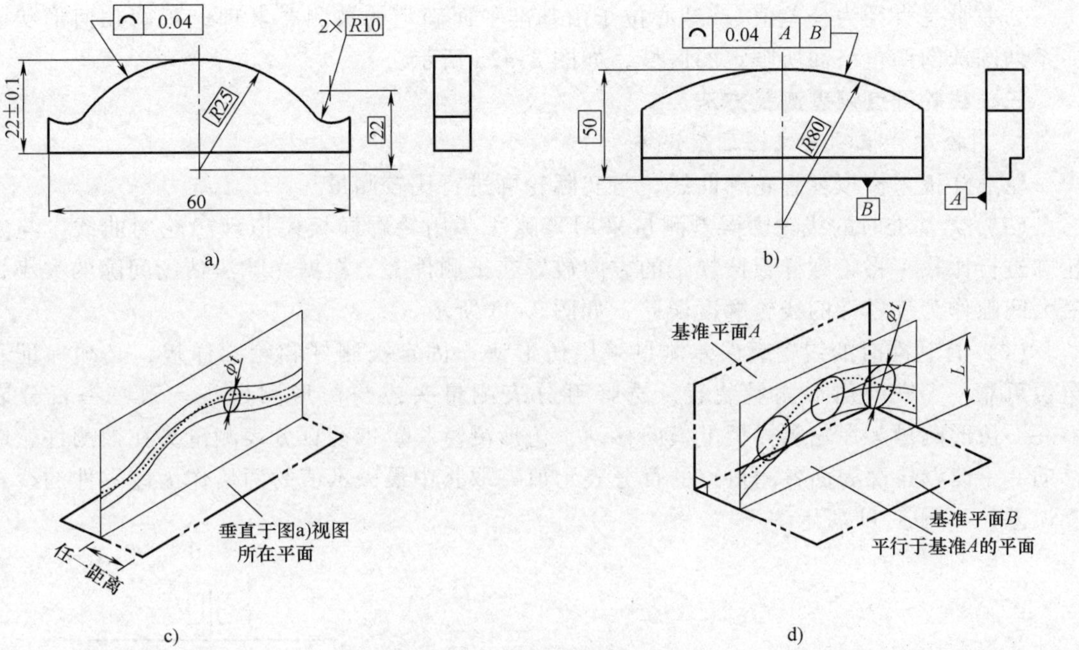

图 3-41　线轮廓度公差

1. 无基准要求

提取（实际）轮廓面限定在直径等于 0.02mm、球心位于被测要素理论正确几何形状上的一系列圆球的两包络面之间，如图 3-42a 所示。

公差带是直径为公差值 t、球心位于被测要素理论正确形状上的一系列圆球的两包络面所限定的区域，如图 3-42c 所示。

2. 有基准要求

提取（实际）轮廓面应限定在直径等于 0.1mm、球心位于由基准平面 A 确定的被测要素理论正确几何形状上的一系列圆球的两包络面之间，如图 3-42b 所示。

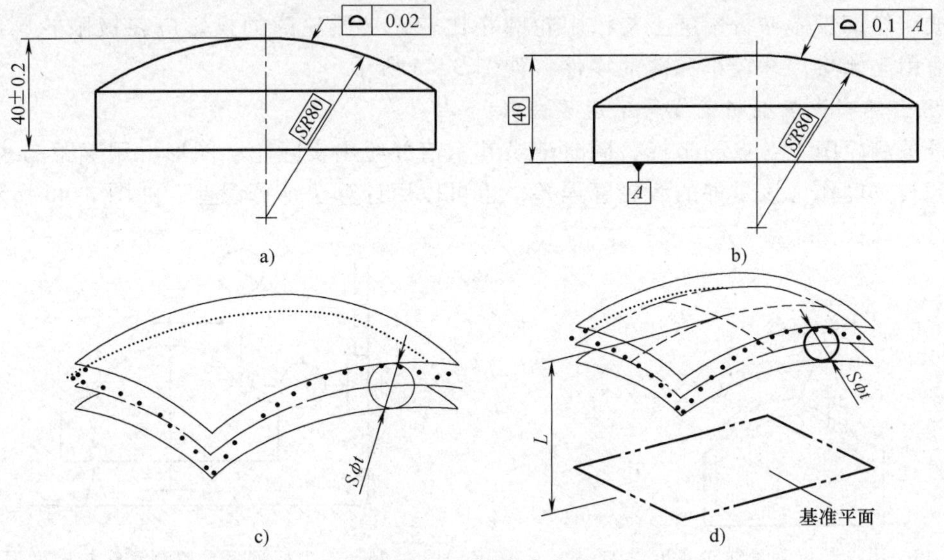

图 3-42　面轮廓度公差

公差带是直径为公差值 t，球心位于由基准平面确定的被测要素理论正确几何形状上的一系列圆球的两包络面所限定的区域，如图 3-42d 所示。

三、线轮廓度误差测量方法

1. 用轮廓样板测量线轮廓度误差

轮廓样板来模拟理想轮廓曲线，与实际轮廓进行比较测量。

（1）无基准时的线轮廓误差测量采用光隙法　用轮廓样板模拟理想轮廓曲线，与实际轮廓进行比较。将轮廓样板按规定的方向放置在被测件上，根据光隙法估读间隙的大小，取最大间隙作为读零件的线轮廓度误差，如图 3-43 所示。

（2）有基准时的线轮廓误差测量采用仿形法　固定被测件和轮廓样板，必须保证基准定位可靠──→安装仿形测量装置，选择百分表测量头应与仿形测量头一致──→百分表调零──→仿形测量头在轮廓样板上横向移动，仿形测量装置带动百分表测量头在被测件轮廓上移动──→读取轮廓表面各测量点的百分表示值，取其中最大示值的两倍作为该零件的线轮廓度误差，如图 3-44 所示。

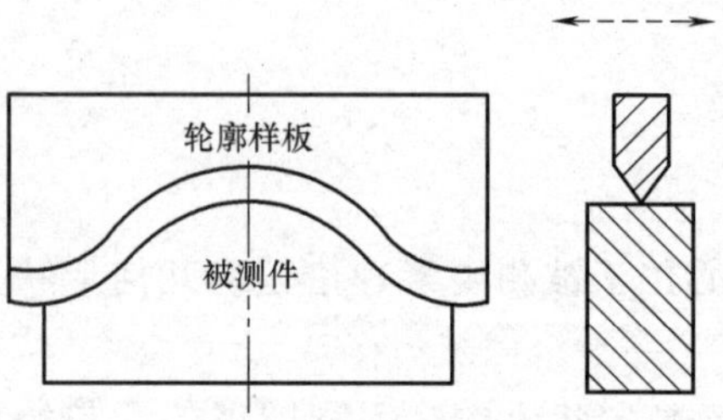

图 3-43　用轮廓样板测量线轮廓度误差

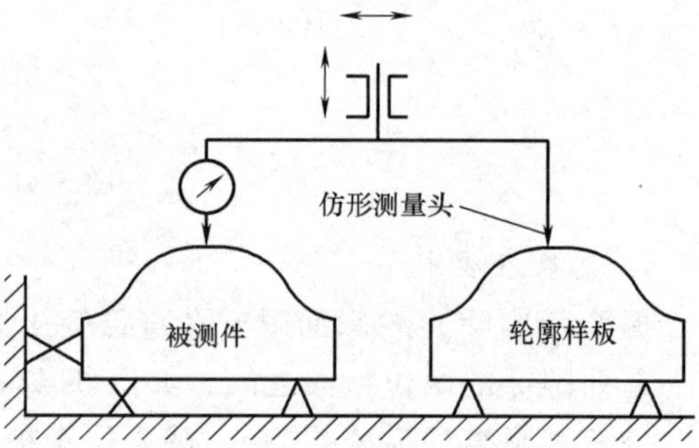

图 3-44　用仿形测量装置测量线轮廓度误差

该测量方法对测量条件要求不高，容易实现，适用面广，可测量一般的中、低精度的零件。

2. 用投影仪测量线轮廓度误差

将被测轮廓投影在投影屏上与极限轮廓相比较，被测轮廓的投影应在极限轮廓线之间，此方法适用于测量尺寸较小和薄的零件，如图 3-45 所示。

3. 用坐标测量装置测量线轮廓度误差

测量被测轮廓上各点的坐标，同时记录其示值并绘出实际轮廓图形，用等距的线轮廓区域包容，其宽度作为该零件的线轮廓误差，也可以用计算法计算误差，如图 3-46 所示。

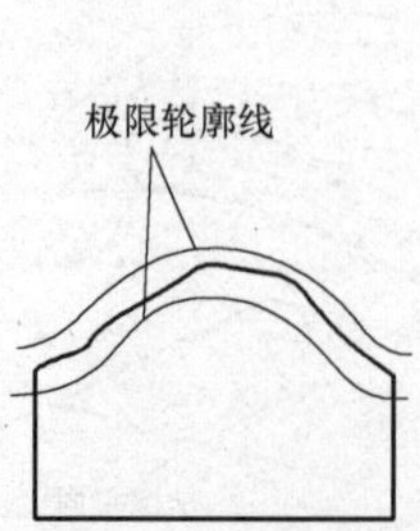

图 3-45　用投影仪测量线轮廓度误差

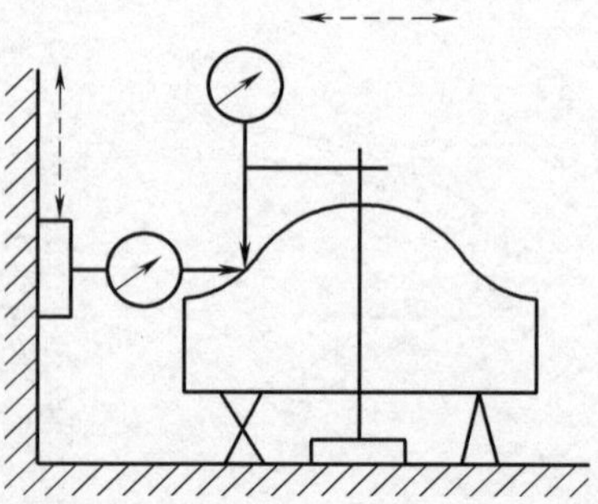

图 3-46　用坐标测量装置测量线轮廓度误差

四、面轮廓度误差检测方法

1. 用仿形测量装置测量面轮廓度

调整被零件相对于仿形测量装置和轮廓样板的位置，再将指示计调零，仿形测量头在轮廓样板上移动，由指示计读取示值，取其中最大示值的两倍作为该零件的面轮廓度误差，如图 3-47 所示。

2. 用三坐标测量装置测量面轮廓度误差

将被测件放置在三坐标测量装置的工作台上，并进行正确定位。测出若干个点的坐标值，并将测得的坐标值与理论轮廓坐标值进行比较，取其中差值最大的绝对值的两倍作为该零件的面轮廓度误差，如图 3-48 所示。

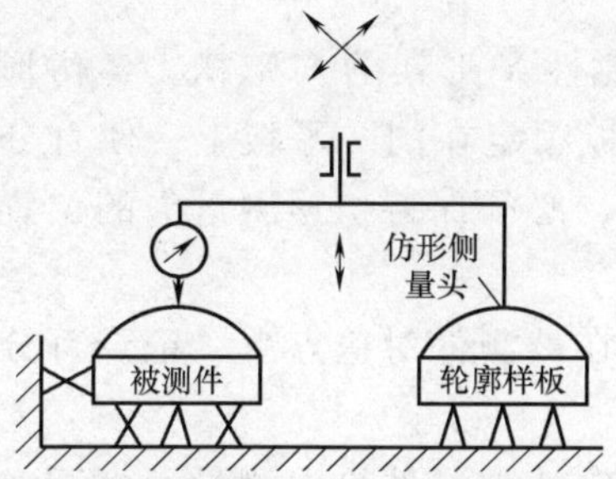

图 3-47 用仿形测量装置测量面轮廓度误差

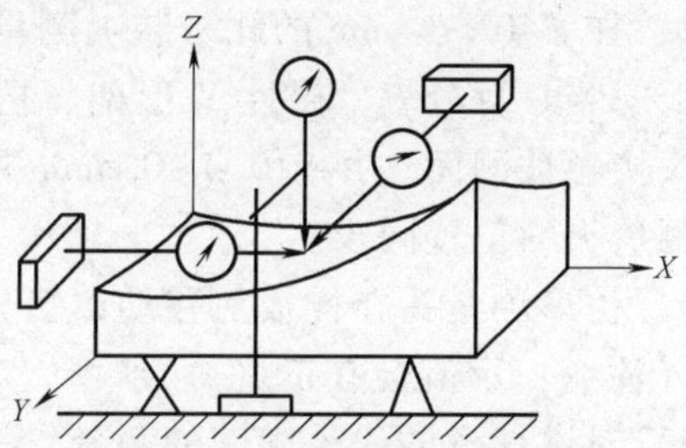

图 3-48 用三坐标测量装置测量面轮廓度误差

3. 用截面轮廓样板测量面轮廓度误差

将若干个截面轮廓样板放置在各指定的位置上，根据光隙法估读间隙的大小，取最大间隙作为该零件的面轮廓度误差，如图 3-49 所示。

4. 用光学跟踪轮廓测量仪测量面轮廓度误差

将被测件放置在光学跟踪轮廓测量仪的工作台上并正确定位，测量头沿被测截面的轮廓移动，绘有相应截面的理想轮廓板随之一起移动，被测轮廓面的投影应落在其公差带内，如图 3-50 所示。

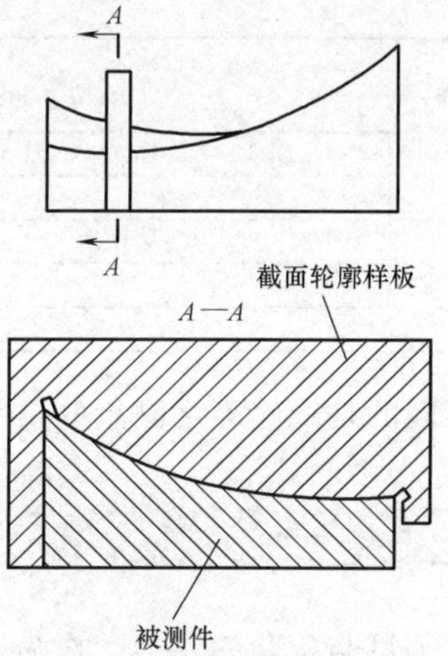

图 3-49 用截面轮廓样板测量面轮廓度误差

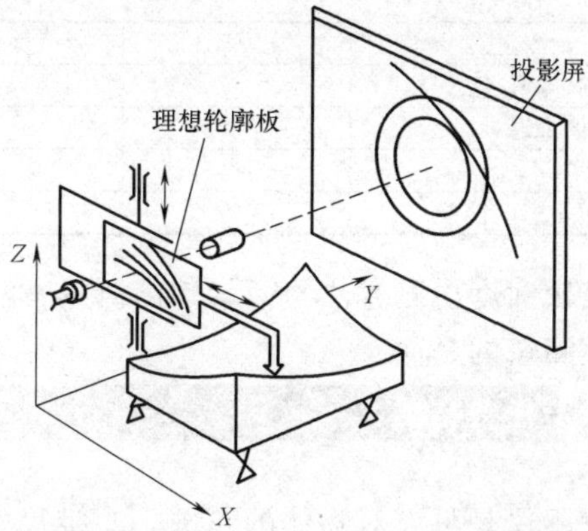

图 3-50 用光学跟踪轮廓测量仪测量面轮廓度误差

任务实施

测量图 3-40 所示连接套中的线轮廓度和面轮廓度误差，图中尺寸为 $R38$ 圆弧对孔尺寸为 $\phi40^{+0.039}_{0}$ 轴线的线轮廓度公差为 0.03mm 及长轴尺寸为 150、短轴尺寸为 76 的椭球表面对孔尺寸为 $\phi40^{+0.039}_{0}$ 轴线的面轮廓度公差为 0.03mm。

1. 测量准备

被测件、样板、检验平板、百分表、仿形测量装置、固定支承、可调支承、全棉布数块、防锈油等。

2. 测量步骤

1）将工件、工量具擦净。

2）在 $\phi40^{+0.039}_{0}$mm 的孔中装上测量心轴，并固定在磁性 V 形架的 V 形槽上，仿形测量装置上安装好百分表，磁性 V 形架、仿形测量装置和样板固定在同一平板上，使百分表的测量头接触被测面，并有 0.3～0.5mm 的预压量，后调零，必须保持仿形测量头的位置与百分表测量头的位置同步。

3）仿形测量头在样板上移动，百分表的测量头出现在被测件对应点上，记录百分表的示值（注意：示值会有正负）。

4）对本任务的线轮廓度的测量，一条线测完后必须旋转被测件再次测量。由于本任务中的面轮廓度被测量面为回转体，在测量时也必须多次旋转被测件，才能测量整个被测面。

5）取示值的最大与最小值，其差值即为线轮廓度误差或面轮廓度误差。

3. 测量报告

按步骤完成测量并将被测件的相关信息及测量结果填入线轮廓度和面轮廓度误差测量报告单（表 3-6 和表 3-7）中。

表 3-6　线轮廓度误差测量报告单　　（单位：mm）

测量	素线 1	素线 2	素线 3	素线 4	素线 5
最大值 Z_{max}					
最小值 Z_{min}					
计算 $Z_{max}-Z_{min}$					
线轮廓度误差					

表 3-7　面轮廓度误差测量报告单　　（单位：mm）

测量	面 1	面 2	面 3	面 4	面 5
最大值 Z_{max}					
最小值 Z_{min}					
计算 $Z_{max}-Z_{min}$					
面轮廓度误差					

线轮廓度检测方法与面轮廓度测量方法基本相同，所不同的是线轮廓度测量的是线，面轮廓度测量的是面。

任务拓展

轮廓仪是可以对物体的轮廓、二维尺寸、二维位移进行测试与检验的仪器，作为精密测量仪器在汽车制造和铁路行业的应用十分广泛，如图 3-51 所示。

图 3-51 轮廓仪

任务评价

任务结束后留出部分时间，分小组交流讨论，分享各自的学习成果，共同进步。参照“附表十四”做出正确的任务评价与总结。

活学活用

1. 标注解析：对图 3-52 中的两处标注予以解读。

⌒	0.04

⌓	0.02

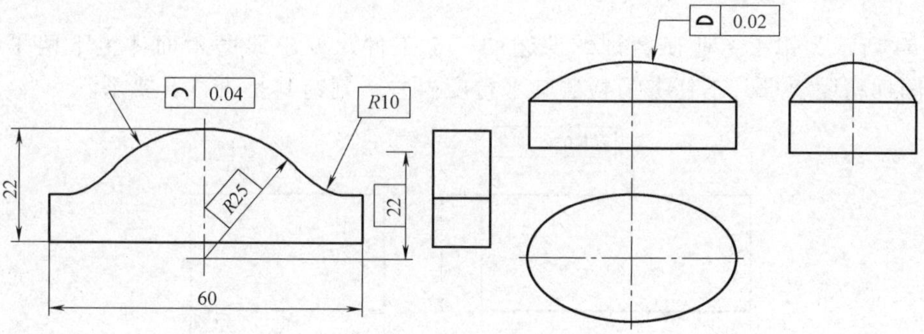

图 3-52 曲面类零件

2. 用仿形测量装置对图 3-40 所示连接套中的内曲面进行测量。

项目二 方向公差与测量

根据国家标准 GB/T 1182—2008《产品几何技术规范（GPS） 几何公差 形状、方向、位置和跳动公差标注》，几何公差中的方向公差可分为平行度、垂直度、倾斜度、线轮廓度、面轮廓度五种。本项目主要介绍常用的平行度和垂直度。

任务一　平行度公差与测量

任务导入

在现代交通工具中，火车依靠着其稳定、经济、安全成为众多人选择出行的交通工具。火车铁轨是由两根平行的轨道铺设而成（图 3-53），在建造时，要求其有严格的平行度。如何测量工件的平行度是本任务的目标。

图 3-53　火车铁轨

任务描述

图 3-54 所示为钳工专业研磨训练课题的一个工件，要求研磨六面体上下两平行平面，直至符合图样精度要求。本任务为检测其平行度误差，判断其是否符合要求。

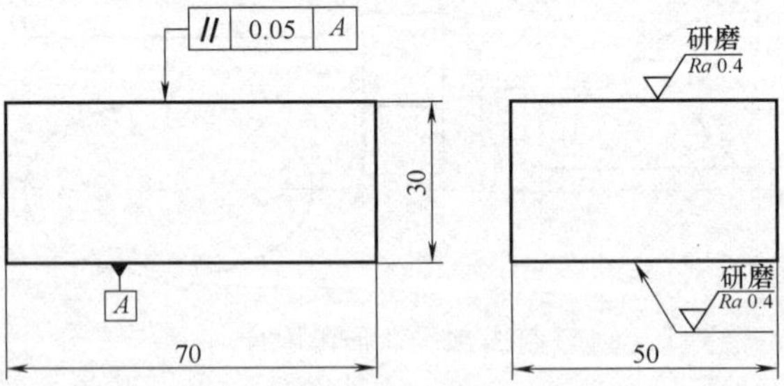

图 3-54　工件

任务分析

图 3-54 中公差框格 | // | 0.05 | A | 为平行度公差，是方向公差的一种，用来限制被测实际平面对理想平面的变动量。工件加工后，必须通过测量，根据测得的平行度误差是否在其公差范围内，来判断工件是否合格。

（1）识读其标注　在图 3-54 中，公差框格中“//”为平行度公差符号，“0.05”为平行度公差。

（2）平行度公差　按被测要素和基准要素的几何特征，可将平行度公差分为面对面、线对线、线对面、面对线四种情况，根据不同的要求和公差大小，可采用不同的测量方法。

知识链接

1. 平行度公差和平行度公差带

（1）平行度公差　指被测要素相对基准在方向上允许的变动全量。平行度公差是方向公差，是被测要素相对基准在方向上允许的变动全量。所以定向公差具有控制方向的功能，即控制被测要素对准基准要素的方向。

（2）平行度公差带　一般是距离为公差值的两平行平面间的区域或直径为公差值的圆柱内部空间。

2. 方向公差的项目（表 3-8）

表 3-8　方向公差的项目

公差类型	几何特征	符号	有无基准
方向公差	平行度	//	有
	垂直度	⊥	有
	倾斜度	∠	有
	线轮廓度	⌒	有
	面轮廓度	⌓	有

3. 基准

与被测要素相关的基准用大写字母表示。字母标注在基准框格内，与一个涂黑的或空白的三角形相连以表示基准，如图 3-55 所示；表示基准的字母还应标注在公差框格内。涂黑的和空白的三角形含义相同。

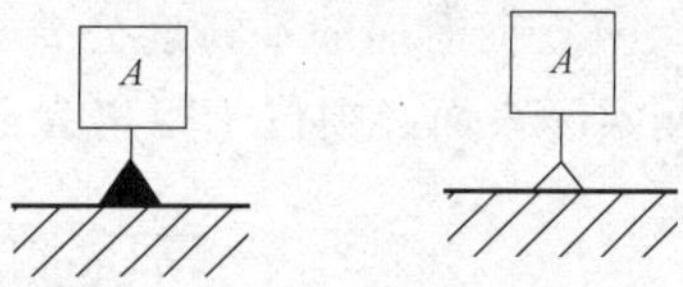

图 3-55　基准

4. 平行度公差

平行度公差是限制被测实际要素对基准在平行方向上的变动量的一项指标。

（1）线对线的平行度公差　被测要素为轴线，基准要素为轴线。如图 3-56 所示，表示被测轴线必须位于直径为公差值 ϕ0.03mm 的圆柱面内，此圆柱面轴线平行于基准线。

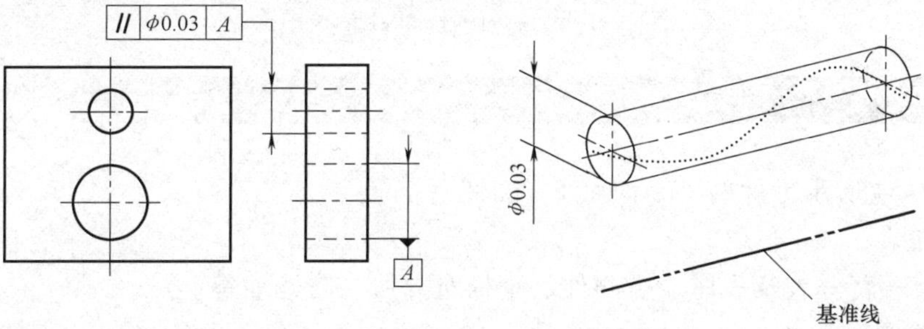

图 3-56　线对线的平行度公差

（2）线对面的平行度公差　被测要素为轴线，基准要素为平面。如图 3-57 所示，表示被测实际轴线必须位于距离为公差值 0.01mm 且平行于基准平面 *B* 的两平行平面之间。

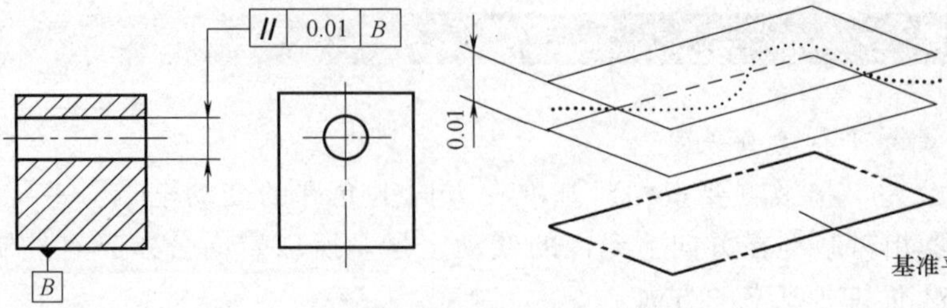

图 3-57　线对面的平行度公差

（3）面对线的平行度公差　被测要素为平面，基准要素为轴线。如图 3-58 所示，表示被测实际表面必须位于距离为公差值 0.1mm 且平行于基准 *C* 的两平行平面之间。

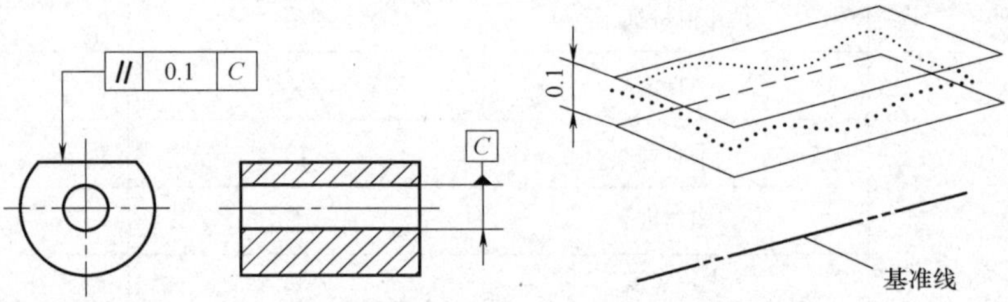

图 3-58　面对线的平行度公差

（4）面对面的平行度公差　被测要素为平面，基准要素为平面。如图 3-59 所示，表示被测实际表面必须位于距离为公差值 0.01mm 且平行于基准平面 *D* 的两平行平面之间。

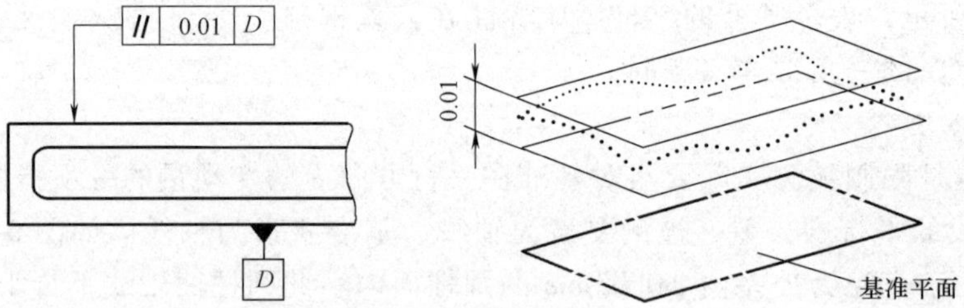

图 3-59　面对面的平行度公差

任务实施

测量图 3-54 所示工件的上平面对下平面的平行度。

1. 测量准备

检验平板、百分表及表座、被测件、全棉布数块、防锈油等。

2. 测量步骤

1）准备检具。将平板、表座擦净，百分表安装好后放在平板上。

2）将被测件放置在平板上，百分表的测量头垂直指向被测表面，并使测量头有一定的预压量，如图 3-60 所示。

3）百分表的测量头在整个被测表面上多方向移动进行测量。

4）取百分表的最大与最小读数。

5）评定测量结果。

3. 测量结果

被测平面对基准面 A 的平面度误差 = 最大读数 - 最小读数。

图 3-60　平行度测量

任务拓展

平行度误差的测量经常用平板、心轴或 V 形块作为基准，然后测量被测线、面各点，记录百分表的读数，以读数最大相对差作为平行度误差。

平行度误差的其他测量方法，见表 3-9。

表 3-9　平行度误差的其他测量方法

<table>
<tr><th colspan="2">测量对象</th><th>测量方法</th><th>测量步骤</th></tr>
<tr><td rowspan="2">平行度误差</td><td>线对面</td><td>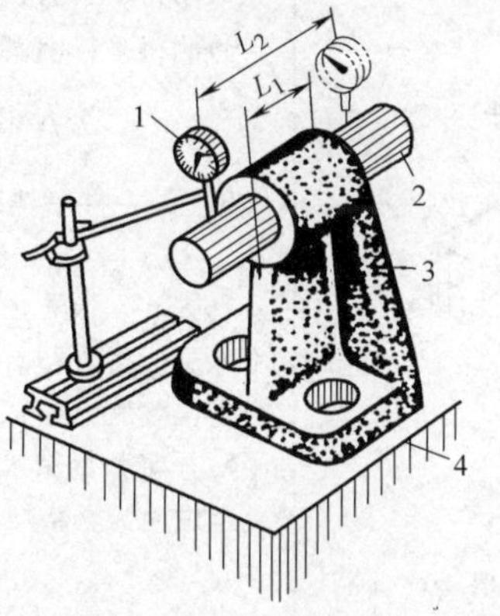

线对面的平行度误差的测量方法
1—指示表　2—心轴　3—被测件　4—平板</td><td>1）将被测件放置在平板上，被测轴线由心轴模拟
2）在距离为 L_2 的两个位置上测量心轴的上等线，测得的读数分别为 M_1 和 M_2
3）平行度误差 f 为
$$f=|M_1-M_2|\frac{L_1}{L_2}$$
式中　L_1——被测轴线长度；
L_2——指示表两个位置间的距离
4）评定测量结果。如果计算出的 f 在公差值内，该零件的平行度符合要求</td></tr>
<tr><td>面对线</td><td>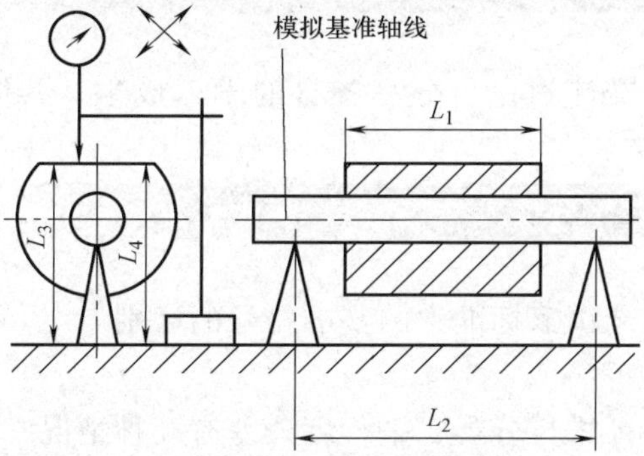

面对线的平行度误差的测量方法</td><td>1）将心轴插入工件基准孔中，然后放在等高支撑上
2）转动零件，使 $L_3=L_4$
3）测量整个平面，取指示表上读数的最大值与最小值之差作为平行度误差（测量时，应选用可胀式心轴，使其与孔配合无间隙）
4）评定测量结果。如果最大值与最小值之差在公差范围内为合格</td></tr>
</table>

（续）

测量对象		测量方法	测量步骤
平行度误差	面对面	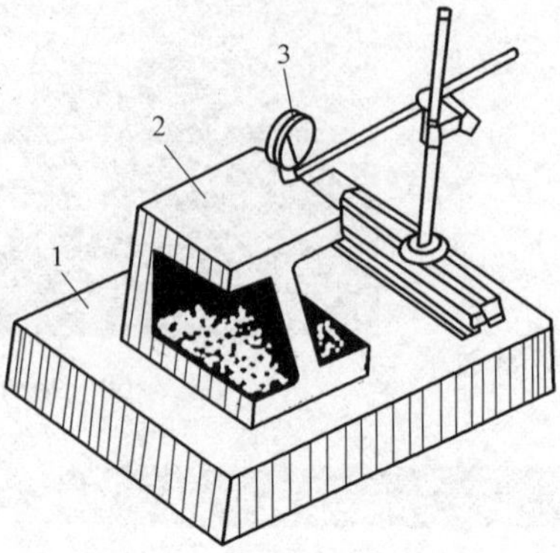 面对面的平行度误差的测量方法 1—平板　2—被测件　3—指示表	1）将被测件放置在平板上 2）在整个被测表面上多方向移动指示表进行测量 3）取最大值与最小值读数之差作为该零件的平行度误差 f，即 $f=M_{max}-M_{min}$ 式中　M_{max}——指示表的最大读数； M_{min}——指示表的最小读数 4）评定测量结果。如果指示表最大值与最小值之差 f 在公差范围内为合格
	线对线	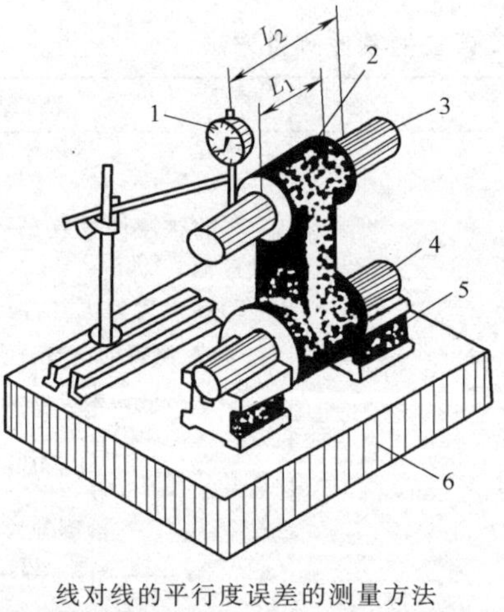 线对线的平行度误差的测量方法 1—指示表　2—被测件　3、4—心轴　5—V 形架　6—平板	1）将被测件装入心轴，然后放入等高 V 形架上 2）用指示表测心轴两端的高度，M_1 和 M_2 3）测得平行度误差 f 为 $f=\|M_1-M_2\|\frac{L_1}{L_2}$ 式中　L_1——被测轴线长度； L_2——指示表两个位置间的距离 4）在 0°～180°范围内按上述方法测量若干个不同的角度位置，取各测量位置所对应平行度误差值中最大值 5）评定测量结果。计算的最大值 f_{max} 在公差范围内为合格

任务评价

任务结束后留出部分时间，分小组交流讨论，分享各自的学习成果，共同进步。参照“附表十四”做出正确的任务评价与总结。

活学活用

1. 简述新国家标准中的基准符号与老国家标准中的基准符号的区别。
2. 简述平行度公差及公差带形状。
3. 按被测要素和基准要素的几何特征进行分类，平行度公差有几种情况？
4. 测量图 3-61 所示定位块的平行度误差，试述测量平行度误差的方法与步骤。

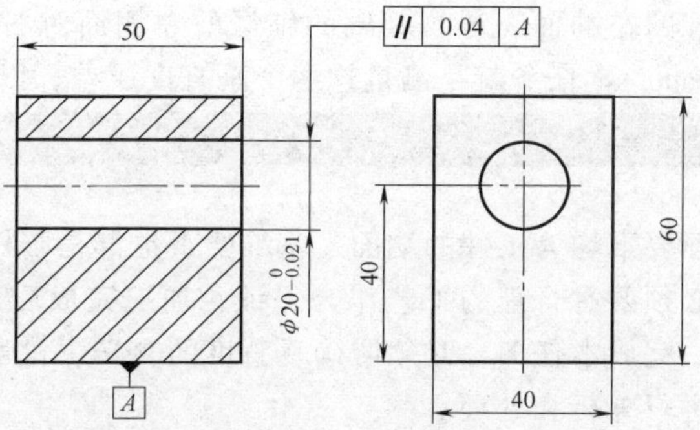

图 3-61　定位块

任务二　垂直度公差与测量

任务导入

在生活工作中经常会遇到垂直度问题，如房屋建造时，水泥工砌出的外墙应该要求与水平面保持绝对垂直（图 3-62），否则房屋的牢固度会有很大影响。如何测量工件的垂直度是本任务的目标。

图 3-62　工人砌墙

任务描述

图 3-63b 所示螺纹锥轴是图 3-63a 所示配合件中的一个零件。配合件和螺纹锥轴都有垂

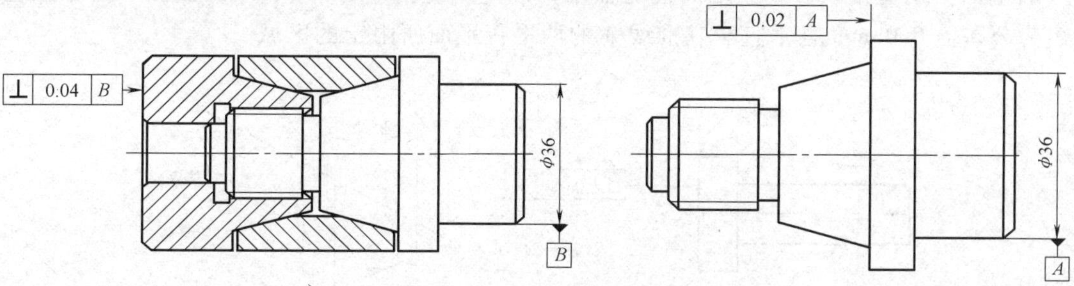

a)　　b)

图 3-63　配合件和螺纹锥轴

a）配合件　b）螺纹锥轴

直度要求——要求配合件的左端面、螺纹锥轴的轴肩的左侧面对右端尺寸为 ϕ36 圆柱的轴线的垂直度公差为 0.02mm。本任务就是测量这两个垂直度误差，以保证工件的合格性。

任务分析

两个图中的被测实际要素均为工件的端面，基准要素也都是圆柱的轴线，只是公差带大小不同。在加工过程中必须要有合理的工艺作为保证，加工完成后工件必须进行严格检测，才能确保工件的合格性。完成本任务，必须明确垂直度的含义、符号及应用范围，会测量垂直度误差并对测量结果进行分析和处理。

1）两个图示框格中的公差项目为垂直度，“0.04、0.02”表示公差，字母 *B*、*A* 表示基准。

2）垂直度公差可分为面对面的垂直度公差、面对线的垂直度公差、线对线的垂直度公差、线对面的垂直度公差。图 3-63 中的垂直度公差均为面对线的垂直度公差。

3）根据具体工作任务选择测量方法。

知识链接

垂直度公差是限制被测实际要素对基准在垂直方向上变动量的一项指标。

（1）面对面的垂直度公差　被测要素为平面，基准要素也为平面。如图 3-64 所示，被测平面（右端面）对基准平面 *A*（下表面）的垂直度公差为 0.08mm，被测平面必须位于距离为公差值 0.08mm 且垂直于基准平面 *A* 的两平行平面所限定的区域。

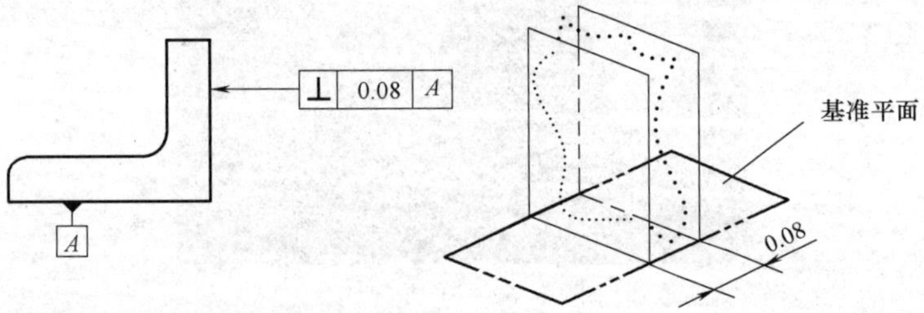

图 3-64　面对面的垂直度公差

（2）面对线的垂直度公差　被测要素为平面，基准要素为线。如图 3-65 所示，被测平面（右端面）对基准线 *A*（左端圆柱的轴线）的垂直度公差为 0.08mm，被测平面必须位于距离为公差值 0.08mm 且垂直于基准线 *A* 的两平行平面所限定的区域。

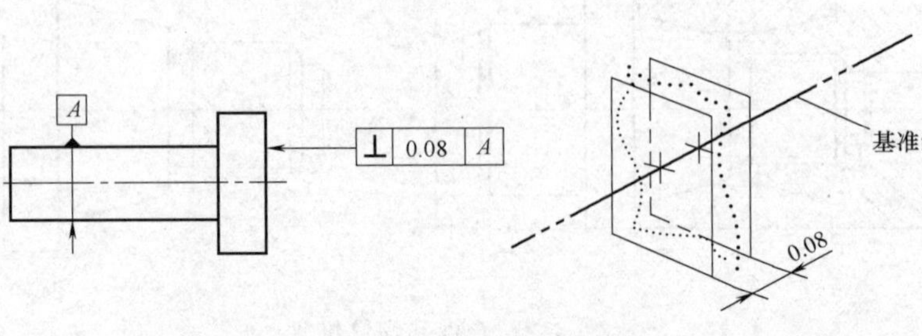

图 3-65　面对线的垂直度公差

（3）线对线的垂直度公差　被测要素为线，基准要素为线。如图 3-66 所示，被测轴线（纵向斜孔的轴线）对基准线 *A*（横向孔的轴线）的垂直度公差为 0.06mm，被测轴线必须位于距离为公差值 0.06mm 且垂直于基准线 *A* 的两平行平面所限定的区域。

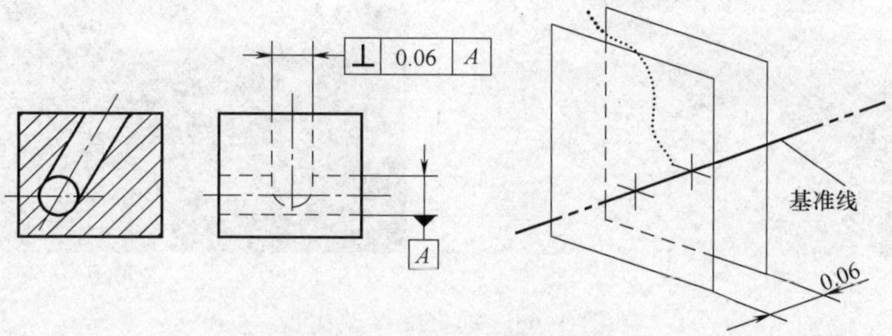

图 3-66　线对线的垂直度公差

（4）线对面的垂直度公差　被测要素为线，基准要素为面。如图 3-67 所示，被测轴线（圆柱的轴线）对基准平面 *A*（工件的底面）的垂直度公差为 ϕ0.01mm，被测轴线必须位于直径为公差值 ϕ0.01mm 且垂直于基准平面 *A* 的圆柱面所限定的区域。

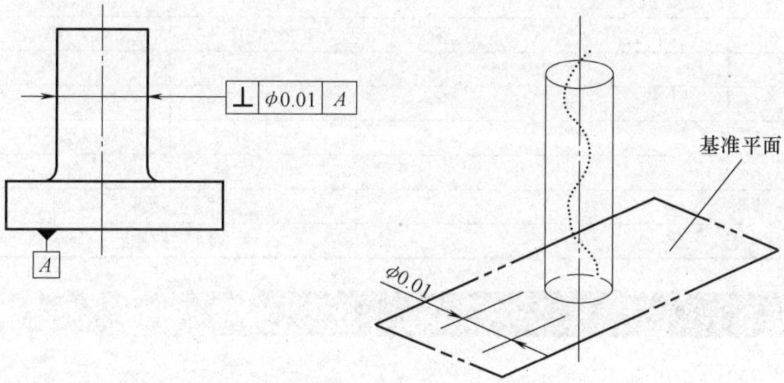

图 3-67　线对面的垂直度公差

任务实施

测量图 3-63a 所示螺纹锥轴的轴肩左侧面对右端尺寸为 ϕ36 圆柱的轴线的垂直度，图 3-63b 所示螺纹锥轴轴肩左侧面对右端尺寸为 ϕ36 圆柱的轴线的垂直度。

1. 测量准备

检验平板、V 形架、杠杆百分表及表座、被测件、全棉布数块、防锈油等。

2. 测量步骤

1）将工件、工量具擦净。

2）V 形架放置在检验平板上，工件的基准端安置在 V 形架的 V 形槽上，表座上安装杠杆百分表，使杠杆百分表的测量头接触被测面，并有 0.3~0.5mm 的预压量，如图 3-68 所示。

3）旋转工件一周，记录杠杆百分表的最大与最小的读数。

4）偏移杠杆百分表测量头的位置，重复步骤 3）。

5）计算每一次读数的最大与最小值之差。对比差值，最大值即为该垂直度误差。

a)

b)

图 3-68　垂直度误差测量

3. 测量报告

按步骤完成测量并将被测件的相关信息及测量结果填入垂直度误差测量报告单（表 3-10）中。

表 3-10　垂直度误差测量报告单　　（单位：mm）

工件	螺纹锥轴			配合件		
	最大值	最小值	差值	最大值	最小值	差值
位置 1						
位置 2						
位置 3						
位置 4						
测量结果				测量结果		
合格性判定				合格性判定		

任务拓展

垂直度误差的其他测量方法，见表 3-11。

表 3-11　垂直度误差的其他测量方法

测量方法示意图	测量步骤
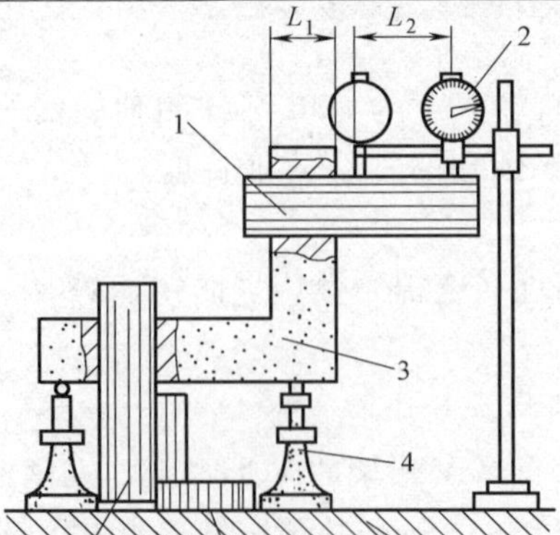 线对线的垂直度误差的测量方法 1、7—心轴　2—指示表　3—被测件　4—可调支撑 5—平板　6—精密直角尺	1）将指示表装入表架待用 2）先将可胀式（与孔成无间配合）心轴装入工件 3）调整可调支撑 4，使基准心轴 7 与平板 5 垂直 4）将指示表测头与心轴垂直，且将指针调零，测得 M_1 和 M_2 5）计算垂直度误差 f，即 $$f=\lvert M_1-M_2\rvert\frac{L_1}{L_2}$$ 式中　L_1——被测轴线长度； L_2——指示表两个位置间的距离 6）评定测量结果。如果计算出的 f 小于或等于公差值，则该零件的垂直度符合要求；大于公差值，则该零件的垂直度超差

（续）

测量方法示意图	测量步骤
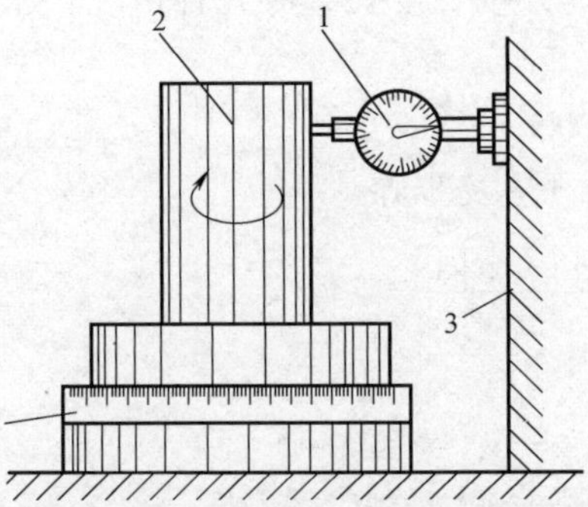 线对面的垂直度误差的测量方法 1—指示表　2—被测件　3—直角尺　4—转台	1）将被测件放置在转台上并使被测轮廓要素的轴线与转台中心对正 2）将指示表在被测件的外圆柱面上对零，按需要测量若干个轴向截面轮廓要素上的最大读数 M_{max} 和最小读数 M_{min} 3）计算垂直度误差 f，即 $f=\frac{1}{2}(M_{max}-M_{min})$ 式中　M_{max}——指示表最大读数； M_{min}——指示表最小读数 4）评定测量结果：如果计算出的 f 小于或等于公差值，则该零件的垂直度符合要求；大于公差值，则该零件的垂直度超差
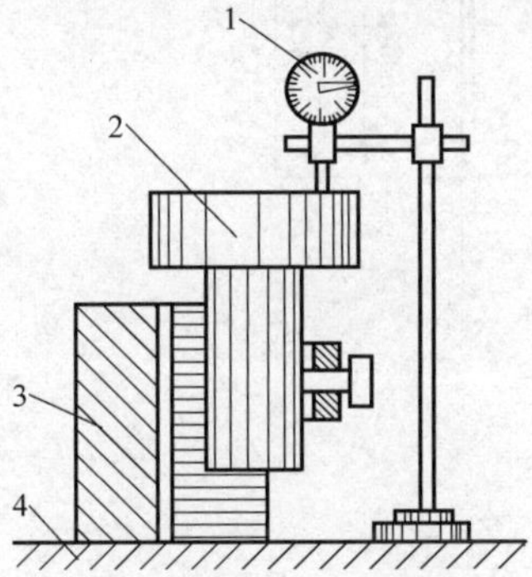 面对线的垂直度误差的测量方法 1—指示表　2—被测件　3—导向块　4—平板	1）将被测件放置在导向块内，基准线由导向块模拟 2）将指示表测量头与被测表面垂直，并将长指针调零 3）测量整个表面，并记录读数 4）计算垂直度误差 f，即 $f=M_{max}-M_{min}$ 式中　M_{max}——指示表最大读数； M_{min}——指示表最小读数 5）评定测量结果。如果计算出的 f 小于或等于公差值，则该零件的垂直度符合要求；大于公差值，则该零件的垂直度超差
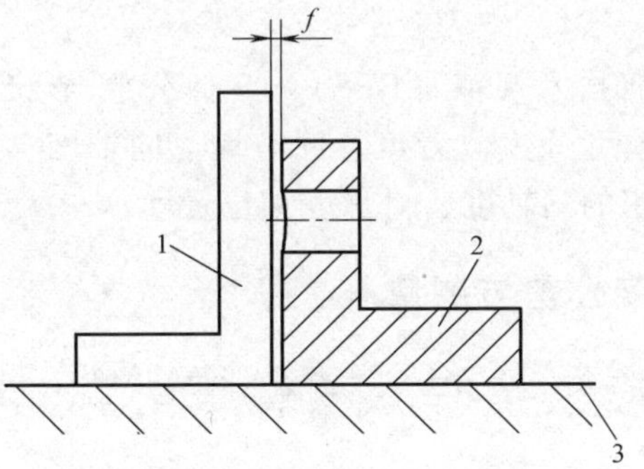 面对面的垂直度误差的测量方法 1—直角尺　2—被测件　3—平板	1）将被测件放置在平板上，用平板模拟基准，将精密直角尺的短边置于平板上，长边靠在被测件侧面上，此时长边即为理想要素 2）用塞尺测量精密直角尺长边与被测侧面之间的最大间隙 f，测得值即为垂直度误差 3）评定测量结果。如果计算出的 f 小于或等于公差值，则该零件的垂直度符合要求；大于公差值，则该零件的垂直度超差

任务评价

任务结束后留出部分时间，分小组交流讨论，分享各自的学习成果，共同进步。参照“附表十四”做出正确的任务评价与总结。

活学活用

1. 按被测要素和基准要素的几何特征进行分类，垂直度公差有几种情况？
2. 简述测量垂直度误差的方法。
3. 解释图 3-69 中公差符号的含义、公差带形状。
4. 测量图 3-69 所示垂直度误差，试述其测量方法及步骤。

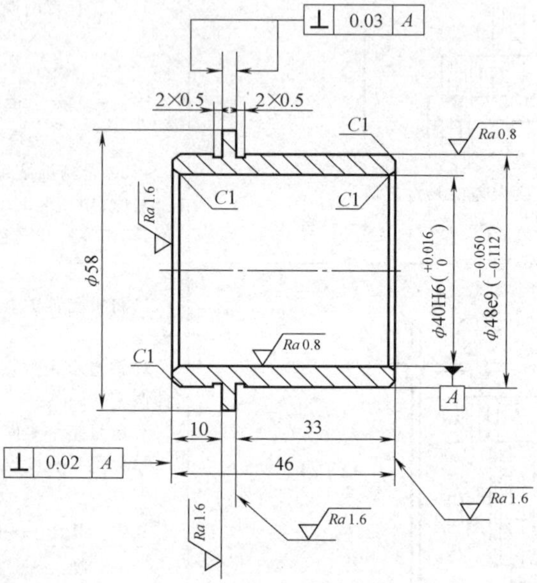

图 3-69　铜衬套

项目三　位置公差与测量

根据国家标准 GB/T 1182—2008《产品几何技术规范（GPS）　几何公差 形状、方向、位置和跳动公差标注》，几何公差中的位置公差可分为位置度、同心度、同轴度、对称度、线轮廓度、面轮廓度六种。本项目主要介绍常用的同轴度、对称度和位置度。

任务一　同轴度公差与测量

任务导入

根据图样要求，EATON 公司生产的差速器壳（图 3-70），两端孔同轴度为 $\phi0.05$mm。如果两端孔的同轴度不好，则会影响半轴和齿轮的装配，导致齿轮转动不畅，因此需要准确测量出差速器壳的同轴度。如何测量工件的同轴度是本任务的目标。

任务描述

图 3-71 所示传动轴，除了有尺寸精度要求外，同时还有几何公差要求。它的几何公差要求是位置公差中的同轴度公差要求。本任务为测量该传动轴的同轴度是否符合要求。

图 3-70　差速器壳

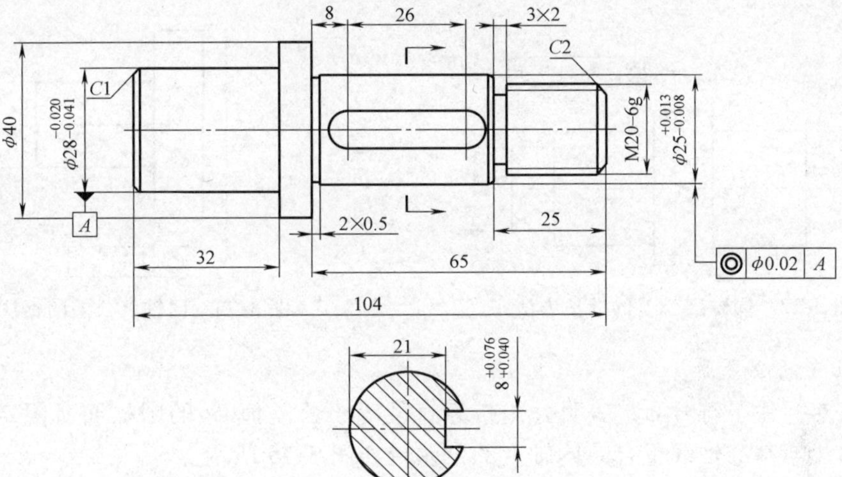

图 3-71　传动轴

任务分析

轴类零件的加工一般采用车削加工，通常至少要用两次装夹才能完成，这样两端就会出现较大的不同轴现象。从机械设计上看，传动轴的转速越高，两边的同轴性要求就越高，否则机器在运行中会出现强烈振动，还会发出很大噪声。因此一般的轴类零件都应该有不同要求的同轴度公差，在加工过程中必须要选择合理的工艺路线保证这项技术要求。完成本任务，还必须明确同轴度的含义、符号及应用范围，同轴度误差常用测量工具的选择及测量方法，能对测量数据进行分析和处理。

1. 测量任务解读

在图 3-71 中，框格 | ◎ | φ0.02 | A | 中“◎”为同轴度公差符号，“φ0.02”表示公差，被测要素是尺寸为 $\phi25^{+0.013}_{-0.008}$ 圆柱面的轴线，基准要素是尺寸为 $\phi28^{-0.020}_{-0.041}$ 圆柱面的轴线。

2. 测量方案确定

用 V 形块支承基准部位，然后用打表法测量被测部位。

知识链接

1. 同轴度公差与同轴度误差

同轴度公差是用来控制理论上应同轴的被测轴线与基准轴线的不同程度。

同轴度误差是指被测轴线相对基准轴线位置的变化量。

2. 同轴度的标注及解释

在图 3-72 中，大圆柱的提取（实际）中心线应限定在直径等于 ϕ0. 08mm、以公共基准轴线 *A*—*B* 为轴线的圆柱面内。

在图 3-73 中，大圆柱的提取（实际）中心线应限定在直径等于 ϕ0. 1mm、以基准轴线 *A* 为轴线的圆柱面内。

在图 3-73 中，大圆柱的提取（实际）中心线应限定在直径等于 ϕ0. 1mm、以垂直于基准平面 *A* 的基准轴线 *B* 为轴线的圆柱面内。

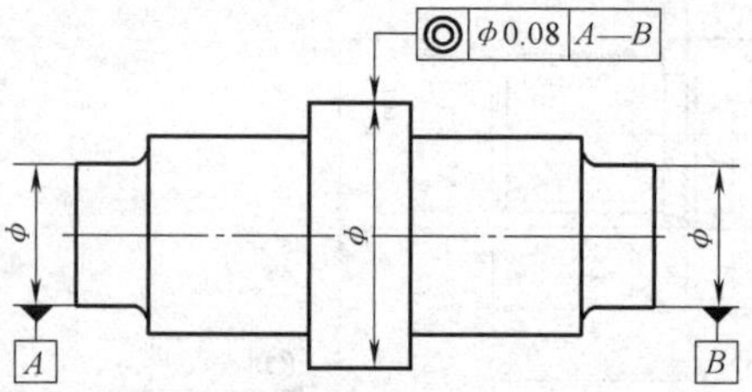

图 3-72　同轴度公差的标注方法一

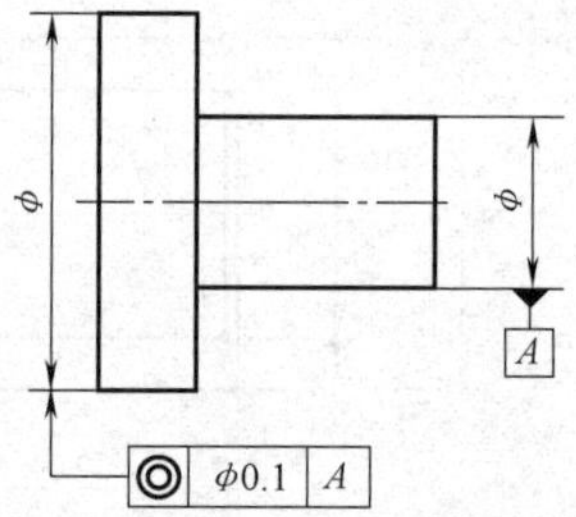

图 3-73　同轴度公差的标注方法二

3. 同轴度的公差带

公差值前标注了符号 ϕ，表明公差带为直径等于公差值 ϕt 的圆柱面所限定的区域。该圆柱面的轴线与基准轴线重合。同轴度的公差带如图 3-75 所示。

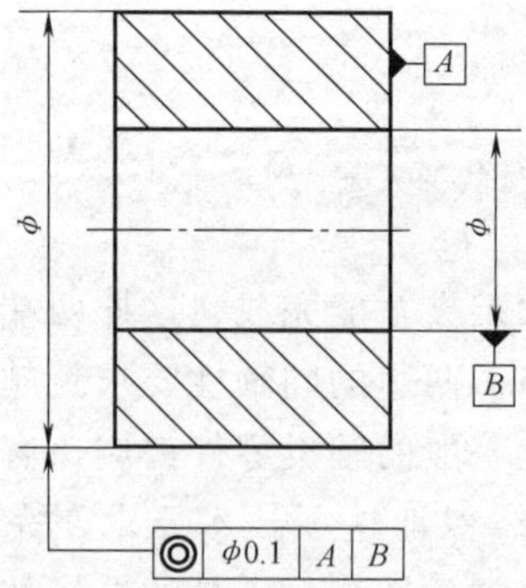

图 3-74　同轴度公差的标注方法三

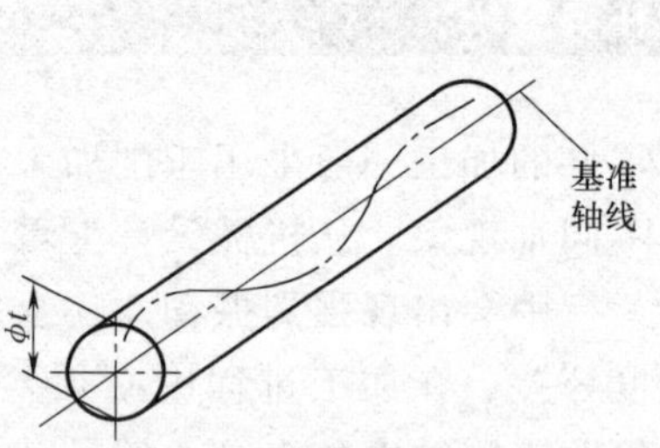

图 3-75　同轴度的公差带

4. 同轴度的测量方法

将被测件的基准要素架在平板上的 V 形块中，指示计测量头指在被测件的表面。旋转被测件，指示计读数的最大值与最小值的差为被测要素该截面的同轴度误差，指示计沿被测要素轴向移动，重复测量可得多个同轴度误差，取最大误差为该被测件同轴度误差，如图 3-76所示。

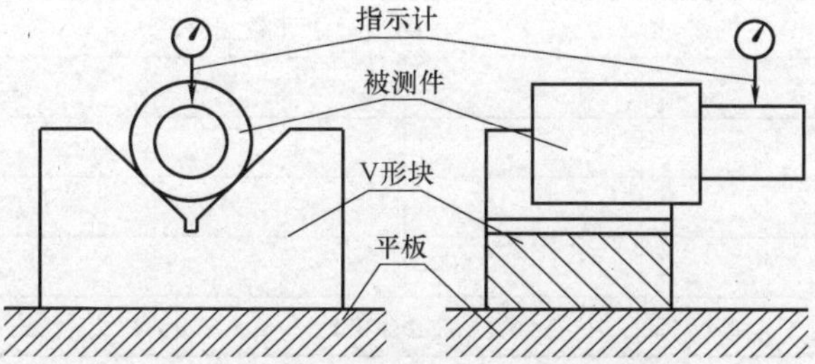

图 3-76　打表法测量同轴度

任务实施

1. 测量准备

检验平板、百分表及表架、V 形块、被测件、全棉布数块、防锈油等。

2. 测量步骤

1）将准备好的 V 形块放置在检验平板上，并调整水平。

2）将被测件基准轮廓要素的圆柱放置在 V 形块上，如图 3-77 所示。

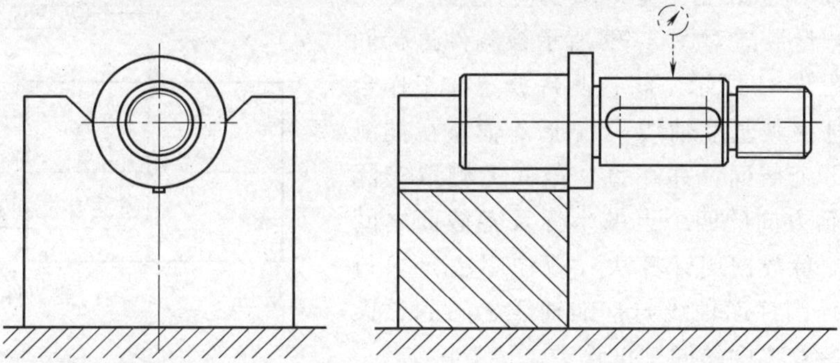

图 3-77　测量安装

3）安装好百分表及表架，调节百分表，使测量头与被测件被测外表面接触，并有 1~2 圈的压缩量，如图 3-78 所示。

图 3-78　同轴度误差测量

4）缓慢而均匀地转动被测件一周，并观察百分表指针的波动，记录最大读数 M_{max} 与最小读数 M_{min}。

5）移动表位，按上述方法测量 4~5 个位置。

6）计算每组读数的最大值 M_{max} 与最小值 M_{min} 之差，取差值的最大值为该被测件的同轴度误差。

7）完成测量报告，整理测量器具。

3. 测量报告

按步骤完成测量并将被测件的相关信息及测量结果填入同轴度误差测量报告单（表 3-12）中。

表 3-12　同轴度误差测量报告单　　（单位：mm）

	测量记录和数据处理				
百分表读数	位置	1	2	3	4
	M_{max}				
	M_{min}				
$\Delta = M_{max} - M_{min}$					
同轴度误差 Δ_{max} =		判定合格性			

任务拓展

同轴度的其他测量方法如下。

1. 用圆度仪（或其他类似仪器）测量同轴度

用圆度仪对图 3-79 所示被测件进行同轴度测量，如图 3-80 所示。调整被测件，使其基准轴线与仪器主轴的回转轴线同轴。在被测件的基准要素和被测要素上测量若干截面并记录轮廓图形。根据图形按定义求出该零件的同轴度误差。按照零件的功能要求，也可以对轴类零件用最小的外接圆柱面（对孔类零件用最大内接圆柱面）的轴线求出同轴度误差。

2. 用三坐标测量装置测量同轴度

用三坐标测量装置对图 3-79 所示被测件进行同轴度测量，如图 3-81 所示。将被测件放置在工作台上，调整被测件使其基准轴线平行于 Z 轴。在被测部位上测量若干个截面，并在每个截面上测取实际轮廓在 X 和 Y 轴方向的四个点的坐标及各截面之间的距离。根据测量数据用计算法（或作图法）求得外接（或内接）圆柱面轴线与基准轴线之间的最大距离的两倍作为该零件的同轴度误差。

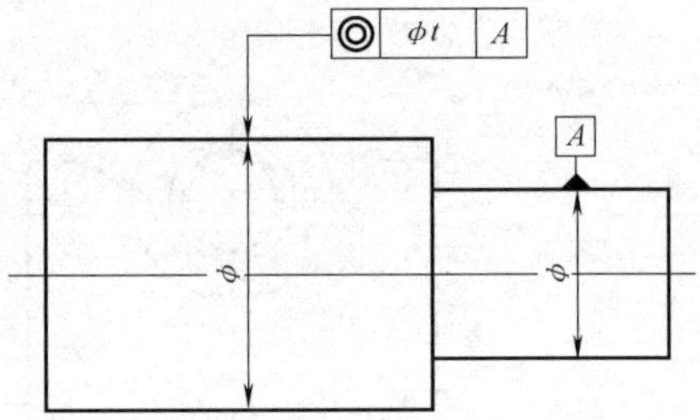

图 3-79　被测件一

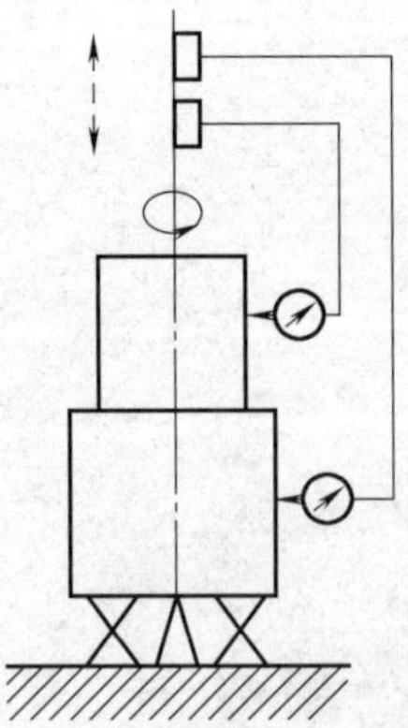
图 3-80　用圆度仪测量同轴度

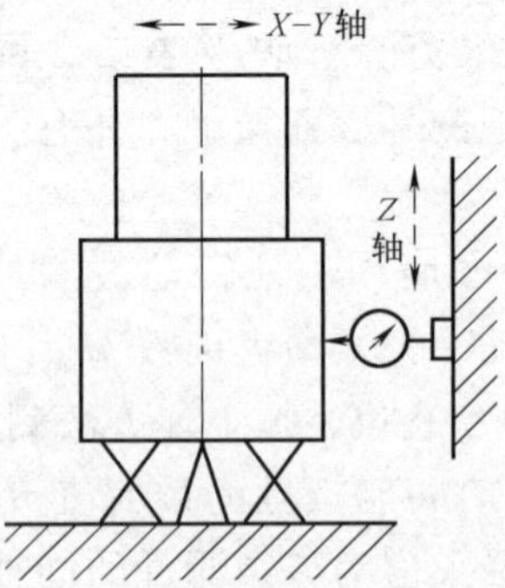

图 3-81　用三坐标测量装置测量同轴度

3. 用径向变动测量装置测量同轴度

用径向变动测量装置对图 3-82 所示被测件进行同轴度测量，如图 3-83 所示。调整基准要素使其提取中心线与测量装置同轴，使其被测件的端面垂直于回转轴线。在同一张记录纸上记录基准要素和被测要素的轮廓。由轮廓图形用最小区域法求各自的圆心，取两圆心距离的两倍作为该零件的同轴度误差。根据功能要求，也可以记录的图形，用最大内接中心（内表面）和最小外接圆中心（外表面）法求出各自的圆心，取这两圆心距离的两倍作为该零件的同轴度误差。

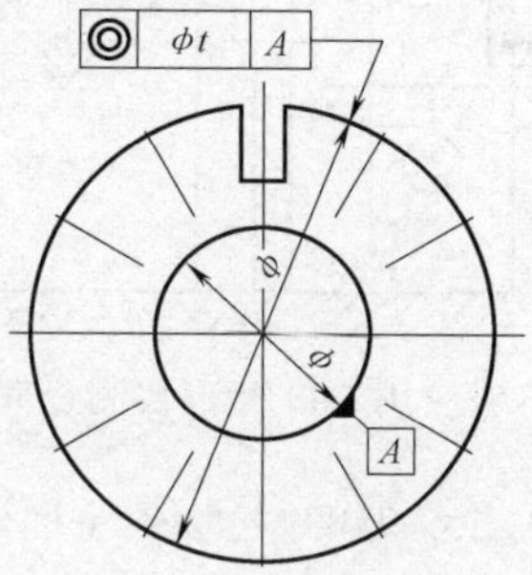

图 3-82　被测件二

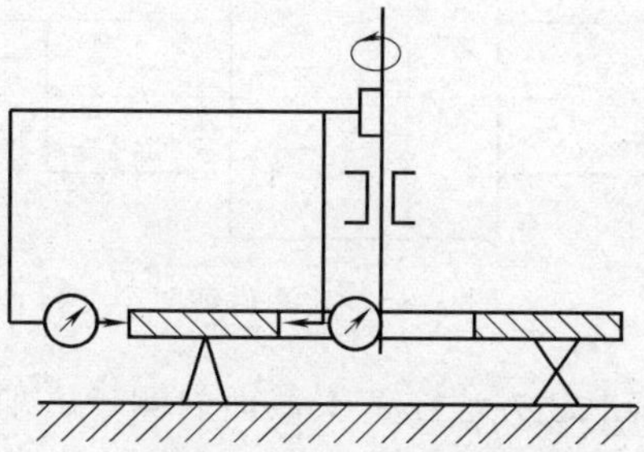
图 3-83　用径向变动测量装置测量同轴度

4. 用心轴测量同轴度

利用心轴对图 3-84 所示被测件进行同轴度测量，如图 3-85 所示。将心轴与孔成无间隙配合地插入孔内，并调整被测件使其基准轴线与平板平行。在靠近被测孔端 A、B 两点测量，并求出该两点分别与高度$\left(L+\dfrac{d_2}{2}\right)$的差值$f_{Ax}$和$f_{Bx}$。然后把被测件翻转 90°，按上述方法测取$f_{Ay}$和$f_{By}$。则点 A 处的同轴度误差为$f_A=2\sqrt{(f_{Ax})^2+(f_{Ay})^2}$，点 B 处的同轴度误差为$f_B=2\sqrt{(f_{Bx})^2+(f_{By})^2}$，取其中较大值作为该被测件的同轴度误差。如测量点不能取在孔端处，则同轴度误差可按比例折算。

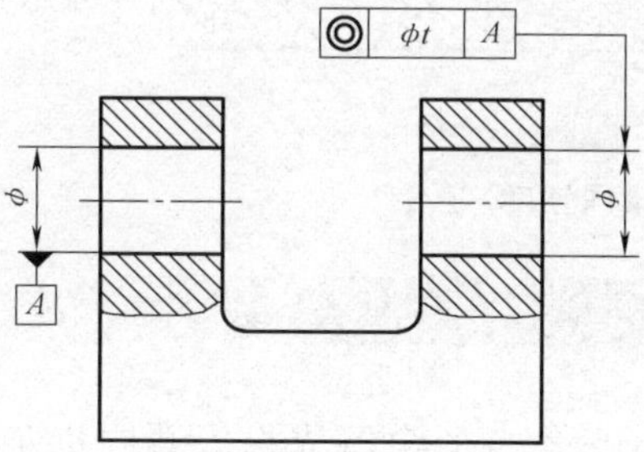

图 3-84　被测件三

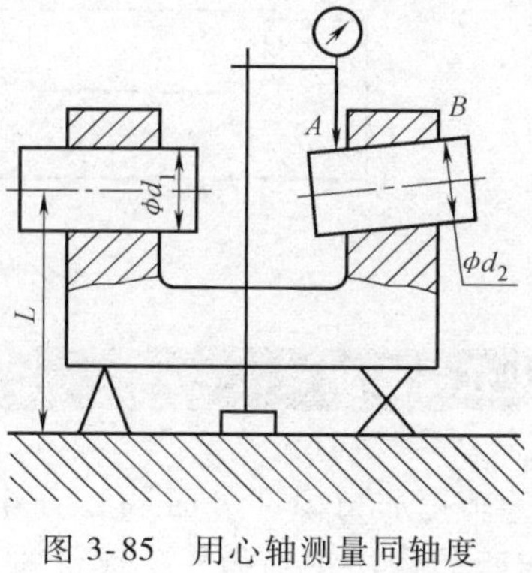

图 3-85　用心轴测量同轴度

5. 用刀口 V 形块测量同轴度

利用刀口 V 形块测量图 3-86 所示被测件同轴度，如图 3-87 所示。公共基准轴线由 V 形块体现。

将被测件基准要素的中截面放置在两个等高的 V 形块上，将两指示计分别在铅垂轴截面内相对于基准轴线对称地分别调零。

1）取指示计在垂直公共基准轴线的正截面上测得各对应点的示值差值$|M_a-M_b|$作为在该截面上的同轴度误差。

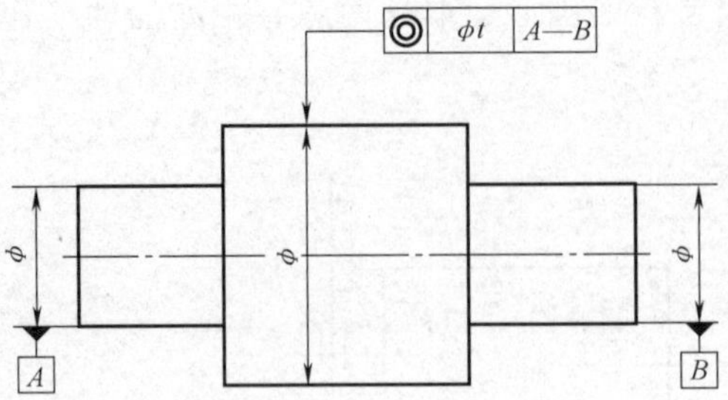

图 3-86　被测件四

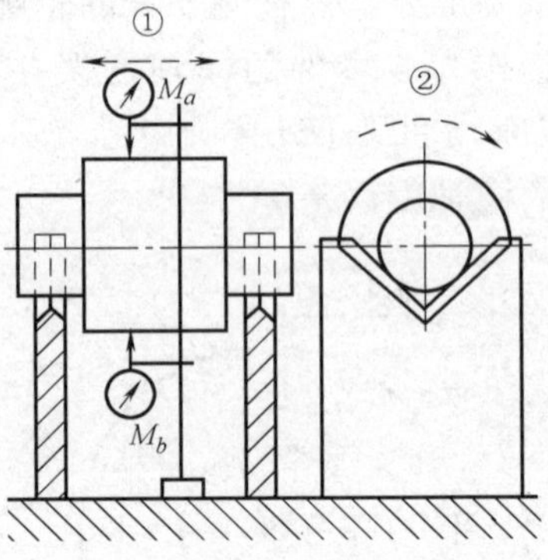

图 3-87　用刀口 V 形块测量同轴度

2）按上述方法在若干截面内测量，取各截面测得的示值之差中的最大值（绝对值）作为该零件的同轴度误差。

此方法适用于测量形状误差较小的零件。

6. 用综合量规测量同轴度

利用综合量规测量图 3-84 所示被测件同轴度。量规销的直径为孔的实效尺寸。综合量规应通过被测件，如图 3-88a 所示。

利用综合量规测量图 3-82 所示被测件同轴度。量规销的直径为基准孔的实效尺寸，量规孔的直径为被测要素的实效尺寸。综合量规应通过被测件，如图 3-88b 所示。

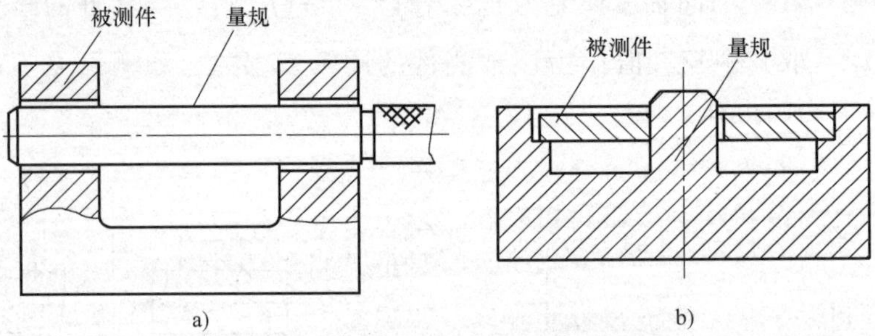

图 3-88　用综合量规测量同轴度

任务评价

任务结束后留出部分时间，分小组交流讨论，分享各自的学习成果，共同进步。参照“附表十四”做出正确的任务评价与总结。

活学活用

1. 简述同轴度公差及公差带形状。

2. 解释图 3-89 所示同轴度公差符号的意义及公差带的形状，完成衬套同轴度误差的检测。

3. 解释图 3-90 所示阶梯螺纹轴同轴度公差符号的意义及公差带的形状，完成对阶梯螺纹轴同轴度误差的检测。

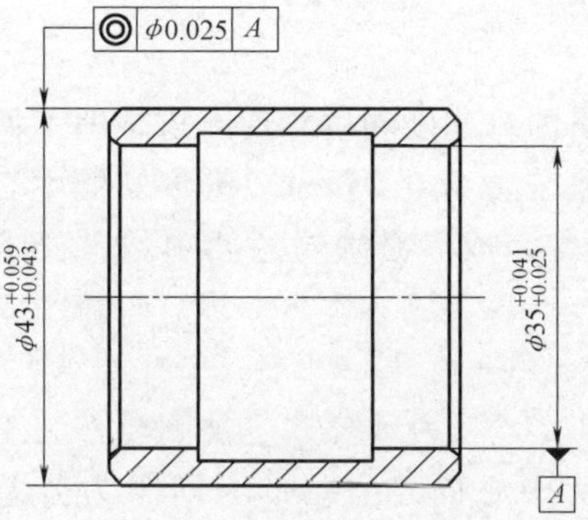

图 3-89　衬套

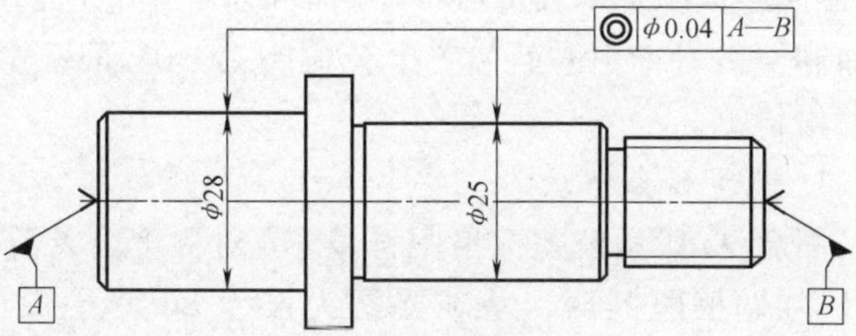

图 3-90　阶梯螺纹轴

任务二　对称度和位置度公差与测量

任务导入

1805 年 12 月 2 日，拿破仑率领的法国军队在奥斯特利茨战役中击败了俄奥联军，法国的国威达到史无前例的顶峰。为了炫耀国力，并庆祝战争的胜利，在 1806 年 2 月 12 日拿破仑宣布在星形广场（今戴高乐广场）兴建“一道伟大的雕塑”，迎接日后凯旋的法军将士。同年 8 月 15 日，按照著名建筑师夏尔格兰的设计开始破土动工。但后来拿破仑被推翻后，凯旋门工程中途辍止。1830 年波旁王朝被推翻后，工程才得以继续。断断续续经过了 30 年，凯旋门（图 3-91）终于在 1836 年 7 月 29 日举行了落成典礼。该建筑因其特有的对称性设计而为世人所熟知。

图 3-91　凯旋门

机械行业也常有对称度要求的工件。如何测量工件的对称度是本任务的目标。

任务描述

本任务为对平衡块中槽（图 3-92）的对称度和孔的位置度进行测量并判断。

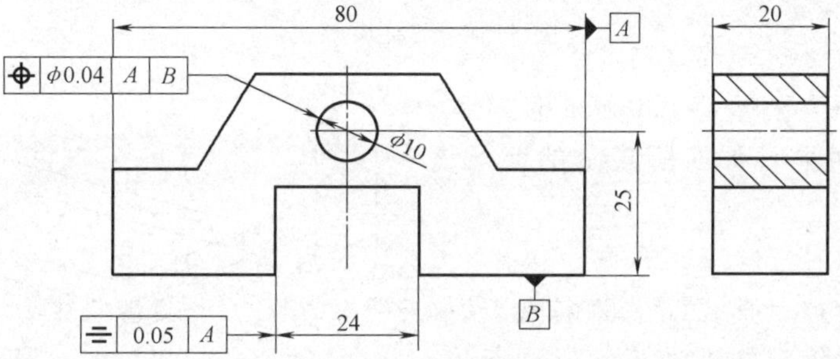

图 3-92　平衡块

任务分析

平衡块为对称工件，在加工和检测该工件时有较严格的对称度和位置度要求，即工件尺寸 24 凹槽两侧面对尺寸 80 两端面的对称中心面的对称度公差为 0.05mm，孔 $\phi10$ 的中心对底面和左右对称中心的位置度公差为 $\phi0.04$mm。工件加工完成后必须对这两项技术要求进行严格检测。

1. 测量任务解读

图 3-92 所示公差框格中符号⌯为对称度公差符号，“0.05” 表示公差。被测要素为工件尺寸 24 凹槽两侧面，基准要素为尺寸 80 两端面的对称中心面，公差带为间距为公差值 0.05mm 且对称于基准中心面的两平行平面所限定的区域。

图 3-92 所示公差中，符号⌖为位置度公差符号，“$\phi0.04$” 表示公差。被测要素为工件尺寸 $\phi10$ 孔的中心线，基准要素为尺寸 80 两端面的对称中心面和底面，公差带为间距为公差值 $\phi0.04$mm 的圆柱面所限定的区域。

2. 测量方案确定

对于对称度的测量，可以将平衡块两端面依次置于平板上，以平板作为测量基准，测量平衡块凹槽两侧面到平板距离的方法，测量该平衡块凹槽两侧面的对称度。

对于位置度的测量，可以在平衡块的被测孔中插入心棒，用测量心棒的最高点到基准的距离的方法，测量该孔的位置度。

知识链接

1. 对称度公差

对称度公差为依基准轴直线或基准中心平面，应互为对称的形体的对称位置的允许偏离值。

提取实际中心面应限定在间距等于 0.08mm 且对称于基准中心面 A(A—B) 的两平行平面之间，如图 3-93 所示。

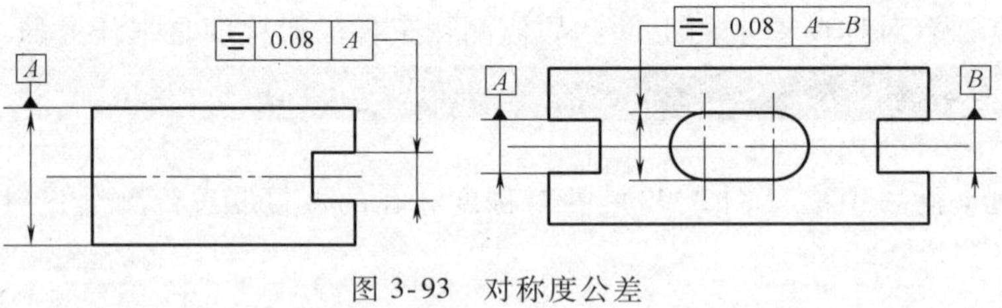

图 3-93　对称度公差

公差带为间距为公差值 0.08mm 且对称于基准中心面的两平行平面所限定的区域，如图 3-94 所示。

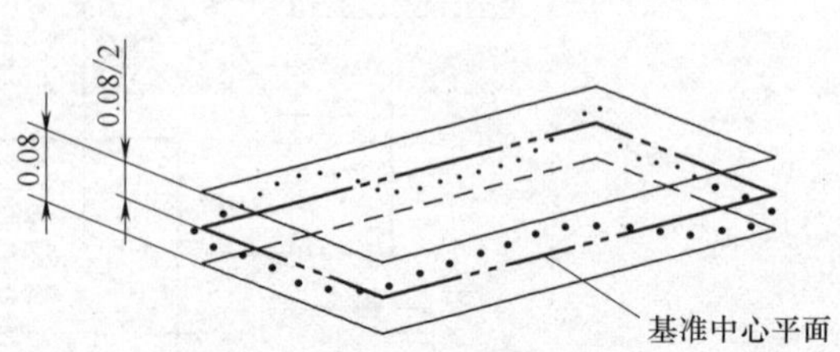

图 3-94　对称度公差带

2. 位置度公差

位置度公差为点、直线或平面偏离于以基准或其他形体所确定的理论正确位置点的允许值。

（1）点的位置度公差　点的位置度公差标注如图 3-95 所示，提取的球心应限定在直径等于 $S\phi0.3$mm 的圆球面内。该圆球面的中心应由基准平面 A、B、C 及理论正确尺寸 25、30 确定。

点的位置度公差带为直径等于公差值 $S\phi t$ 的圆球面所限定的区域，如图 3-96 所示。

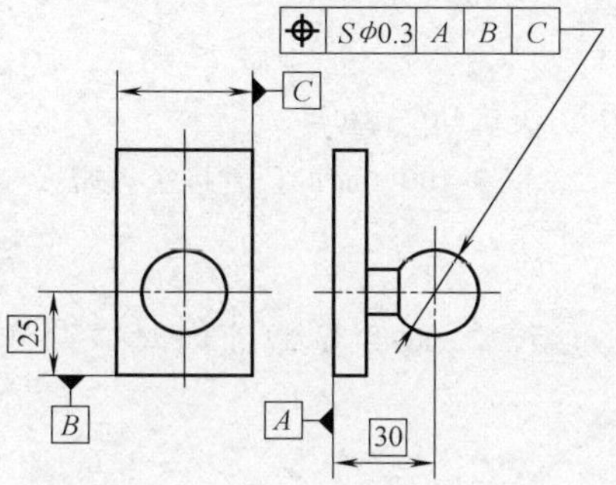

图 3-95　点的位置度公差标注

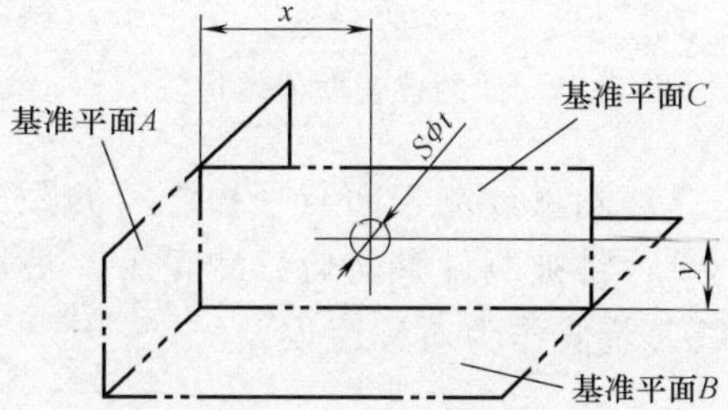

图 3-96　点的位置度公差带

（2）线的位置度公差　线的位置度公差标注如图 3-97 所示，提取的中心线应限定在直径等于 $\phi0.08$mm 的圆柱面内。该圆柱面的中心线应由基准平面 A、B、C 及理论正确尺寸 68、100 确定。

线的位置度公差带为直径等于公差值 ϕt 的圆柱面所限定的区域，如图 3-98 所示。

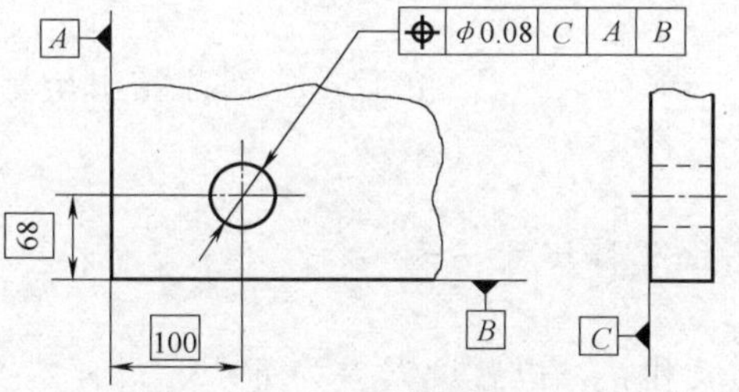

图 3-97　线的位置度公差标注

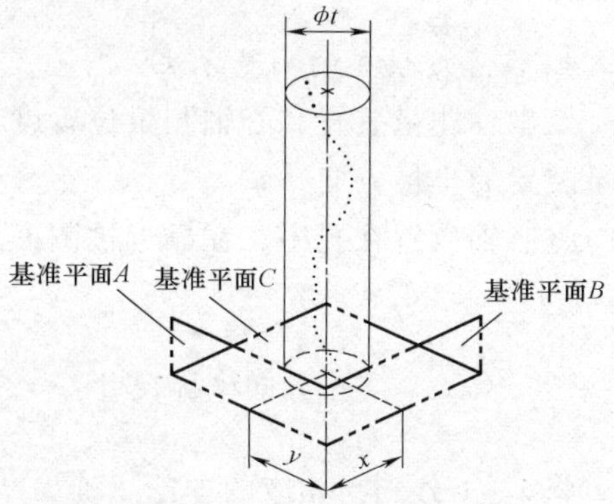

图 3-98　线的位置度公差带

（3）轮廓平面或中心平面的位置度公差　　面的位置度公差标注如图 3-99 所示，提取表面应限定在距离等于 0.05mm 且对称于被测面的理论正确位置的两平行平面之间，该两平面对称于由基准平面 A、基准轴线 B 和理论正确尺寸 15、105°确定的被测面的理论正确位置。

面的位置度公差带为间距等于公差值 t，且对称于被测面的理论正确位置的两平行平面所限定的区域。面的理论正确位置由基准平面、基准轴线和理论正确尺寸确定，如图 3-100 所示。

3. 对称度误差的测量方法

用平板和带指示计的测量架测量，如图 3-101 所示。

将被测件放置在平板上。

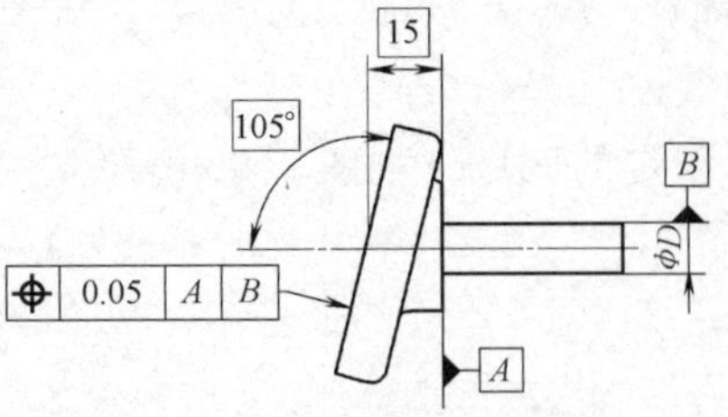

图 3-99　面的位置度公差标注

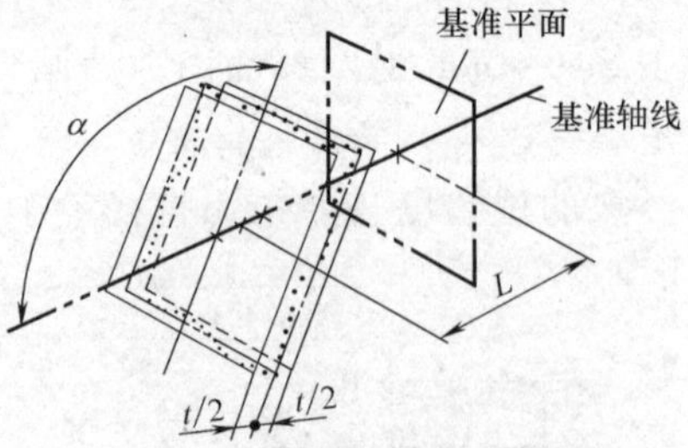

图 3-100　面的位置度公差带

1）测量被测表面与平板之间的距离。

2）将被测件翻转后，测量另一被测表面与平板之间的距离。取测量截面内对应两测点的最大差值作为对称度误差。

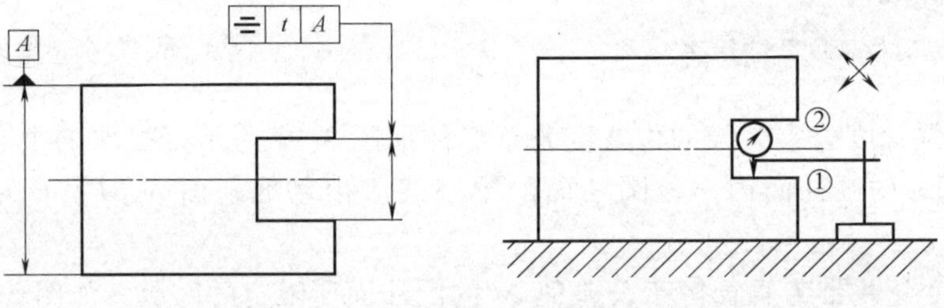

图 3-101　对称度误差的测量方法

4. 位置度误差的测量方法

用坐标测量装置和心轴测量位置度误差，如图 3-102 所示。按基准调整被测件，使其与测量装置的坐标方向一致。

将心轴放置在孔中，在靠近被测面处，测量 x_1、x_2、y_1、y_2，按下式分别计算出坐标尺寸 x、y。

$$x\text{ 方向坐标尺寸}:x=\frac{x_1+x_2}{2}\qquad y\text{ 方向坐标尺寸}:y=\frac{y_1+y_2}{2}$$

将 x、y 分别与相应的理论正确尺寸比较，得到 f_x 和 f_y，位置度误差为 $F=2\sqrt{f_x^2+f_y^2}$。

然后把被测件翻转，对其背面按上述方法重复测量，取其中的误差较大值作为该零件的位置度误差。

若孔的形状误差对测量结果的影响可以忽略时，则可直接在实际孔壁上测量。

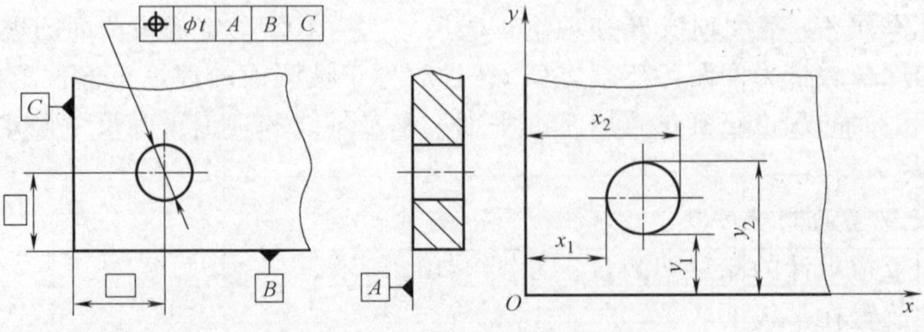

图 3-102　位置度误差的测量方法

任务实施

1. 测量准备

检验平板、杠杆百分表及表座、被测件、全棉布数块、防锈油等。

2. 测量步骤

（1）测量对称度误差

1）被测件置于平板上，测出被测表面 1 与平板的距离 a，如图 3-103 所示。

2）将被测件翻转后，对应测出另一被测表面 2 与平板之间的距离 b，并记录。

3）计算 a、b 之差为该测量截面两对应区域的对称度误差。

4）按上述方法，测量两端附近及中间的对称度误差。

5）取其对应两测点的差值的最大值作为该被测件的对称度误差。

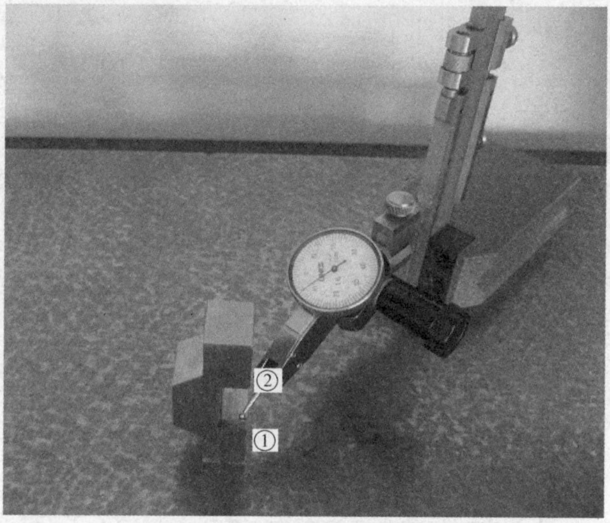

图 3-103　对称度误差测量

（2）测量位置度误差

1）在被测件中插入心轴，并将被测件置于检验平板上。

2）按图 3-104 所示测出 y_1、y_2、x_1'、x_2'、x_1''、x_2''，并记录。

3）计算 y 方向坐标尺寸 $y=\dfrac{y_1+y_2}{2}$与孔的理论正确高度差的绝对值 f_{y1}。

4）计算 x 方向坐标尺寸 $x'=\dfrac{x_1'+x_2'}{2}$、$x''=\dfrac{x_1''+x_2''}{2}$，取两者的最大值为 x，计算 x 与理论正确尺寸（图 3-92 平衡块应为 40）差的绝对值 f_{x1}。

5）按上述方法在被测件另一侧的心轴上再测一遍，计算出 f_{y2} 和 f_{x2}。

6）取 f_{y1}、f_{y2} 最大值为 f_y，f_{x1}、f_{x2} 的最大值为 f_x。位置度误差为 $F=2\sqrt{f_x^2+f_y^2}$。

3. 测量报告

按步骤完成测量并将被测件的相关信息及测量结果填入对称度误差测量报告单（表 3-13、表 3-14）中。

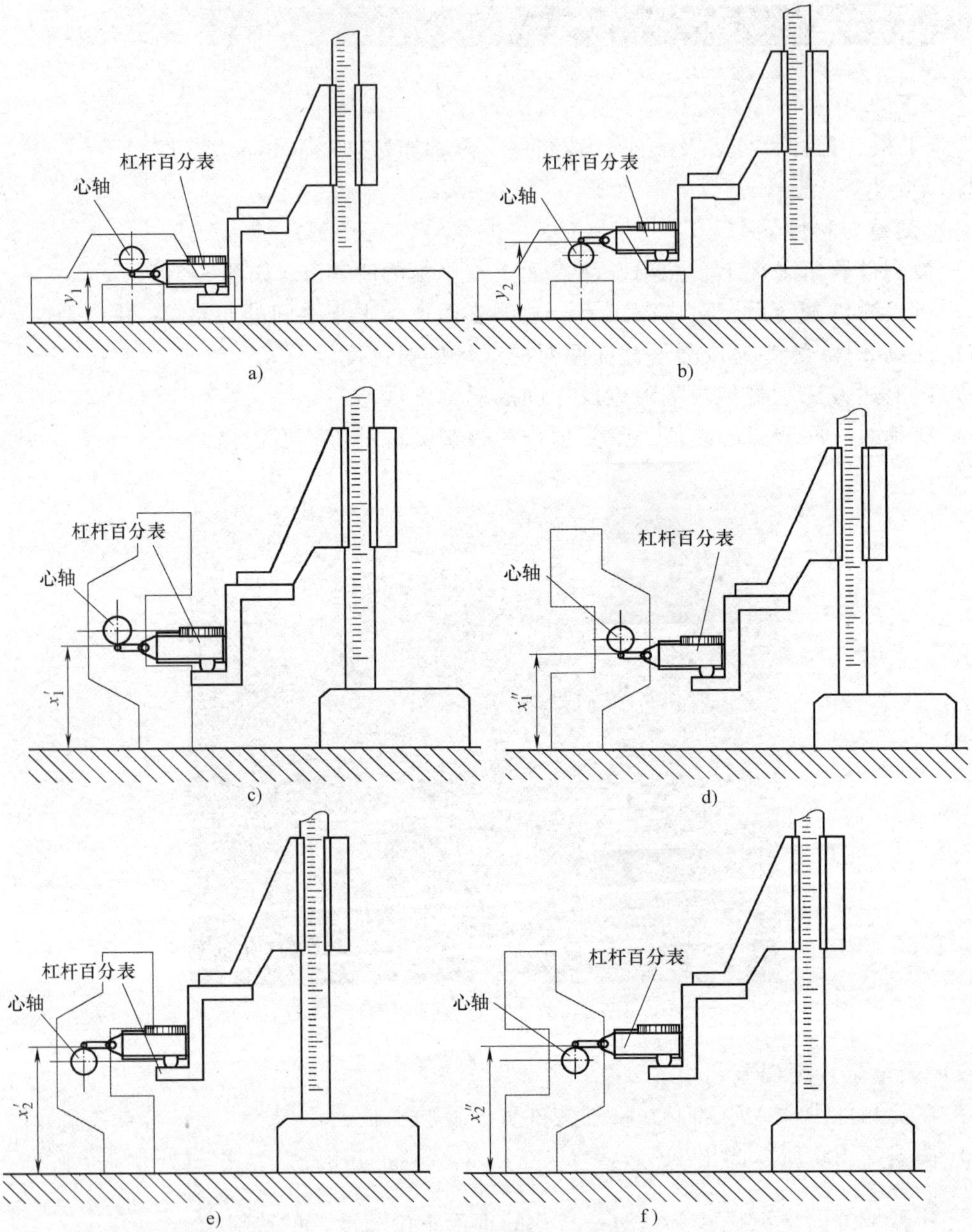

图 3-104　位置度误差检测

表 3-13　对称度误差测量报告单　　（单位：mm）

	测量记录和数据处理			
百分表读数	位置	左侧	右侧	中间
	a 值			
	b 值			
$\Delta=a-b$				
对称度误差 Δ_{max} =		判定合格性		

表 3-14　位置度误差测量报告单

		测量记录和数据处理					
杠杆百分表读数	测量位置	y_1	y_2	x_1'	x_2'	x_1''	x_2''
	正侧						
	反侧						
数据处理	计算坐标	$y=\frac{y_1+y_2}{2}$		$x'=\frac{x_1'+x_2'}{2}$		$x''=\frac{x_1''+x_2''}{2}$	
	正侧						
	反侧						
	计算 f	f_{y1}	f_{y2}	f_{x1}	f_{x2}		
	正侧						
	反侧						
	取值	f_y		f_x			
	计算 $F=2\sqrt{f_x^2+f_y^2}$						
	判定合格性						

任务拓展

1. 键槽对称度误差的测量（图 3-105）

将被测件放在 V 形块上，在键槽内塞入量块（或专用的定位块），逐渐调整被测件，沿着垂直于轴线的方向移动指示表，调整量块高度，使其与平板表面平行，记下指示表读数 h_1，再将被测件翻转 180°，用同样的方法调整测量，记下指示表读数 h_2。设被测件键槽深度为 t，被测件直径为 d，读数差为 $\Delta=|h_1-h_2|$，则在该横截面键槽的对称度误差为 $f=\Delta\times t/(d-t)$。

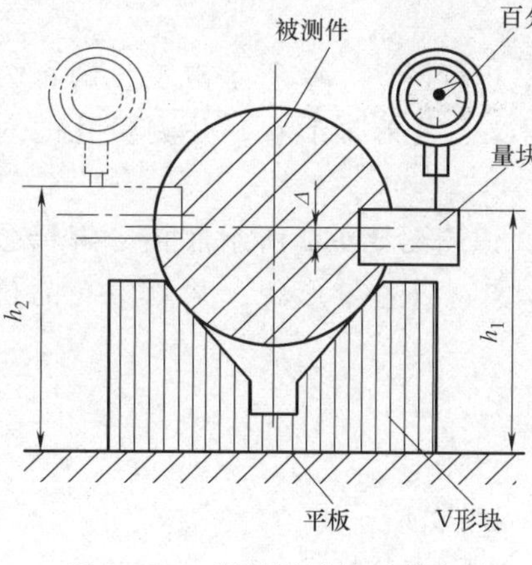

图 3-105　测量键槽的对称度误差

上面测的是键槽在一个横截面内（垂直于轴线方向）的对称度误差。完整的测量还应在键槽的长度方向多处测量。按照前面的方法分别求出每一横截面的对称度误差，取其中的最大值作为被测键槽的对称度误差。

2. 用综合量规检测位置度误差

量规应通过被测零件，并与被测零件的基准面相接触。

量规销的直径为被测孔的实效尺寸，量规各销的位置与被测孔的理想位置相同。

被测零件如图 3-106 所示，测量方法如图 3-107 所示。

对于小型薄板零件，可用投影仪测量位置度误差，其原理与综合量规相同。

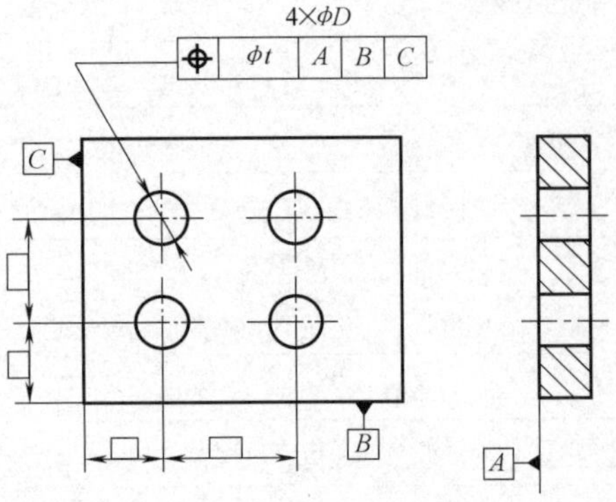

图 3-106 被测零件

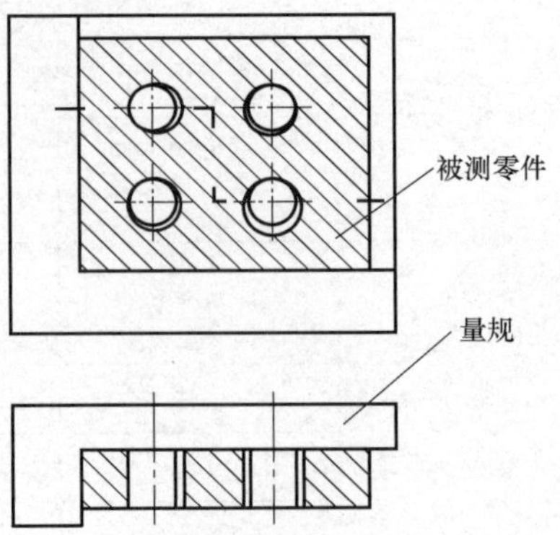

图 3-107 测量方法

任务评价

任务结束后留出部分时间，分小组交流讨论，分享各自的学习成果，共同进步。参照“附表十四”做出正确的任务评价与总结。

活学活用

1. 识读图 3-108 所示轴，解释公差框格的含义、公差带形状，并测量键槽的对称度误差。

2. 识读图 3-109 所示滑块，解释公差框格的含义、公差带形状，并测量孔的对称度误差。

3. 识读图 3-110 所示底板，解释公差框格的含义、公差带形状，并测量孔的位置度误差。

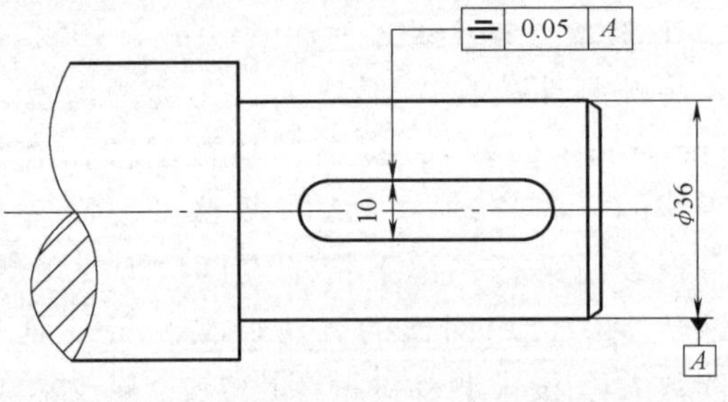

图 3-108 轴

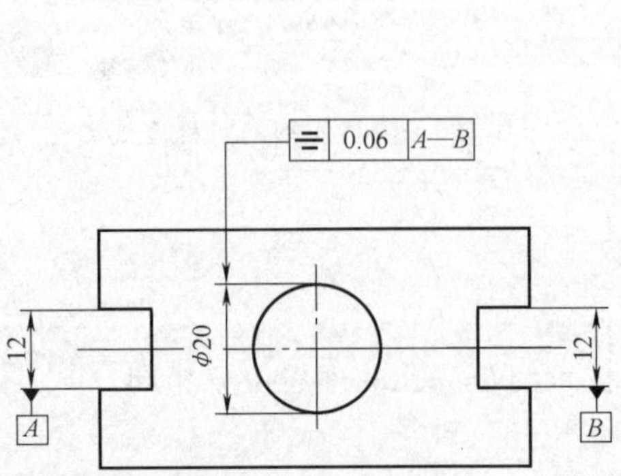

图 3-109 滑块

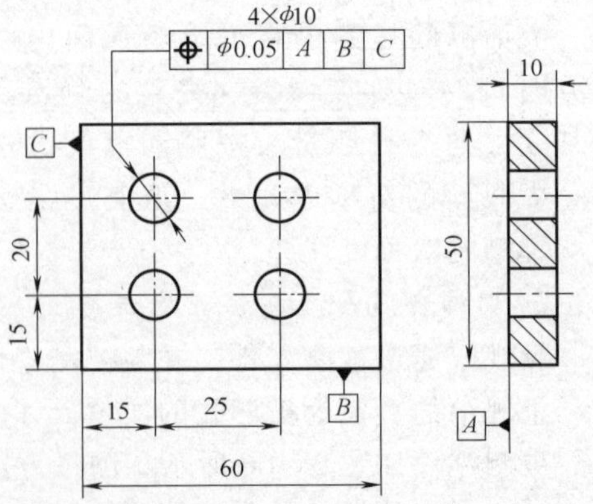

图 3-110 底板

项目四　跳动公差与测量

跳动公差是由提取实际要素跳动量之差来控制实际表面形状、方向和位置的一项综合指标。根据国家标准 GB/T 1182—2008《产品几何技术规范（GPS）　几何公差　形状、方向、位置和跳动公差标注》，跳动公差包括圆跳动公差和全跳动公差。本项目主要学习圆跳动公差的识读及跳动误差的测量，同时了解全跳动公差。

圆跳动是指被测要素围绕基准轴线在无轴向移动的前提下在任一测量平面内旋转一周时的最大变动量，即最大跳动量与最小跳动量之差。

圆跳动公差按其测量方向可分为径向圆跳动公差、轴向圆跳动公差和斜向圆跳动公差三种。

任务导入

如图 3-111 所示，轴承在加工过程中，可能由于设备、工艺、刀具、环境等各方面的影响，其表面会有径向和轴向的圆跳动、同轴度等几何误差，造成轴承在工作时产生轴向和径向的跳动，使设备产生振动、噪声等现象，严重时会影响设备的正常使用。

一般来说，设备的运行速度越高对零件的跳动公差、同轴度公差等相关几何公差的要求也越高。生产工人、技术人员、质量检验员等必须要会识读跳动公差，掌握其测量方法。

任务描述

如图 3-112 所示偏心轴，为保证轴类零件的精度，对零件的几个关键位置有跳动公差的要求。本任务为测量该偏心轴两个部位的跳动误差。

图 3-111　双列滚柱球面轴承

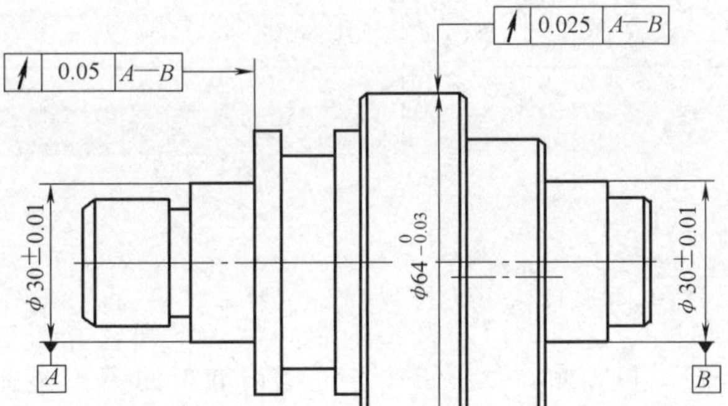

图 3-112　偏心轴

任务分析

1. 测量任务解读

在图 3-112 中，符号“↗”为圆跳动公差符号，“0.05、0.025”表示公差，基准要素 *A—B* 表示两个尺寸为 $\phi30\pm0.01$ 圆柱的公共轴线。

具体含义：[↗ | 0.025 | A—B]为径向圆跳动，表示被测圆柱表面任一垂直于公共轴线 A—B 的横截面内，实际圆应限定在半径差等于 0.025mm、圆心在公共轴线 A—B 上的两同心圆所限定的区域；[↗ | 0.05 | A—B]为轴向圆跳动，表示被测端面上任一圆心在公共轴线 A—B 的圆，必须在距离为 0.05mm 且圆心在公共轴线 A—B 上的两个等径圆之间所限定的区域。

2. 测量方案确定

在图 3-112 中，它的基准要素是两个圆柱的轴线，可以选择两块相同的 V 形块，测量用指示计一般选择百分表。

知识链接

跳动公差是关联实际要素绕基准轴线旋转一周或若干次旋转时所允许的最大跳动量。按被测要素旋转的情况，跳动公差可分为圆跳动公差和全跳动公差两项。

1. 径向圆跳动公差

一般情况下，测量径向圆跳动时，被测要素绕基准轴线旋转一周，有时也对测量部位加以限制，即只对部分圆周加以测量，其测量方向均应与基准轴线垂直。它的公差带为在任一垂直于基准轴线的横截面内，半径差等于公差值 t、圆心在基准轴线上的两同心圆所限定的区域（图 3-113）。

图 3-114 所示被测要素为大圆柱面，基准要素为小圆柱面的轴线。标注的含义是：在任一垂直于基准轴线 A 的横截面内，提取（实际）圆应限定在半径差等于 0.8mm，圆心在基准轴线 A 上的两同心圆之间。

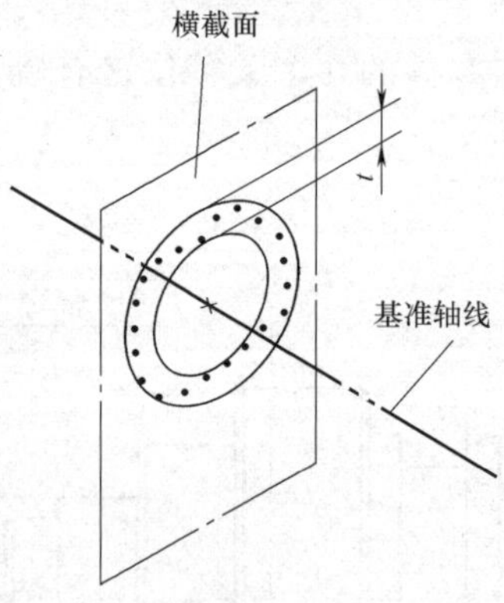

图 3-113　径向圆跳动公差带

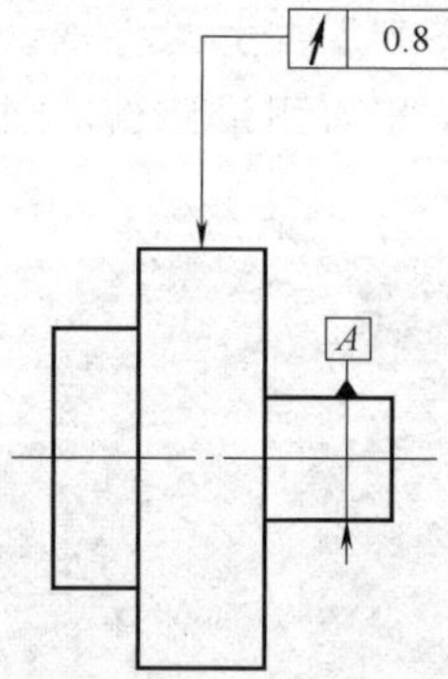

图 3-114　径向圆跳动公差标注一

图 3-115 所示为在任一平行于基准平面 B、垂直于基准轴线 A 的截面上，提取（实际）圆应限定在半径差等于 0.1mm，圆心在基准轴线 A 上的两同心圆之间。

图 3-116 所示为在任一垂直于公共基准轴线 A—B 的横截面内，提取（实际）圆应限定在半径差等于 0.1mm、圆心在基准轴线 A—B 上的两同心圆之间。

径向圆跳动通常适用于整个要素，但也可规定只适用于局部要素的某一指定部分。

图 3-117 和图 3-118 中被测要素为外圆柱面，但只对图中某一部分有跳动公差要求，基准为孔的轴线，其标注的含义是：在任一垂直于基准轴线 A 的横截面内，提取（实际）圆弧应限定在半径差等于 0.2mm、圆心在基准轴线 A 上的两同心圆弧之间。

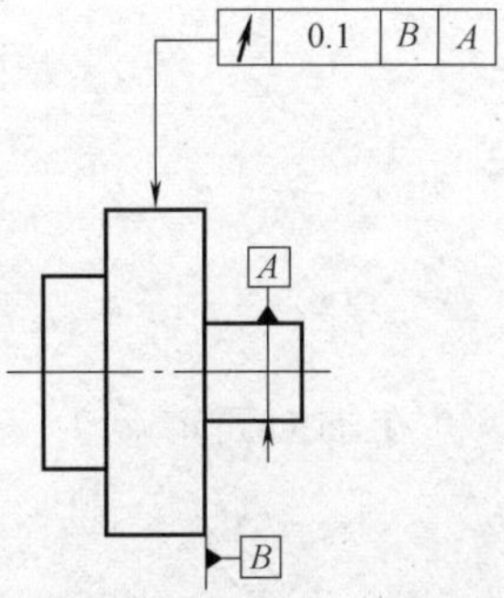

图 3-115　径向圆跳动公差标注二

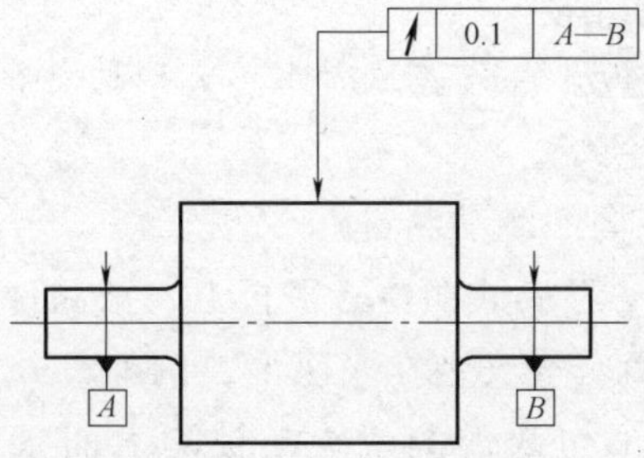

图 3-116　径向圆跳动公差标注三

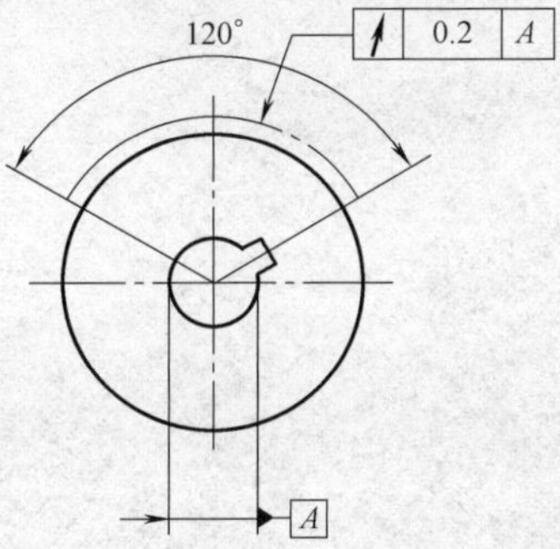

图 3-117　径向圆跳动公差标注四

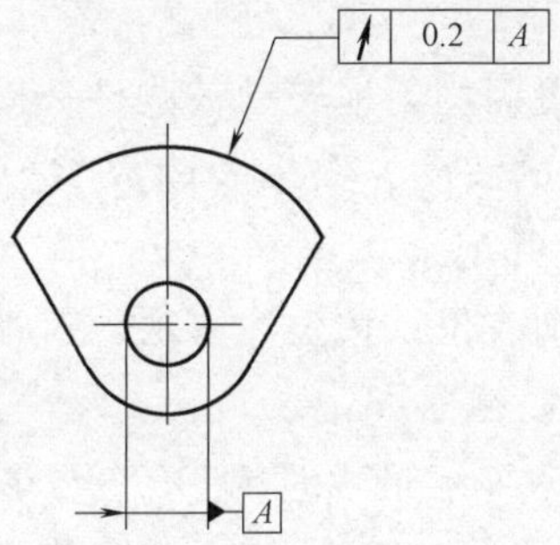

图 3-118　径向圆跳动公差标注五

2. 轴向圆跳动公差

被测要素一般为回转体类零件的端面或台阶面，且与基准轴线垂直，测量方向与基准轴线平行。公差带为与基准轴线同轴的任一圆柱截面上，间距等于公差值 t 的两圆所限定的圆柱面区域（图 3-119）。

在图 3-120 中，被测要素为零件的右端面，基准要素为小圆柱的轴线，标注的含义是：在与基准轴线 D 同轴的任一圆柱截面上，提取（实际）圆应限定在轴向距离等于 0.1mm 的两个等圆之间。

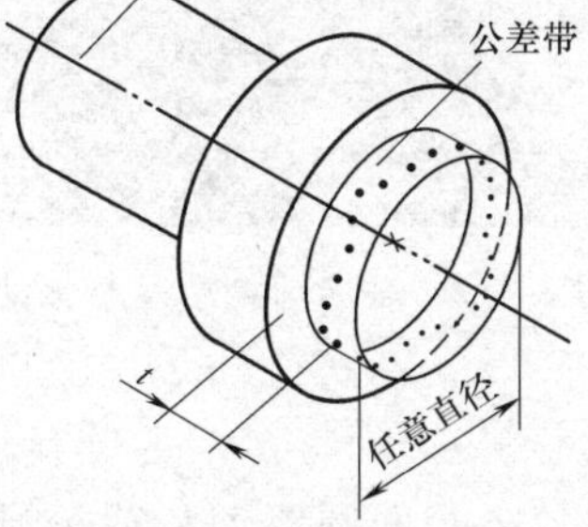

图 3-119　轴向圆跳动公差带

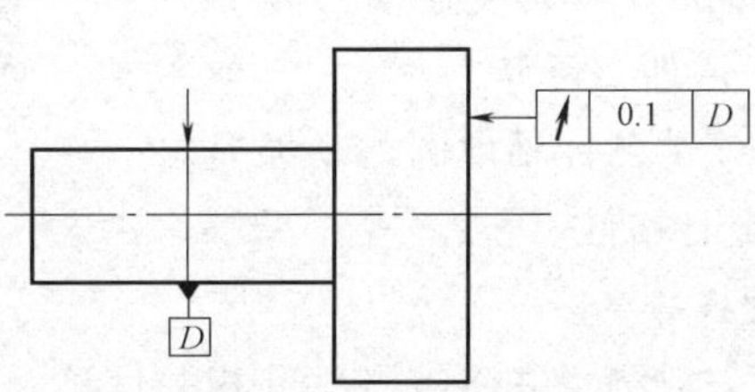

图 3-120　轴向圆跳动公差标注

任务实施

1. 测量准备

检验平板、百分表及表座、V 形块、被测件、全棉布数块等。

2. 测量步骤

（1）径向圆跳动测量

1）将 V 形块放在检验平板上，被测件放在 V 形块上，并在轴向固定。

2）将百分表安装在表座上，调整百分表及表座，使百分表的测量头与被测表面接触（触点一般在轴圆弧的顶端），并保持与被测件的轴向垂直，且有一定的压缩量，如图 3-121所示。

图 3-121　径向圆跳动误差测量

3）缓慢而均匀地转动被测件一周，观察百分表指针的波动，取最大读数 M_{max} 与最小读数 M_{min}，并记录。

4）移动表位，按上述方法，对被测表面不同截面进行测量并记录。

5）计算每组最大读数 M_{max} 与最小读数 M_{min} 之差，即 $\Delta = M_{max} - M_{min}$，取差值的最大值为该被测件径向圆跳动误差。

6）判定合格性。

（2）轴向圆跳动测量

1）将 V 形块放在检验平板上，被测件放在 V 形块上，并在轴向固定。

2）将百分表安装在表座上，调整百分表及表座，使百分表的测量头与被测端面接触，并保持与被测件被测端面垂直，且有一定的压缩量，如图 3-122 所示。

图 3-122　轴向圆跳动误差测量

3）缓慢而均匀地转动被测件一周，观察百分表指针的波动，取最大读数 M_{max} 与最小读数 M_{min}，并记录。

4）移动表位，按上述方法，对被测表面不同位置进行测量并记录。

5）计算每组最大读数 M_{max} 与最小读数 M_{min} 之差，即 $\Delta = M_{max} - M_{min}$，取差值的最大值为该被测件轴向圆跳动误差。

6）判定合格性。

3. 测量报告

按步骤完成测量并将被测件的相关信息及测量结果填入径向圆跳动和轴向圆跳动误差测量报告单（表 3-15 和表 3-16）中。

表 3-15　径向圆跳动误差测量报告单　　（单位：mm）

	测量记录和数据处理				
百分表读数	截面	1	2	3	4
	M_{max}				
	M_{min}				
	$\Delta=M_{max}-M_{min}$				
径向圆跳动误差 $\Delta=\Delta_{max}$			判定合格性		

表 3-16　轴向圆跳动误差测量报告单　　（单位：mm）

	测量记录和数据处理				
百分表读数	位置	1	2	3	4
	M_{max}				
	M_{min}				
	$\Delta=M_{max}-M_{min}$				
轴向圆跳动误差 $\Delta=\Delta_{max}$			判定合格性		

任务拓展

1. 斜向圆跳动公差

1）被测表面的素线为倾斜于轴线的直线或素线为曲线的圆跳动称为斜向圆跳动。

2）斜向圆跳动的公差带为与基准轴线同轴的某一圆锥面的截面上，间距等于公差值 t 的两圆所限定的圆锥面区域，如图 3-123 所示。

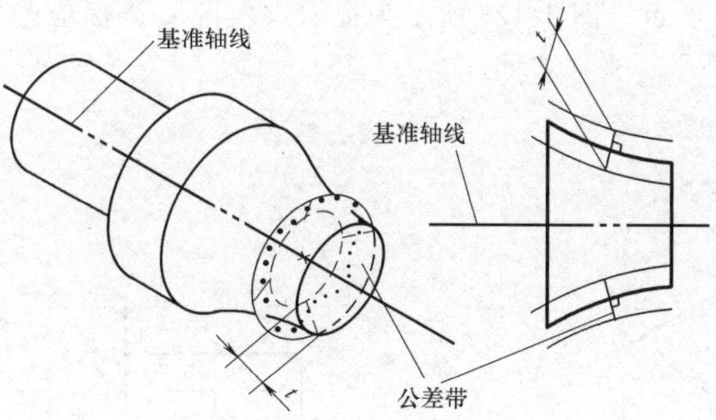

图 3-123　斜向圆跳动公差带

除非另有规定，测量方向应沿被测表面法向。

图 3-124 所示为在与基准轴线 C 同轴的任一圆锥截面上，提取（实际）圆应限定在素线方向间距等于 0.1mm 的两个不等圆之间。当素线不是直线时，圆锥截面的锥角要随所测圆的实际位置而改变。

2. 全跳动公差

全跳动是指被测要素绕基准轴线在无轴向移动的前提下旋转，在整个表面上的最大变动

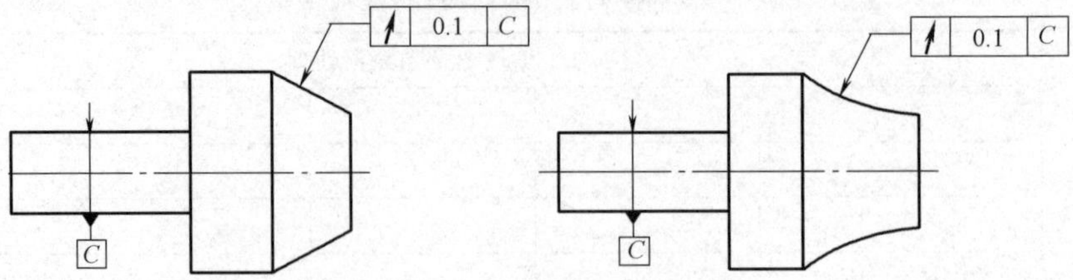

图 3-124　斜向圆跳动公差标注

量，即最大跳动量与最小跳动量之差。

全跳动公差分径向全跳动公差和轴向全跳动公差两种。

（1）径向全跳动公差　公差带为半径差等于公差值 t，与基准轴线同轴的两圆柱面所限定的区域，如图 3-125 所示。图 3-126 所示为提取（实际）表面应限定在半径差等于 0.1mm，与公共基准轴线 $A—B$ 同轴的两圆柱面之间。

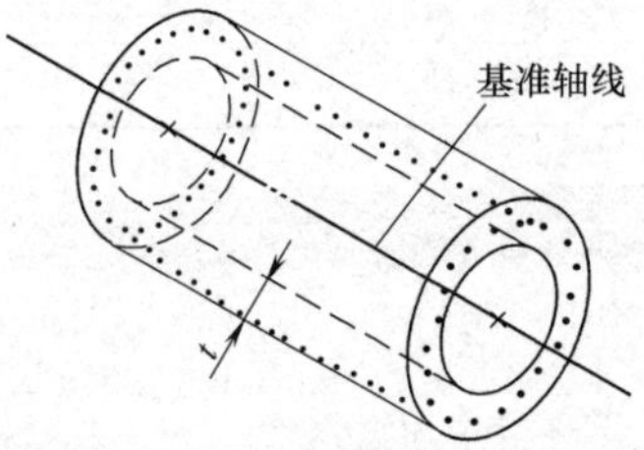

图 3-125　径向全跳动公差带

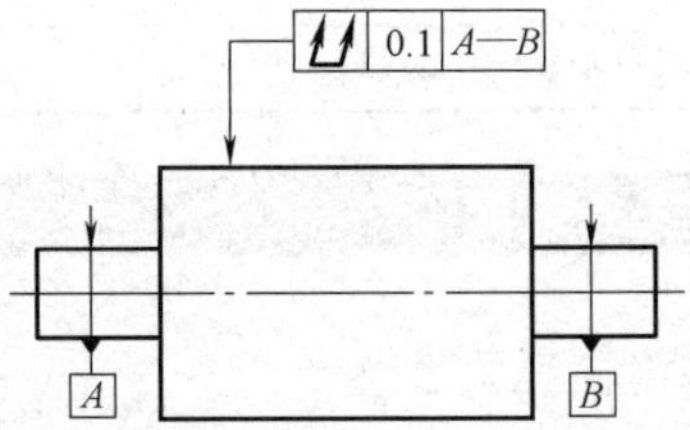

图 3-126　径向全跳动公差标注

（2）轴向全跳动公差　公差带为间距等于公差值 t，垂直于基准轴线的两平行平面所限定的区域，如图 3-127 所示。图 3-128 所示为提取（实际）表面应限定在间距等于 0.1mm、垂直于基准轴线 D 的两平行平面之间。

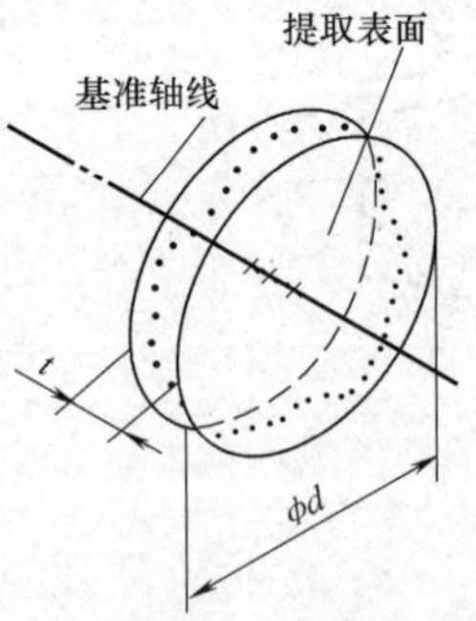

图 3-127　轴向全跳动公差带

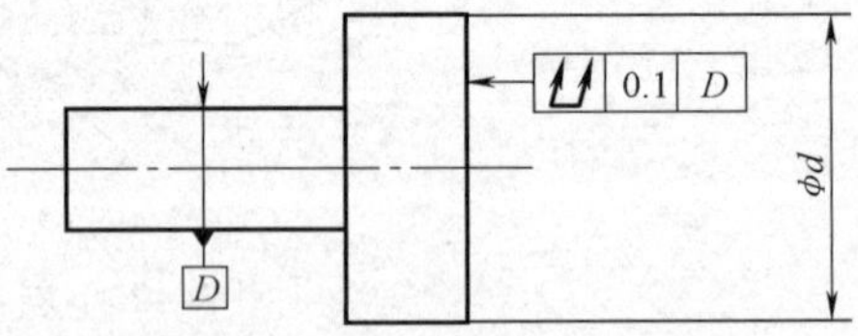

图 3-128　轴向全跳动公差标注

任务评价

任务结束后留出部分时间，分小组交流讨论，分享各自的学习成果，共同进步。参照“附表十四”做出正确的任务评价与总结。

活学活用

1. 简述跳动公差及其分类。

2. 识读图 3-129 所示锥度心轴，解析几何公差框格的含义并描述其公差带形状，完成锥度心轴的两项圆跳动测量。

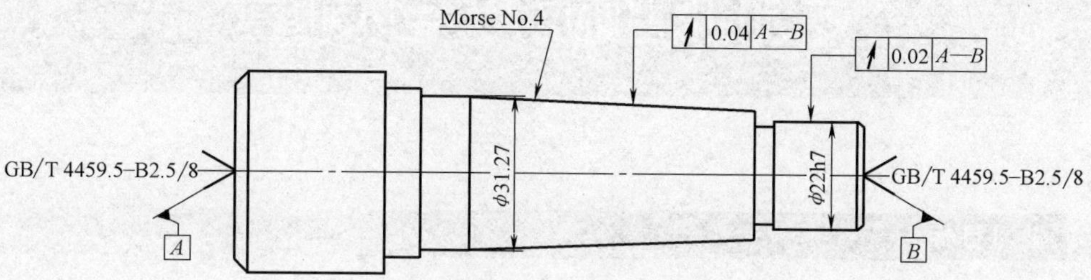

图 3-129　锥度心轴

模块四 表面粗糙度与测量

学习目标

◆**知识目标**

➢了解表面粗糙度的概念及对零件性能的影响，了解表面粗糙度仪的结构特点。

➢熟悉表面粗糙度的符号及其含义，熟悉表面粗糙度仪的测量原理。

◆**能力目标**

➢掌握常用测量表面粗糙度量具的使用方法，能对表面粗糙度仪进行正确使用。

➢学会使用表面粗糙度对照样板测量表面粗糙度，学会正确维护保养表面粗糙度仪。

➢学生通过对零件的测量，能进行检测评定并拓展到能对零件加工质量进行适当分析。

◆**情感目标**

➢学生通过对零件的检测及质量分析，培养积极参与生产加工的兴趣，从而使学生对零件表面粗糙度产生直观理解，并实现自我价值的体现。

无论是机械加工后的零件表面，或者是用其他方法获得的零件表面，总会存在着由较小间距峰谷组成的微量高低不平的痕迹。表述这些峰谷的高低程度和间距状况的微观几何形状特性的术语是表面粗糙度。表面粗糙度与机械零件的使用性能有着密切的关系，影响着机器的工作可靠性和使用寿命。为了提高产品质量，促进互换性生产，并与国际标准接轨，我国制定了表面粗糙度国家标准即 GB/T 1031—2009《产品几何技术规范（GPS） 表面结构 轮廓法 表面粗糙度参数及其数值》；GB/T 3505—2009《产品几何技术规范（GPS） 表面结构 轮廓法 术语、定义及表面结构参数》，GB/T 131—2006《产品几何技术规范（GPS） 技术产品文件中表面结构的表示法》等。应通晓这些标准，并了解常用的表面粗糙度测量方法。目前常用的测量方法是用表面粗糙度对照样板或用表面粗糙度仪进行测量。

表面粗糙度数值的选择应遵循在满足表面功能要求的前提下，尽量选用较大的表面粗糙度数值的基本原则，以便简化加工工艺，降低加工成本。

表面粗糙度数值的选择一般采用类比法，具体选择时应考虑下列因素。

1）在同一零件上，工作表面一般比非工作表面的表面粗糙度数值要小。

2）摩擦表面比非摩擦表面的表面粗糙度数值要小；滚动摩擦表面比滑动摩擦表面的表面粗糙度数值要小；运动速度高、压力大的摩擦表面比运动速度低、压力小的摩擦表面的表面粗糙度数值要小。

3）承受循环载荷的表面及易引起应力集中的结构（圆角、沟槽等），其表面粗糙度数值要小。

4）配合精度要求高的结合表面、配合间隙小的配合表面及要求连接可靠且承受重载的过盈配合表面，均应取较小的表面粗糙度数值。

5）配合性质相同时，在一般情况下，零件尺寸越小，则表面粗糙度数值应越小；在同一公差等级时，小尺寸比大尺寸、轴比孔的表面粗糙度数值要小；通常在尺寸公差、表面形状公差小时，表面粗糙度数值要小。

6）防腐性、密封性要求越高，表面粗糙度数值应越小。

项目一 用表面粗糙度对照样板测量表面粗糙度

任务导入

课桌椅（图 4-1）是表面学校里最常见的学习工具，仔细观察一下课桌椅各个表面，在不同的表面看到的和摸到的感觉是否相同？如果桌面如柏油路面（图 4-2）一般，是否能顺利书写作业呢？

图 4-1 课桌椅

图 4-2 柏油路面

零件经过机械加工后的表面会留有许多高低不平的凸峰和凹谷，这与表面结构与加工方法、切削刃形状和切削用量等各种因素都有密切关系。它对于零件摩擦、磨损、配合性质、疲劳强度、接触刚度等都有显著影响。

任务描述

图 4-3 中各表面都有相应的表面粗糙度要求，本任务为测量各表面粗糙度数值，并判断零件表面是否合格。

任务分析

本任务采用比较法测量表面粗糙度的方法。它是指将被测表面与已知表面粗糙度数值的表面粗糙度对照样板进行比较，用目测和手摸的感触来判断表面粗糙度的一种测量方法。比较时还可借助放大镜、比较显微镜等工具，以减少误差，提高判断的准确性。比较时，应使样板与被测表面的加工纹理方向保持一致。这种方法简便易行，适于在车间现场使用。但其

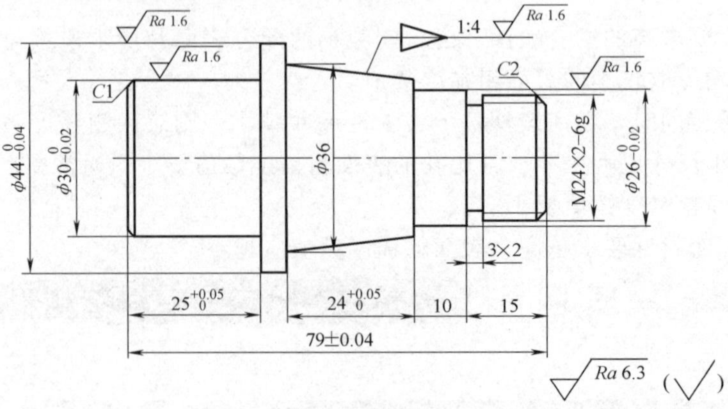

图 4-3　传动轴

评定的可靠性在很大程度上取决于检测人员的经验，往往误差较大。完成本任务，可根据与表面粗糙度对照样板（图 4-4）比对来判断传动轴各表面粗糙度数值是否在其要求范围内，判断零件表面质量是否合格。

1. 测量任务解读

本次测量任务为√Ra 1.6和√Ra 6.3。识读传动轴（图 4-3）的标注，尺寸 $\phi30_{-0.02}^{0}$、$\phi44_{-0.04}^{0}$、$\phi26_{-0.02}^{0}$的外圆面和 $\phi36$ 的外圆锥面的表面粗糙度数值 Ra 要求为 1.6μm，其余表面粗糙度数值 Ra 要求为 6.3μm。

图 4-4　表面粗糙度对照样板

2. 测量方案确定

采用表面粗糙度对照样板与零件表面进行比对。零件为车削加工，选用相应车床表面粗糙度对照样板，根据要求依次对各表面进行视觉和触觉比对。

知识链接

1. 表面结构符号（表 4-1）

表 4-1　表面结构符号

符　号	说　明
	基本图形符号：表示未指定工艺方法的表面，当通过一个注释解释时可单独使用，没有补充说明时不能单独使用
	扩展图形符号：表示用去除材料方法获得的表面，如通过机械加工获得的表面；仅当其含义是“被加工并去除材料的表面”时可单独使用

（续）

符 号	说 明
	扩展图形符号：表示用不去除材料方法获得的表面，如铸、锻、冲压成形、热轧、冷轧、粉末冶金等；也用于保持上道工序形成的表面，不管这种状况是通过去除材料或不去除材料形成的
	完整图形符号：当要求标注表面结构特征的补充信息时，应在原符号上加一横线

2. 表面结构代号（图 4-5）

3. 表面结构要求的评定参数

根据国家标准 GB/T 1031—2009《产品几何技术规范（GPS） 表面结构 轮廓法 表面粗糙度参数及其数值》，轮廓参数（表面粗糙度参数）包括 *Ra* 和 *Rz*。

1）轮廓算术平均偏差 *Ra* 在取样长度内，轮廓偏距绝对值的算术平均值。

2）轮廓最大高度 *Rz* 在取样长度内，最大的轮廓峰高与最大的轮廓谷深之和。

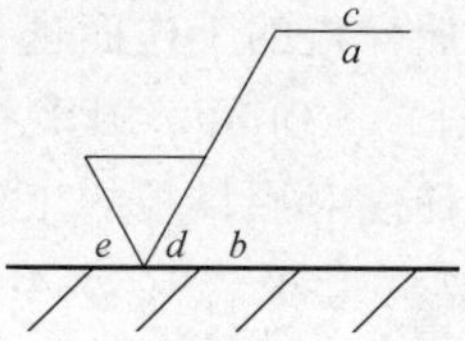

图 4-5 表面结构代号

a—表面结构的单一要求

a、*b*—两个或多个表面结构要求

c—加工方法 *d*—表面纹理和方向

e—所要求的加工余量，以 μm 为单位给出数值

4. 表面结构代号的含义（表 4-2）

表 4-2 表面结构代号的含义

代 号	含 义
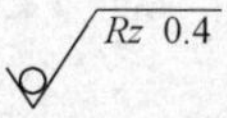	表示不允许去除材料，单向上限值，*R* 轮廓，粗糙度的最大高度 0.4μm，评定长度为 5 个取样长度（默认），“16%规则”（默认）
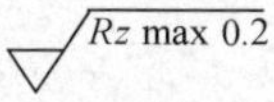	表示去除材料，单向上限值，*R* 轮廓，粗糙度的最大高度 0.2μm，评定长度为 5 个取样长度（默认），“最大规则”
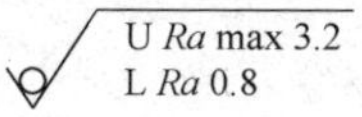	表示不允许去除材料，双向极限值，*R* 轮廓，上限值：算术平均偏差 3.2μm，评定长度为 5 个取样长度（默认），“最大规则”，下限值：算术平均偏差 0.8μm，评定长度为 5 个取样长度（默认），“16%规则”（默认）

注：当只标注参数代号、参数值，默认为参数的上限值；在表示双向极限值时应标注极限代号，上限值在上方用 U 表示，下限值在下方用 L 表示。如果同一参数具有双向极限要求，在不引起歧义的情况下，可以不加 U、L。

5. 表面粗糙度对照样板的维护与保养

选用与零件加工方法相同的样板，使用前需用软布或脱脂棉擦干净防锈油，使用时轻拿轻放，以免表面磕碰损伤样板表面。用完后用棉丝将样板擦净放入盒内保存，要注意防潮。如果长时间不用样板应涂防锈油，防止样板腐蚀。

活动实施

根据图 4-3 所示传动轴的表面要求，用表面粗糙度对照样板测量零件各表面的表面粗糙度。

1. 测量准备

表面粗糙度对照样板、被测件、全棉布数块、防锈油等。

2. 测量步骤

1）选取车床表面粗糙度对照样板，如图 4-6 所示。

2）如图 4-7 所示，用视觉法将被测表面与表面粗糙度对照样板的工作面进行比较。

3）如图 4-8 所示，用手指或指甲抚摸被测表面和表面粗糙度对照样板的工作面，凭感觉判断。

4）完成测量报告（表 4-3），整理实验器具。擦拭样板，涂防锈油，收回盒内。

图 4-6　车床表面粗糙度对照样板

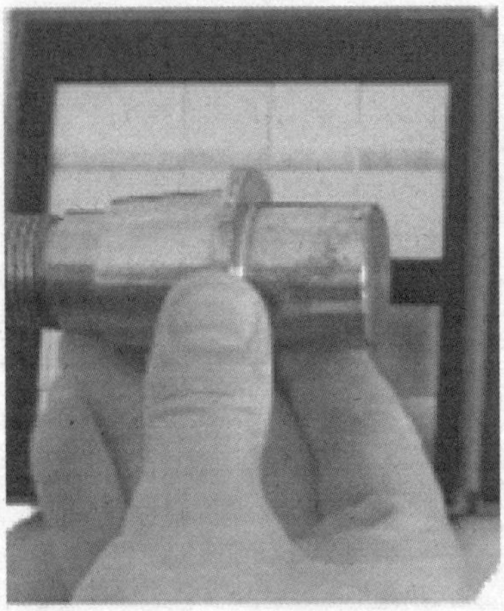

图 4-7　视觉法

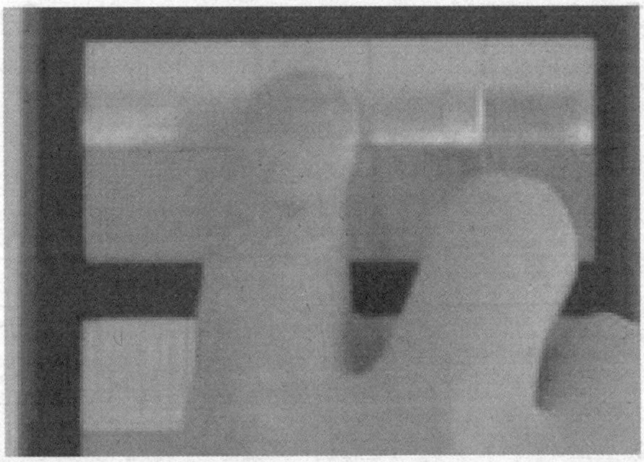

图 4-8　触觉法

3. 测量报告

按步骤完成测量并将被测件的相关信息及测量结果填入表面粗糙度测量报告单（表 4-3）中。

表 4-3　表面粗糙度测量报告单

比对	$\phi30_{-0.02}^{\ 0}$ $\sqrt{Ra\ 1.6}$	$\phi44_{-0.04}^{\ 0}$ $\sqrt{Ra\ 1.6}$	$\phi26_{-0.02}^{\ 0}$ $\sqrt{Ra\ 1.6}$	$\phi36$ $\sqrt{Ra\ 1.6}$	左端面 $\sqrt{Ra\ 6.3}$	右端面 $\sqrt{Ra\ 6.3}$
视觉法 1						
视觉法 2						
触觉法 1						
触觉法 2						
表面粗糙度数值						
是否合格						

任务拓展

表面粗糙度对零件使用性能的影响如下。

（1）对摩擦、磨损的影响 当两个表面做相对运动时，一般情况下表面越粗糙，其摩擦系数、摩擦阻力越大，磨损也越快。

（2）对配合性质的影响 对间隙配合，粗糙表面会因峰顶很快磨损而使间隙很快增大；对过盈配合，粗糙表面的峰顶被挤平，使实际过盈减小，影响连接强度。

（3）对疲劳强度的影响 表面越粗糙，微观不平的凹痕就越深，在交变应力的作用下易产生应力集中，使表面出现疲劳裂纹，从而降低零件的疲劳强度。

（4）对接触刚度的影响 表面越粗糙，表面间的实际接触面积就越小，单位面积受力就越大，使峰顶处的局部塑性变形增大，接触刚度降低，从而影响机器的工作精度和抗振性能。

此外，表面粗糙度还影响零件表面的耐蚀性及结合表面的密封性和润滑性等。

总之，表面粗糙度直接影响零件的使用性能和寿命。因此，应对零件的表面粗糙度加以合理规定。

任务评价

任务结束后留出部分时间，分小组交流讨论，分享各自的学习成果，共同进步。参照“附表十四”做出正确的任务评价与总结。

活学活用

1. 分别解释零件图（图 4-9）中表面结构代号的意义是什么？
2. 零件设计和加工时，表面粗糙度数值是否越小越好？为什么？

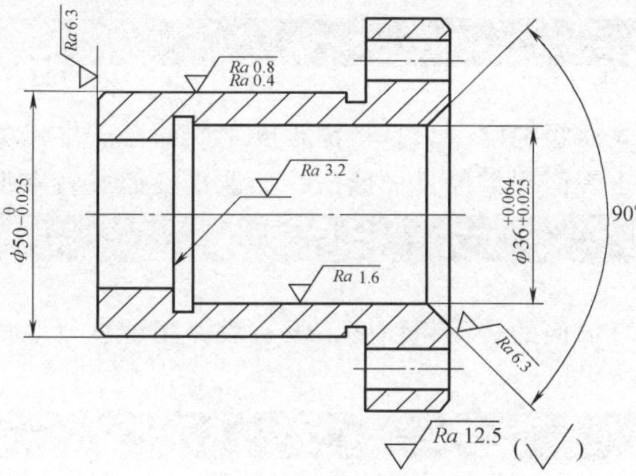

图 4-9 零件图

项目二 用表面粗糙度仪测量表面粗糙度

任务导入

当测量表面粗糙度要求不严的表面时，通常采用比较法。精度较高、要求获得准确评定参数时，则须采用专业仪器测量表面粗糙度。

表面粗糙度仪具有测量精度高、测量范围宽、操作简便、便于携带、工作稳定等特点，可以广泛应用于各种金属与非金属加工表面的测量。该仪器是传感器主机一体化的袖珍式仪器，具有手持式特点，更适宜在生产现场使用。

随着电子技术的发展，利用光电、传感、微处理器、液晶显示等先进技术制造的各种表面粗糙度仪在生产中的应用越来越广泛。各种感触式表面粗糙度仪（图 4-10）在测量表面粗糙度时，一般都可直接显示被测表面实际轮廓的放大图形和多项表面粗糙度特性参数数值，有的还具有打印功能，可将测得参数和图形直接打印出来。

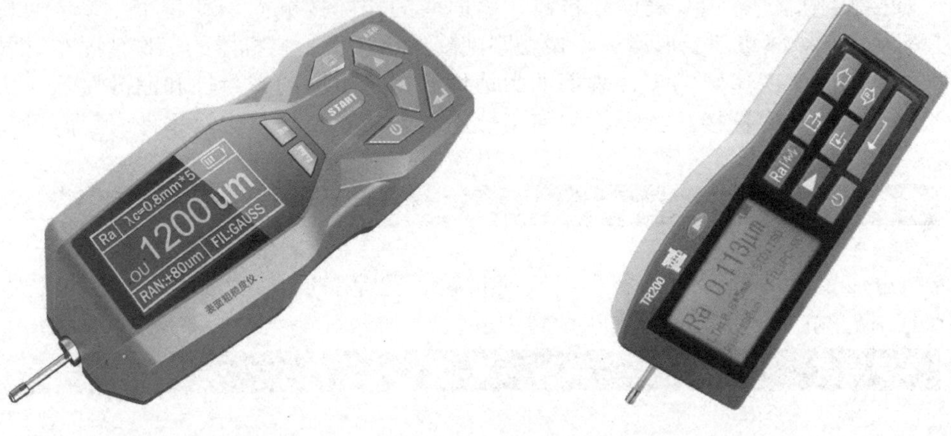

图 4-10　感触式表面粗糙度仪

任务描述

所有物体表面均有表面粗糙度，只是粗糙程度不同而已。本任务选择身边的用品来测量其表面粗糙度，并且测出表面粗糙度具体数值，如课桌桌面或教室窗户玻璃的表面。

任务分析

测量课桌桌面或教室墙面的表面粗糙度，没有表面粗糙度对照样板可以比较，可以选择表面粗糙度仪来测量。

知识链接

1. 表面粗糙度仪测量原理

测量零件表面粗糙度时，将传感器放在零件被测表面上，由仪器内部的驱动机构带动传感器沿被测表面等速滑行。传感器通过内置的锐利触针感受被测表面的表面粗糙度，此时零件被测表面的表面粗糙度引起触针产生位移，该位移使传感器电感线圈的电感量发生变化，从而在相敏整流器的输出端产生与被测表面粗糙度成比例的模拟信号，该信号经过放大及电平转换之后进入数据采集系统。DSP 芯片将采集的数据进行数字滤波和参数计算，测量结果在液晶显示器上读出，同时可以与计算机进行通信，实现分析统计和打印。

2. 表面粗糙度仪的机构和按键名称功能

仔细了解表面粗糙度仪各部位的结构和按键名称功能，熟悉屏幕界面，正确掌握表面粗糙度仪的操作步骤，如图 4-11 所示。

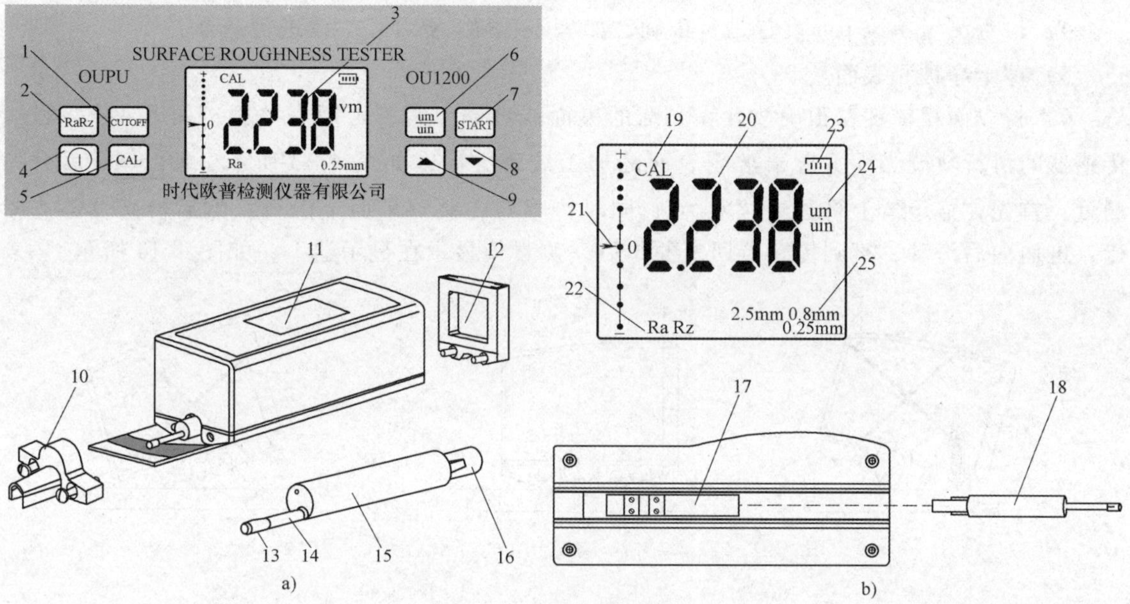

图 4-11　表面粗糙度仪

1—取样长度选择键　2—参数选择键　3—显示器　4—电源键　5—校准键　6—单位转换键　7—测量键　8—减少键　9—增加键　10—触针保护套　11—面板　12—可调支架　13—触针　14—保护套　15—主机　16—传感器插座　17—连接套　18—传感器　19—校准指示符　20—测量值　21—触针位置光标　22—测量参数　23—电池状态　24—测量单位　25—评定长度

特别注意：

1）传感器的触针是本仪器的关键零件，应给予高度重视。

2）在进行传感器装卸的过程中，应特别注意不要碰及触针，以免造成损坏，影响测量。

3）在安装传感器时，应特别注意连接要可靠。

4）每次使用完毕，要将传感器放回包装盒中；随机标准样板应精心保护，以免划伤后造成标准仪器损坏而产生测量误差。

5）使用表面粗糙度仪要避免碰撞、剧烈振动、灰尘、潮湿、油污、强磁场等情况的发生；传感器是仪器的精密部件，应精心保护。

任务实施

使用表面粗糙度仪测量课桌桌面或教室窗户玻璃的表面粗糙度数值。

1. 测量准备

表面粗糙度仪、被测件、全棉布数块等。

2. 测量步骤

1）开机。按下电源键⏻后仪器开机，然后自动进入基本测量状态，液晶显示出设定的测量条件，即参数、单位、取样长度。

2）检查测量参数 *Ra* 选择是否正确，如果不正确，按下RaRz键进行选择。

3）检查取样长度 0.25mm 是否正确，如果不正确，按下CUTOFF进行选择。

4）检查测量单位 μm 设置是否正确，如果不正确，按下um/uin键进行选择。

5）擦干净被测表面。

6）将表面粗糙度仪正确放置在光洁的桌面或玻璃上，不可用力按压，如图 4-12 所示。传感器的滑行轨迹必须垂直于被测表面的加工纹理方向，如图 4-13 所示。按START键就开始测量，首先在显示器上将看到"----"，同时传感器在被测表面上滑行，然后传感器停止滑行，进而向后滑动，直到传感器回复原位后，测量值显示在显示器上，如图 4-14 所示。

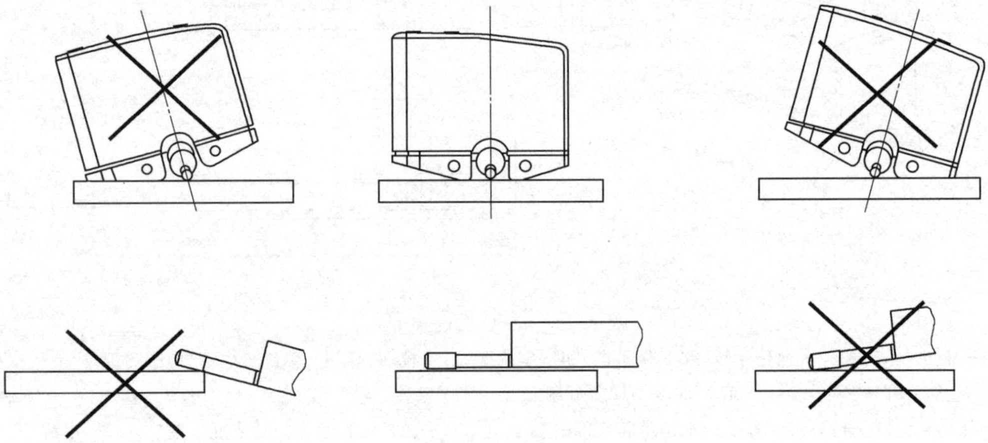

a)　　b)　　c)

图 4-12　安放位置

a）错误　b）正确　c）错误

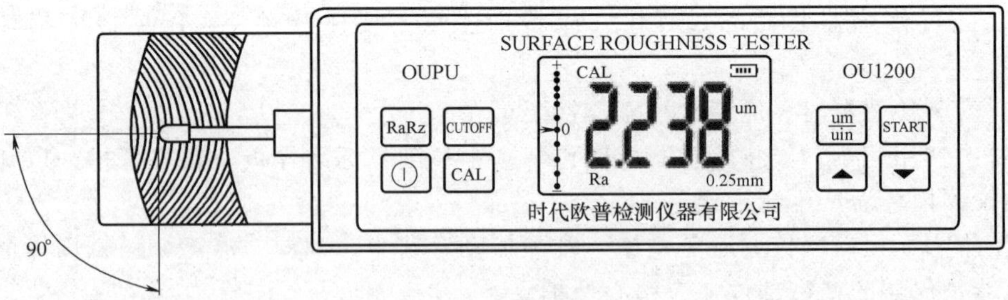

图 4-13　传感器的滑行轨迹垂直表面加工纹理

7）要设定评定长度，只要按下CAL键不放，直至显示器上出现"LEN"，然后按下▲或▼键来选择。要存储并退出，只要按一下▲或▼键以外的任意键即可，如图4-15所示。

8）完成测量报告（表 4-5），整理实验器具。取表面粗糙度数值中最大值作为该表面的表面粗糙度数值。

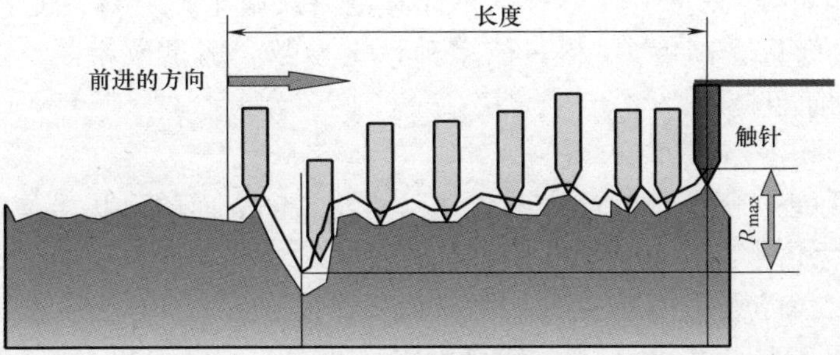

图 4-14　测量过程

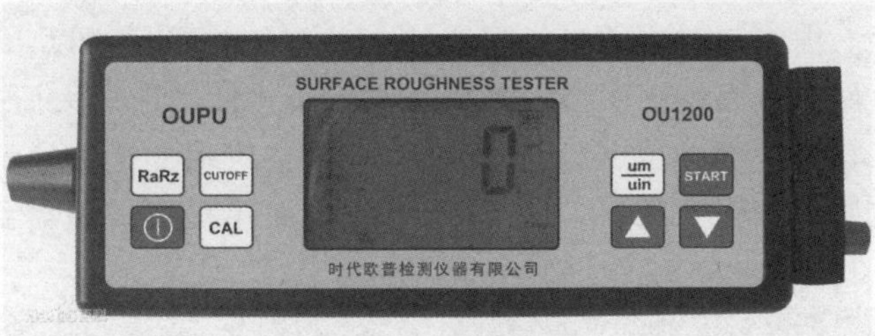

图 4-15　设定评定长度

3. 测量报告

按步骤完成测量并将被测件的相关信息及测量结果填入表面粗糙度测量报告单（表4-4）中。

表 4-4　表面粗糙度测量报告单

测量	1	2	3	4	5	6	7
表面粗糙度数值							
	判定合格性						

任务拓展

其他表面粗糙度测量方法。

1. 印模法

在实际测量中，常会遇到深孔，不通孔、凹槽、内螺纹等既不能使用仪器直接测量，也不能使用样板比较的表面，这时常用印模法。印模法是利用一些无流动性和弹性的塑性材料（如石蜡等）贴合在被测表面上，将被测表面的轮廓复制成模，然后测量印模，从而来评定被测表面的表面粗糙度。

2. 触针法

利用针尖曲率半径为 2μm 左右的金刚石触针沿被测表面缓慢滑行，金刚石触针的上下位移量由电学式长度传感器转换为电信号，经放大、滤波、计算后由显示仪表指示出表面粗糙度数值，也可用记录器记录被测截面轮廓曲线。一般将仅能显示表面粗糙度数值的测量工具称为表面粗糙度测量仪，同时能记录表面轮廓曲线的测量工具称为表面粗糙度轮廓仪

（简称为轮廓仪）。这两种测量工具都有电子计算电路或电子计算机，能自动计算出轮廓算术平均偏差 Ra、轮廓最大高度 Rz 和其他多种评定参数，测量效率高，适用于测量 Ra 为 0.025~6.3μm 的表面粗糙度。

3. 干涉法

利用光波干涉原理（见平晶、激光测长技术）将被测表面的形状误差以干涉条纹图形显示出来，并利用放大倍数高（可达500倍）的显微镜将这些干涉条纹的微观部分放大后进行测量，以得出被测表面粗糙度。应用此法的表面粗糙度测量工具称为干涉显微镜。这种方法适用于测量 Rz 为 0.025~0.8μm 的表面粗糙度。

4. 光切法

光线通过狭缝后形成的光带投射到被测表面上，以它与被测表面的交线所形成的轮廓曲线来测量表面粗糙度。由光源射出的光经聚光镜、狭缝、物镜后，以45°的倾斜角投射到被测表面，形成被测表面的截面轮廓图形，然后通过物镜将此图形放大后投射到分划板上。利用测微目镜和读数鼓轮先读出 h 值，计算后得到 H 值。应用此法的表面粗糙度测量工具称为光切显微镜。它适用于测量 Rz 为 0.8~100μm 的表面粗糙度，但需要人工取点，测量效率低。

任务评价

任务结束后留出部分时间，分小组交流讨论，分享各自的学习成果，共同进步。参照“附表十四”做出正确的任务评价与总结。

活学活用

当零件的被测面小于仪器的底面时，可选附件中的传感器保护套和可调支架作为辅助支承（图4-16），以完成测量。

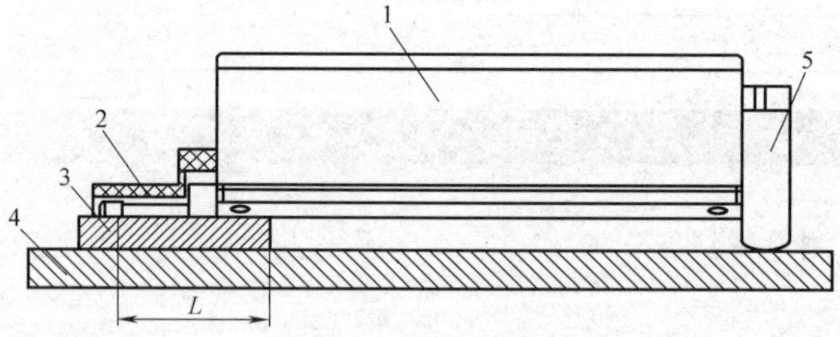

图4-16　小工件测量示意图

1—表面粗糙度测量仪　2—传感器保护套　3—被测件　4—测量平台　5—可调支架

模块五 螺纹公差与测量

在日常生活中，经常要用到螺纹，用它来连接固定、传递运动甚至用来密封保压。一般使用的螺纹都有互换性的特性，因此作为螺纹加工制造的主要行业——机械行业必须对螺纹的合格性进行检测，以生产出符合精度要求的合格螺纹供人们使用。螺纹的测量方法有很多，本模块主要学习使用极限量规、螺纹千分尺和三针法测量螺纹。

学习目标

◆知识目标

➢掌握螺纹的各种测量方法。

➢掌握普通螺纹和梯形螺纹中径值的查阅和计算。

➢了解螺纹的各参数间的关系。

➢掌握普通螺纹的标注方法。

➢正确识读螺纹公差带代号。

◆能力目标

➢能根据零件的加工精度选用螺纹测量的量具。

➢能用螺纹千分尺、公法线千分尺、极限量规对零件进行测量。

➢通过对零件的检测，拓展到能对零件加工质量进行正确分析。

➢学会螺纹基本尺寸、公差带等技术参数的查阅和应用。

◆情感目标

➢通过实际检测，培养基本操作技能，养成安全文明生产习惯。

项目一 用极限量规测量螺纹

任务导入

在企业里，螺纹的检测一般为两次，一次是生产职工在生产过程中的自检，另一次是质检员对职工生产产品的抽检。图 5-1 为螺纹加工过程中用螺纹环规检测外螺纹。对内螺纹的检测可以用螺纹塞规，如图 5-2 所示质检员在生产现场抽检内螺纹。

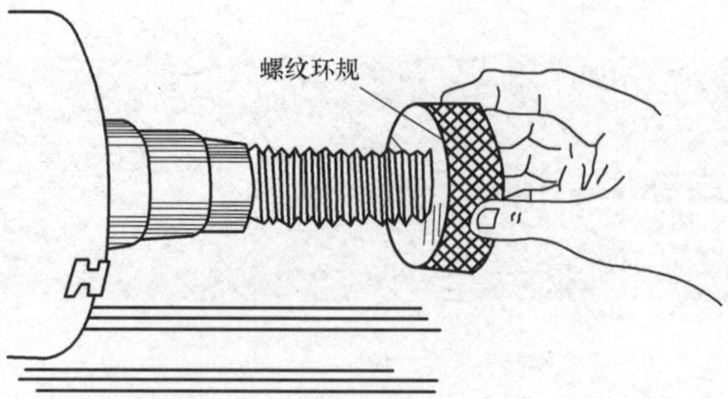

图 5-1　用螺纹环规检测外螺纹

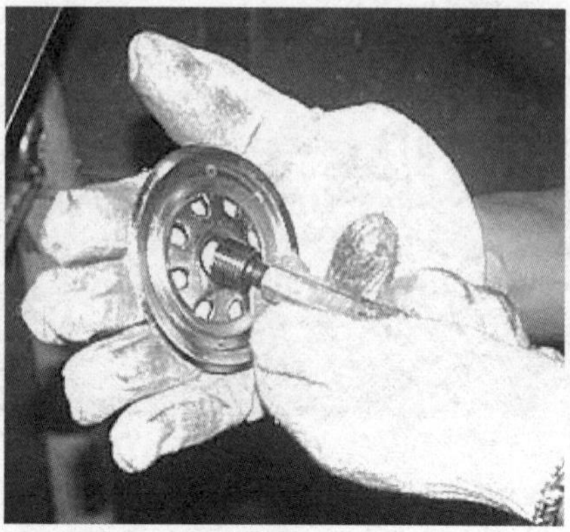

图 5-2　用螺纹塞规抽检内螺纹

任务描述

本任务为利用螺纹极限量规测量螺钉的外螺纹 M20×2-6g 和内螺纹 M16-6H 的精度。

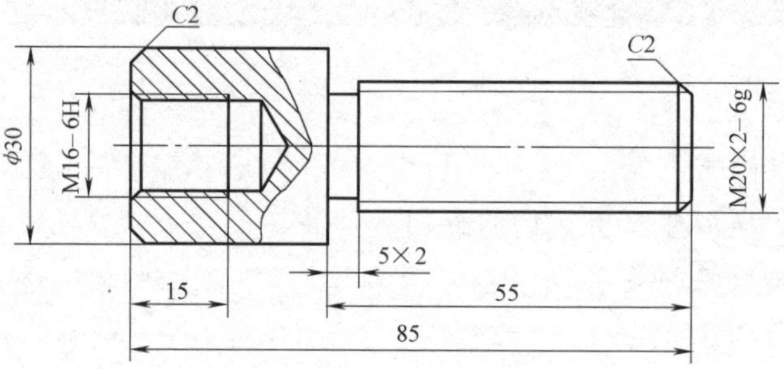

图 5-3　螺钉

任务分析

螺纹测量有单项测量和综合测量两种方法。单项测量常用于测量螺纹的中径、螺距和牙型半角等参数。综合测量是检验螺纹的实际中径误差和折算中径误差来控制螺纹的旋合质量的一种方法。折算中径误差是把螺距和牙型半角等的误差折算在中径方向上的误差。

本项目是用极限量规测量螺纹，属于综合测量。它是目前在生产和检验过程中使用率最高的一种测量方法。所用的量具是螺纹环规和螺纹塞规，分别用来测量外螺纹和内螺纹。如图 5-4 所示，上方两个是螺纹塞规，左端“T”为通端，右端“Z”为止端；下方两个是螺纹环规，为一套，必须同时使用，“T”规为通规，“Z”规为止规。有些地方也把有“T”和“Z”的极限量规统称为“止通规”。

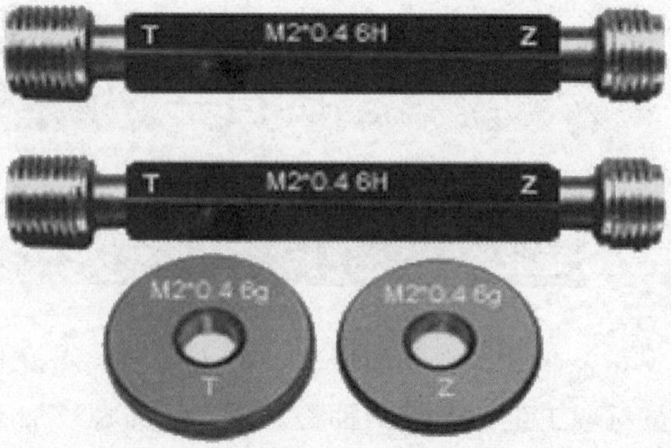

图 5-4　螺纹极限量规

在测量时，只有螺纹塞规的通端、螺纹环规的通规能旋入，螺纹塞规的止端、螺纹环规的止规不能旋入，可判定为合格螺纹。

知识链接

1. 普通螺纹相关术语

按 GB/T 14791—2013《螺纹　术语》和 GB/T 192—2003《普通螺纹　基本牙型》的规定，普通螺纹的基本牙型，如图 5-5 所示。它是在螺纹轴剖面上，将高度为 H 的原始等边三角形的顶部截去 $H/8$ 和底部截去 $H/4$ 后形成的。内、外螺纹的大径、中径、小径和螺距等基本几何参数都在基本牙型上定义。

（1）大径 D 或 d　大径是指与外螺纹牙顶或与内螺纹牙底相重合的假想圆柱面的直径，内、外螺纹的大径分别用 D、d 表示，如图 5-5 所示。国家标准规定，大径的基本尺寸作为螺纹的公称直径。

（2）小径 D_1 或 d_1　小径是指与外螺纹牙底或与内螺纹牙顶相重合的假想圆柱面的直径，内、外螺纹的小径分别用 D_1、d_1 表示，如图 5-5 所示。外螺纹的大径和内螺纹的小径统称为顶径，外螺纹的小径和内螺纹的大径统称为底径。

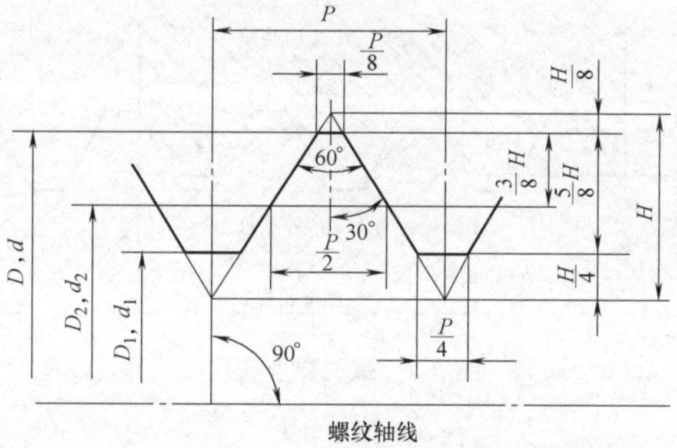

图 5-5　普通螺纹的基本牙型

（3）中径 D_2 或 d_2　中径是一个假想圆柱面的直径，该圆柱面的母线位于牙体和牙槽宽度相等处，即 $H/2$ 处，如图 5-5 所示。内、外螺纹的中径分别用 D_2、d_2 表示。

（4）原始三角形高度 H　它是指原始三角形顶点到底边的垂直距离。原始三角形为一等边三角形，H 与螺纹螺距 P 的几何关系为 $H=\frac{\sqrt{3}}{2}P$。

（5）螺距 P 和导程 Ph　螺距 P 是指螺纹相邻两牙在中径线上对应两点间的轴向距离；导程 Ph 是指同一条螺旋线上相邻两牙在中径线上对应两点间的轴向距离。螺距和导程的关系是 $Ph=nP$（n 是螺纹的线数）。

（6）牙型角 α 和牙型半角 $\alpha/2$（图 5-6）　牙型角 α 是指螺纹牙型上相邻两侧间的夹角；米制普通螺纹的牙型角为 60°。牙型半角 $\alpha/2$ 是指牙型角的一半，米制普通螺纹的牙型半角为 30°。

（7）牙侧角 α_1、α_2（图 5-6） 牙侧角是在螺纹牙型上牙侧与螺纹轴线的垂线之间的夹角。在理论上对于普通螺纹 $\alpha=60°$、$\alpha/2=30°$、$\alpha_1=\alpha_2=30°$。

（8）螺纹旋合长度 它是指两个相配合螺纹沿螺纹轴线方向相互旋合部分的长度，如图 5-7 所示。

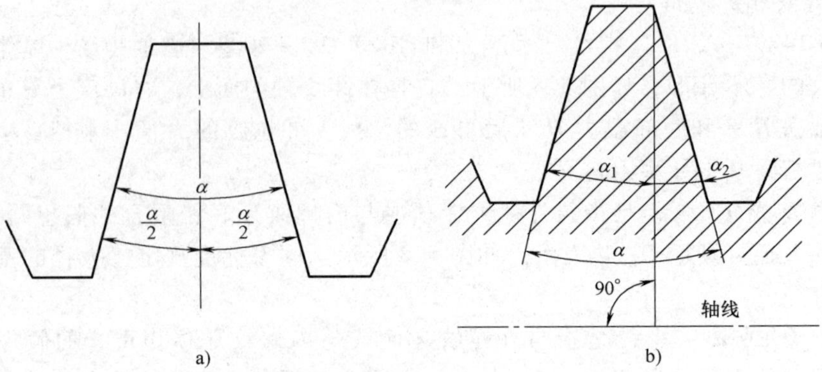

图 5-6 牙型角、牙型半角和牙侧角

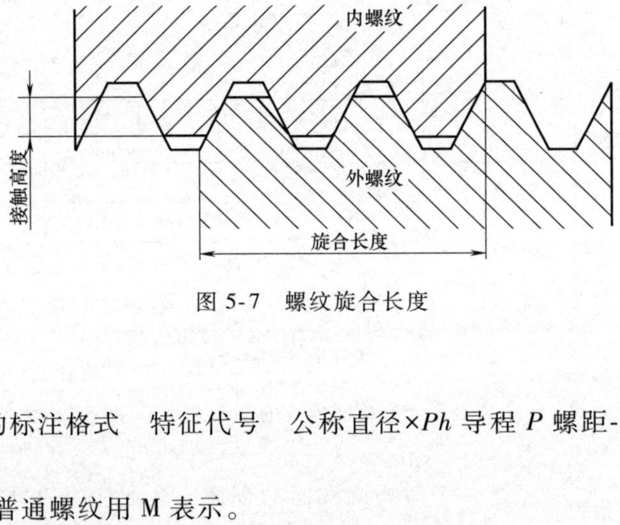

图 5-7 螺纹旋合长度

2. 螺纹的标注

（1）普通螺纹的标注格式 特征代号 公称直径×*Ph* 导程 *P* 螺距-中径、顶径公差带代号-旋合长度-旋向。

1）特征代号。普通螺纹用 M 表示。

2）公称直径。普通螺纹大径，即外螺纹顶径，内螺纹底径。

3）*Ph* 导程 *P* 螺距。多线螺纹必须标明导程和螺距的值，如 *Ph*12*P*4 表示导程为 12mm，螺距为 4mm。当螺距与导程相同时，螺距、导程前不注螺距导程代号。不标注螺距的普通螺纹为粗牙螺纹。

4）中径、顶径公差带代号。由公差等级加基本偏差代号组成，中径公差带代号在前，顶径公差带代号在后。当两者相同时，只写一个公差带代号。基本偏差代号为大写英文字母时表示内螺纹，基本偏差代号为小写英文字母时表示外螺纹。

5）旋合长度。对短旋合长度组和长旋合长度组的螺纹，分别用“S”和“L”标注，中等旋合长度组的螺纹不用标注“N”。

6）旋向。有右旋和左旋两种，不标注旋向表示右旋，左旋用“LH”表示。

例 5-1：M30×2-5g6g。

表示：公称直径为 30mm，导程、螺距均为 2mm，中径和顶径公差带代号分别为 5g、6g 的中等旋合长度的细牙右旋普通外螺纹。

例 5-2：M30×1.5-5H-L-LH。

表示：公称直径为 30mm，导程、螺距均为 1.5mm，中径和顶径公差带代号都为 5H 的长旋合长度的左旋细牙普通内螺纹。

例 5-3：M36×Ph3P1.5。

表示：公称直径为 36mm，导程为 3mm，螺距为 1.5mm 的细牙普通螺纹。

例 5-4：M20。

表示：公称直径为 20mm 的粗牙普通螺纹。

（2）螺纹配合的标记示例　在装配图上，内外螺纹公差带代号用斜线分开，左内右外，如 M20×2-6H/5g6g，表示：公称直径为 20mm，螺距为 2mm，中径和顶径公差带代号都为 6H 的内螺纹与中径和顶径公差带代号分别为 5g、6g 的外螺纹组合。

任务实施

1. 测量准备

M16-6H 螺纹塞规和 M20×2-6g 螺纹环规、被测件、刷子、清洗液、全棉布、防锈油等。

2. 测量步骤（注意事项：不能用力过大）

1）用清洗液、刷子清洗螺纹，并用全棉布擦干。

2）用通规（通端）旋入螺纹。测量内螺纹 M16-6H 时，螺纹塞规的通端旋入深度必须达到 15mm；测量外螺纹 M20×2-6g 时，螺纹环规的通规必须旋到端面贴紧退刀槽的左端面。

3）当螺纹通过通规（通端）的测量后，可用止规（止端）旋螺纹。根据国家标准 GB/T 3934—2003《普通螺纹量规　技术条件》中的使用规则，量规允许与螺纹的两端旋合，旋合量不能超过两个螺距。

4）清理量具、被测件，上油防锈。

3. 测量结果

把测量结果填入表 5-1 中。

表 5-1　螺纹测量记录表

测量项目		M20×2-6g	M16-6H
螺纹塞规	通端		
	止端		
螺纹环规	通规		
	止规		
判定合格性			

任务拓展

1）卡规式外螺纹极限量规。卡规式外螺纹极限量规，如图 5-8 所示，其测量方法与光滑极限量规相同。

2）螺距的测量。一般的螺距测量常用螺距样板，如图 5-9 所示。测量方法类似比较法，如图 5-10 所示。

图 5-8　卡规式外螺纹极限量规

图 5-9　螺距样板

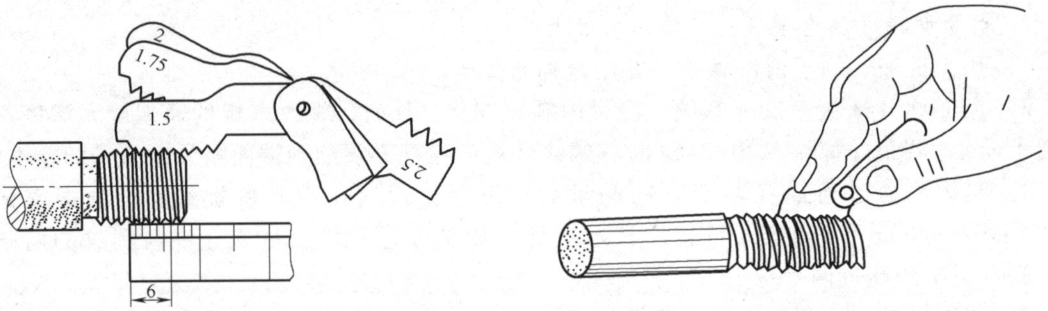

图 5-10　螺距的测量方法

3）英制管螺纹 G、Rc、Rp 及美制管螺纹 NPT 等螺纹的测量一般都用对应的极限量规。

任务评价

任务结束后留出部分时间，分小组交流讨论，分享各自的学习成果，共同进步。参照“附表十四”做出正确的任务评价与总结。

活学活用

解释下列螺纹标记的含义。

1）M24×2-5H6H-L。

2）M24-7h。

3）M20LH-7g6g-S。

4）M30-6H/6g。

项目二　用螺纹千分尺测量外螺纹中径

任务导入

螺纹千分尺属于专用的螺旋测微量具，只能用于测量螺纹中径，如图 5-11 所示，螺纹千分尺具有特殊的测量头，测量头的形状制成与螺纹牙型相吻合的形状，即一个为 V 形测量头，与牙型凸起部分相吻合，另一个为圆锥形测量头，与牙型沟槽相吻合。螺纹千分尺有一套可换测量头，每一对测量头只能用来测量一定螺距范围的螺纹。螺纹千分尺适用于低精度要求的螺纹件测量。

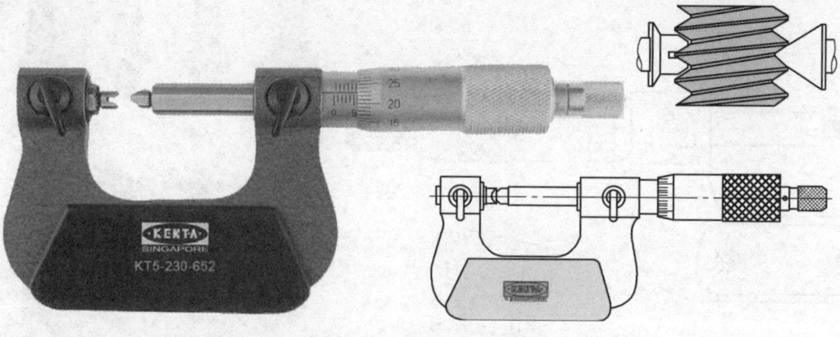

图 5-11　螺纹千分尺

任务描述

本任务为用螺纹千分尺测量图 5-12 所示螺纹轴中外螺纹 M24-6g 和 M36×1.5-6g 的中径。

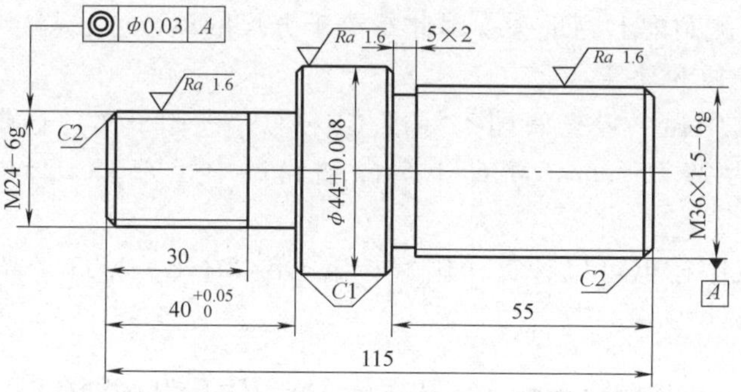

图 5-12　螺纹轴

任务分析

测量外螺纹 M24-6g 和 M36×1.5-6g 的中径，用螺纹千分尺能确保其测量精度。

螺纹千分尺的规格有 0~25mm、25~50mm、50~75mm、75~100mm 等。因此测量 M24-6g 时必须选用 0~25mm 规格的螺纹千分尺，测量 M36×1.5-6g 时必须选用 25~50mm 规格的螺纹千分尺。M24-6g 为粗牙螺纹，其螺距没有在螺纹代号中直接注明，查国家标准得螺距为 3mm。

知识链接

1. 螺纹千分尺的结构

如图 5-13 所示，螺纹千分尺由尺架 1、调整装置 2、V 形测量头 3、圆锥形测量头 4、测微螺杆 5、锁紧装置 6、固定套管 7、微分筒 8、测力装置 9、隔热装置 10、校对杆 11 以及一组测量头（图 5-14）和调整扳手组成。

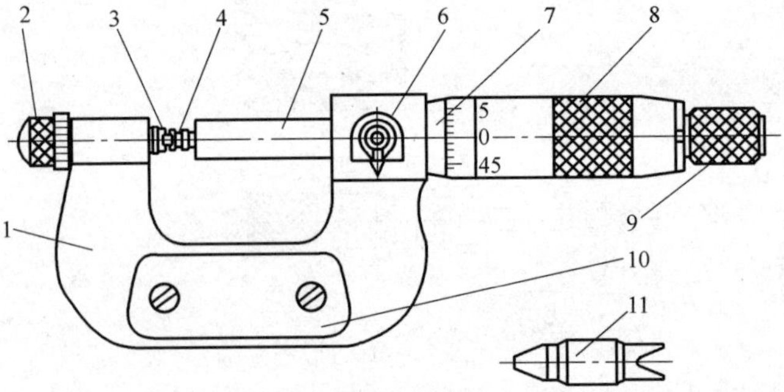

图 5-13　螺纹千分尺的结构

1—尺架　2—调整装置　3—V 形测量头　4—圆锥形测量头
5—测微螺杆　6—锁紧装置　7—固定套管　8—微分筒
9—测力装置　10—隔热装置　11—校对杆

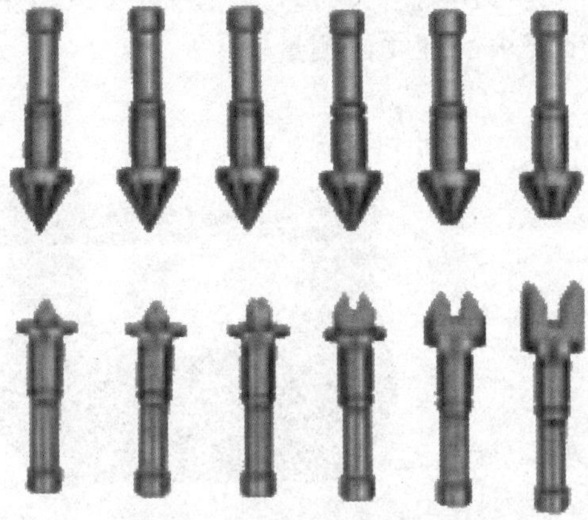

图 5-14　螺纹千分尺的测量头

它的测量原理与千分尺基本相同，结构也基本相同，所不同的是把千分尺的固定测砧改为可调测砧，再在两测砧配上测量头。因此螺纹千分尺的读数方法与千分尺完全相同。

2. 螺纹中径的查阅和计算

（1）查阅　螺纹中径一般查阅国家标准 GB/T 196—2003《普通螺纹　基本尺寸》如 M24-6g 查得的中径为 22.051mm，M36×1.5-6g 查得的中径为 35.026mm。在附表七中也可以查阅中径尺寸。

（2）计算　螺纹中径也可以计算，国家标准 GB/T 196—2003《普通螺纹　基本尺寸》规定计算公式为

$$\text{内螺纹中径}\qquad D_2 = D - 2\times\frac{3}{8}H = D - 0.6495P$$

$$\text{外螺纹中径}\qquad d_2 = d - 2\times\frac{3}{8}H = d - 0.6495P$$

式中　D、d——内、外螺纹的公称直径；

P——螺距；

H——原始牙高$\left(H = \frac{\sqrt{3}}{2}P = 0.866P\right)$。

如：外螺纹 M24-6g 的中径 = 24mm − 2×3/8×0.866×3mm = 22.051mm 或外螺纹 M24-6g 的中径 = 24mm − 0.6495×3mm = 22.051 = 22.051mm。

3. 中径基本偏差、公差、极限尺寸的查阅计算

1）螺纹中径的基本偏差查阅国家标准 GB/T 197—2003《普通螺纹　公差》中表 1，螺纹中径的公差查阅国家标准 GB/T 197—2003《普通螺纹　公差》中表 4 和表 5。螺纹中径的基本偏差和公差也可查阅附表八至附表十。

如：M24-6g 查得基本偏差为 −0.048mm，公差为 0.2mm。M24-6g 中径的上极限尺寸 = 22.051mm − 0.048mm = 22.003mm，下极限尺寸 = 22.003mm − 0.2mm = 21.803mm。

2）M24-6g 上下极限尺寸也可以直接从国家标准 GB/T 15756—2008《普通螺纹　极限尺寸》中表 8 查出。

任务实施

用螺纹千分尺测量图 5-15 螺纹接杆中 2 个外螺纹中径。计算、查国家标准得出各螺纹的中径及中径的基本偏差、公差、上极限尺寸、下极限尺寸。

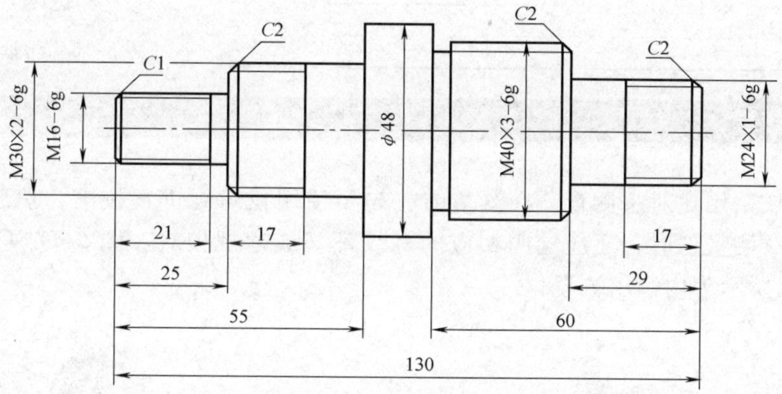

图 5-15　螺纹接杆

1. 测量准备

螺纹千分尺 0~25mm、25~50mm 各一把，刷子，清洗液，棉布等。

2. 测量步骤

1）查国家标准得出螺纹的中径极限尺寸。从国家标准 GB/T 15756—2008《普通螺纹　极限尺寸》中表 8 可以查得中径极限尺寸，见表 5-2。

表 5-2　中径极限尺寸　（单位：mm）

螺纹代号	M24-6g	M30×1.5-6g
中径上极限尺寸	22.003	34.994
中径下极限尺寸	21.803	34.844

2）选择量具规格。M24-6g 应选择 0~25mm 的螺纹千分尺。M30×1.5-6g 应选择 25~50mm 的螺纹千分尺。

3）更换螺纹千分尺的测量头并校对，测量不同螺距的螺纹必须用对应螺距的测量头。

更换时特别要注意 V 形测量头安装在固定砧座上，校对后必须将砧座锁紧固定。

4）用刷子、清洗液将螺纹清洗干净。

5）测量时，先对 V 形测量头位置，后对圆锥形测量头位置，要注意不能错槽，如图 5-16所示。

6）每个螺纹测量 3 个位置，并记录在表 5-3 中。

表 5-3　螺纹参数查询和测量数值记录表

（单位：mm）

螺纹代号	M24-6g	M30×1.5-6g
公称直径		
螺距		
中径		
中径基本偏差		
中径公差		
中径上极限尺寸		
中径下极限尺寸		
中径测量值 1		
中径测量值 2		
中径测量值 3		
判定合格性		

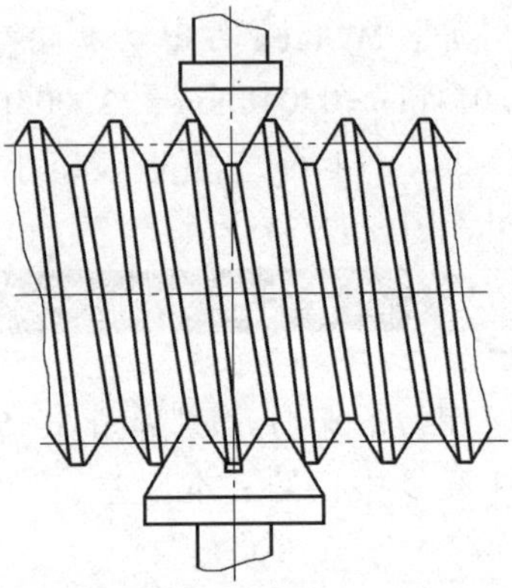

图 5-16　测量头的位置

任务拓展

螺纹测量仪采用比对法测量，在测量前首先要使用校对规进行校准，然后再测量零件。因此在使用螺纹测量仪时，还应选用相应的螺纹环规或塞规校对。图 5-17 所示为外螺纹测量仪。图 5-18 所示为内螺纹测量仪。

图 5-17　外螺纹测量仪

图 5-18　内螺纹测量仪

任务评价

任务结束后留出部分时间，分小组交流讨论，分享各自的学习成果，共同进步。参照“附表十四”做出正确的任务评价与总结。

活学活用

读图5-19所示轴，完成下列问题并填表5-4。

1. 查国家得出4个外螺纹的中径、公差及基本偏差。

2. 计算各螺纹中径的上、下极限尺寸。

3. 采用螺纹千分尺测量螺纹中径，选择各螺纹测量所用的螺纹千分尺规格及测量头型号。

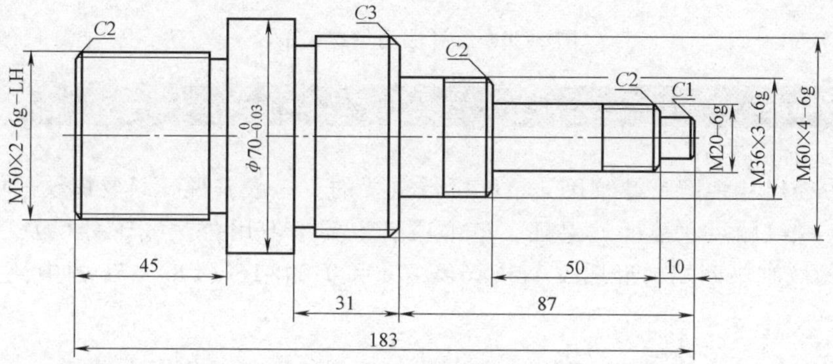

图5-19　轴

表5-4　查询、计算及测量结果　（单位：mm）

螺纹代号	M50×2-6g-LH	M60×4-6g	M36×3-6g	M20-6g
中径				
中径基本偏差				
中径公差				
中径上极限尺寸				
中径下极限尺寸				
中径测量值1				
中径测量值2				
中径测量值3				
判定合格性				

项目三　三针法测量梯形螺纹中径

任务导入

三针法是精密测量外螺纹中径的最常用方法。它是把三根直径相等、高精度的圆柱（通称为“量针”）放进被测螺纹对径位置上的三个牙槽内，再用与被测螺纹精度相适应的长度量仪（常用公法线千分尺）测量量针外侧表面间的距离 M，算出被测螺纹的实际中径，如图5-20所示。

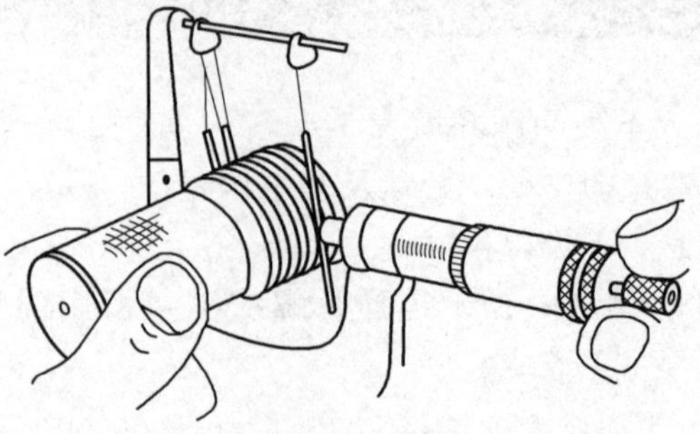

图 5-20　三针法测量螺纹中径

任务描述

螺纹的中径尺寸精度是螺纹尺寸精度中最重要的。一般来说，只要螺纹的中径尺寸精度保证了，这个螺纹的尺寸精度就保证了。本项目主要学习用公法线千分尺及三针测量图 5-21 所示梯形螺纹轴中两端梯形螺纹 Tr36×6LH-7e 和 Tr24×16（P8）-7e 的中径。

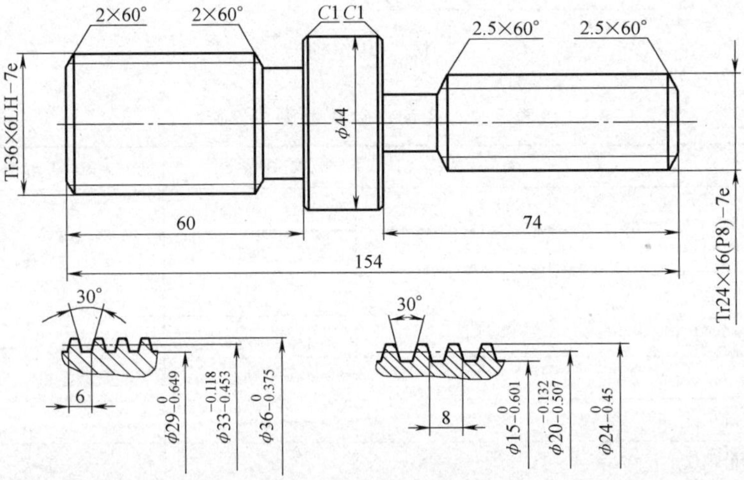

图 5-21　梯形螺纹轴

任务分析

三针法是一种间接简易测量螺纹中径的方法。它只能对外螺纹进行测量。用公法线千分尺及三针测量梯形螺纹的中径主要有下列问题。

1. 选用公法线千分尺

图 5-22 所示为公法线千分尺，可见它的两个测量面比普通千分尺的测量面要大很多。公法线千分尺容易夹住三针，其实针小、螺距小时用普通千分尺也可以测量。

2. 三针直径的计算

3. 量针外侧表面间的距离 M（图 5-23）的计算

4. 中径公差带的查阅及合格 M 值的范围推算

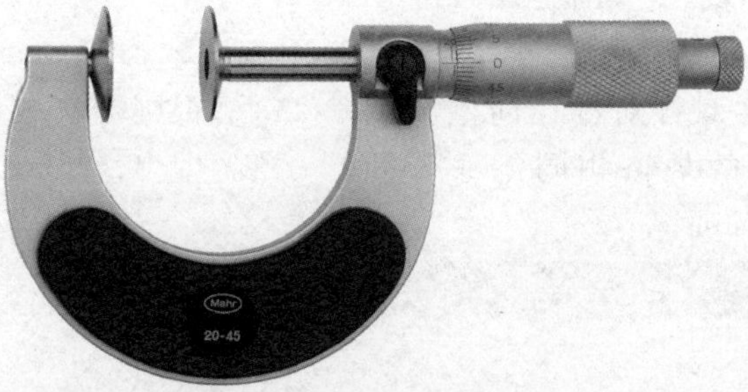

图 5-22 公法线千分尺

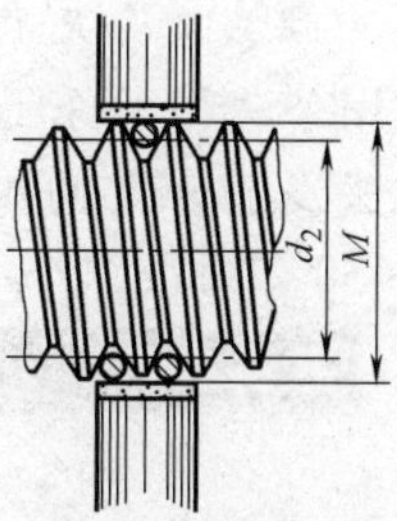

图 5-23 M 值

知识链接

1. 量针直径及 M 值的计算公式

量针直径的计算公式为 $d_0=P/2\cos\dfrac{\alpha}{2}$，$M$ 值的计算公式为 $M=d_2+d_0\left(1+\dfrac{1}{\sin\dfrac{\alpha}{2}}\right)-\dfrac{\cot\dfrac{\alpha}{2}}{2}P$。最佳量针直径及 M 值的简化计算公式，见表 5-5。

表 5-5 最佳量针直径及 M 值的简化计算公式

牙型角	最佳量针直径	M 值
30°	$d_0=0.518P$	$M=d_2+4.864d_0-1.866P$
55°	$d_0=0.564P$	$M=d_2+3.166d_0-0.961P$
60°	$d_0=0.577P$	$M=d_2+3d_0-0.866P$

注：中径 $d_2=d-P/2$；P 为螺距、d 为外螺纹公称直径；α 为牙型角。

例 5-5 螺纹 Tr36×6LH-7e，牙型角 30°。

中径 $d_2=36\text{mm}-6\text{mm}/2=33\text{mm}$。

最佳量针直径 $d_0=0.518P=0.518\times6\text{mm}=3.108\text{mm}$。

量针外侧表面间的距离 $M=d_2+4.864d_0-1.866p=33\text{mm}+4.864\times3.108\text{mm}-1.866\times6\text{mm}=36.921\text{mm}$。

例 5-6 螺纹 Tr24×16（P8）-7e，牙型角 30°。

中径 $d_2=24\text{mm}-8\text{mm}/2=20\text{mm}$。

最佳量针直径 $d_0=0.518P=0.518\times8\text{mm}=4.144\text{mm}$。

量针外侧表面间的距离 $M=d_2+4.864d_0-1.866p=20\text{mm}+4.864\times4.144\text{mm}-1.866\times8\text{mm}=25.228\text{mm}$。

特别说明：从国家标准 GB/T 22522—2008《螺纹测量用三针》中可以查得量针直径 d_0 分别为 3.106mm 和 4.12mm，误差是小数的四舍五入导致，这点误差对测量影响不大。

2. M 值范围的推算

1）可以从国家标准 5796.4—2005《梯形螺纹 第 4 部分 公差》中表 1 查得外螺纹基本偏差 es（上极限偏差），表 6 查得外螺纹中径公差 T_{d_2}，则

$$M_{max}=M+\text{es}\qquad M_{min}=M_{max}-T_{d_2}$$

2）对零件图中已经标明公差的，可以直接计算，即

$$M_{max}=M+es \qquad M_{min}=M+ei$$

3. 公法线千分尺的使用

使用公法线千分尺时应尽量使单针在双针对称径向上（图 5-23），否则会影响测量精度。公法线千分尺的规格与普通千分尺的规格相同，每 25mm 一档。即 0~25mm、25~50mm、50~75mm、75~100mm、125~150mm 等。

任务实施

1. 测量准备

公法线千分尺 0~25mm、25~50mm 各一把、量针、刷子、清洗液、棉布等。

2. 测量步骤

1）计算螺纹的中径极限尺寸、最佳量针直径、M 值及 M 极限值，见表 5-6。

表 5-6 计算结果（单位：mm）

螺纹代号	Tr36×6LH-7e	Tr24×16(P8)-7e
中径上极限尺寸	32. 882	19. 868
中径下极限尺寸	32. 547	19. 493
最佳量针直径 $d_0=0.518P$	3. 108	4. 144
$M=d_2+4.864d_0-1.866P$	36. 921	25. 228
M 上限值 $=M+es$	36. 803	25. 096
M 下限值 $=M+ei$	36. 468	24. 721

2）选择公法线千分尺规格。对 Tr36×6LH-7e 应选择 25~50mm 的公法线千分尺。对 Tr24×16（P8）-7e 由于 M 值在 25mm 上下，0~25mm、25~50mm 两种规格均可。

3）公法线千分尺擦净、调零。

4）用刷子、清洗液将螺纹清洗干净，并夹持在支架上。

5）将量针分别放入螺纹沟槽内，旋转公法线千分尺的微分筒，使两测量头与量针接触，然后读出 M 值。

6）每个螺纹测量 3 个位置，并记录在表 5-7 中。

表 5-7 梯形螺纹相关参数和测量数值记录表（单位：mm）

螺纹代号		Tr36×6LH-7e	Tr24×16(P8)-7e
最佳量针直径 $d_0=0.518P$		3. 108	4. 144
$M=d_2+4.864d_0-1.866P$		36. 921	25. 228
M 上限值 $=M+es$		36. 803	25. 096
M 下限值 $=M+ei$		36. 468	24. 721
测量值	M_1		
	M_2		
	M_3		
判定合格性			

任务拓展

1. 单针测量梯形螺纹中径图 5-24 所示为单针测量梯形螺纹中径示意图。

注意：单针测量没有三针测量准确，单针测量的 A 值是三针测量 M 值加螺纹大径实测值的二分之一，即 $A=(M+d_0)/2$。A 值的范围应该是：A 上限值$=A+es/2$，A 下限值$=A+ei/2$。

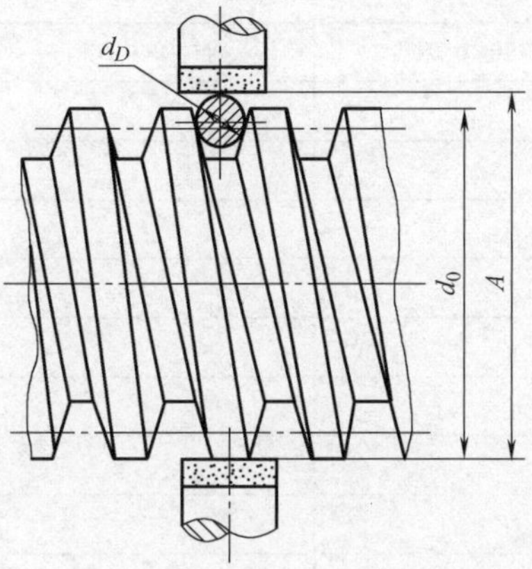

图 5-24 单针测量梯形螺纹中径示意图

d_0—螺纹大径 A—千分尺的读数

d_D—量针直径，最佳直径与三针测量时相同

2. 用三针法测量其他螺纹

用三针法同样也可以测量牙型角为 60°的普通螺纹和中径牙型角为 55°的寸制螺纹。最佳量针直径及 M 值的简化计算公式见表 5-5，测量方法和合格性判定与测量梯形螺纹相同。

任务评价

任务结束后留出部分时间，分小组交流讨论，分享各自的学习成果，共同进步。参照“附表十四”做出正确的任务评价与总结。

活学活用

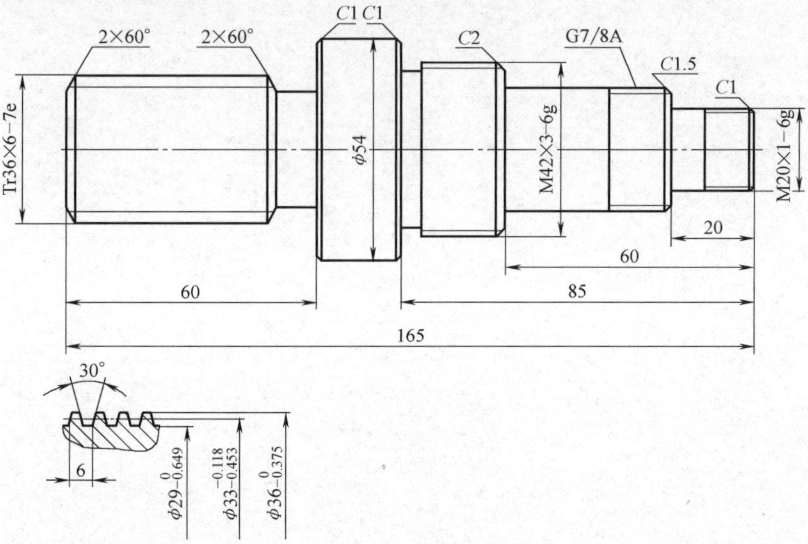

图 5-25 螺纹轴

用三针法测量图 5-25 所示螺纹轴中的梯形螺纹 Tr36×6-7e、普通螺纹 M20×1-6g 和 M42×3-6g、管螺纹 G7/8A 的中径，计算相关的参数并填写表 5-8。

表 5-8　螺纹轴计算及测量结果

螺纹代号		Tr36×6-7e	M20×1-6g	M42×3-6g	G7/8A
中径					
中径基本偏差					
中径公差					
中径上极限尺寸					
中径下极限尺寸					
最佳量针直径					
M 值					
M 上限值 = M+es					
M 下限值 = M+ei					
M 测量值	M_1				
	M_2				
	M_3				
判定合格性					

模块六 典型零件图的技术要求与测量

零件质量好坏的关键是在生产过程中对相关技术要求的控制。技术要求在零件图中有标明，其包括尺寸公差、几何公差、表面粗糙度以及热处理等。本模块的主要任务是对零件尺寸公差、几何公差、表面粗糙度的综合测量的学习。

机械零件主要可以分为轴套类零件、叉架类零件、盘盖类零件和箱体类零件。叉架类零件、盘盖类零件、箱体类零件的技术要求比较复杂，其测量的难度也相应地提高了，有部分尺寸和几何公差的测量只能间接测量，而且还必须通过计算才能得到测量结果。

学习目标

◆**知识目标**

➢学生能独立识读零件图，明确图样中各项技术要求。

➢学生能根据技术要求，选择合理的量具对其进行测量并制定合理的测量方案。

◆**能力目标**

➢学生能通过查阅相关技术文件，正确使用所选用量具对零件进行测量并对其进行保养。

➢学生能规范使用量具，并准确记录测量结果。

◆**情感目标**

➢学生通过对零件的测量，认识零件在生产中的质量控制方法，从而使学生对机械零件有更深入的认识。

项目一 轴套类零件的测量

任务导入

大路机械有限公司为自己制造的产品生产了图 6-1 所示 8 个零件，由于该零件为所制造产品中的关键零件，因此要求质检部对每个零件的主要尺寸进行测量，并提交测量报告。

任务描述

从图 6-1 中可以看出，部分尺寸公差、几何公差、表面粗糙度要求相对较高，对这些必须选择测量精度较高的量具。还有部分未注公差的可以选择测量精度较低的量具。本任务为

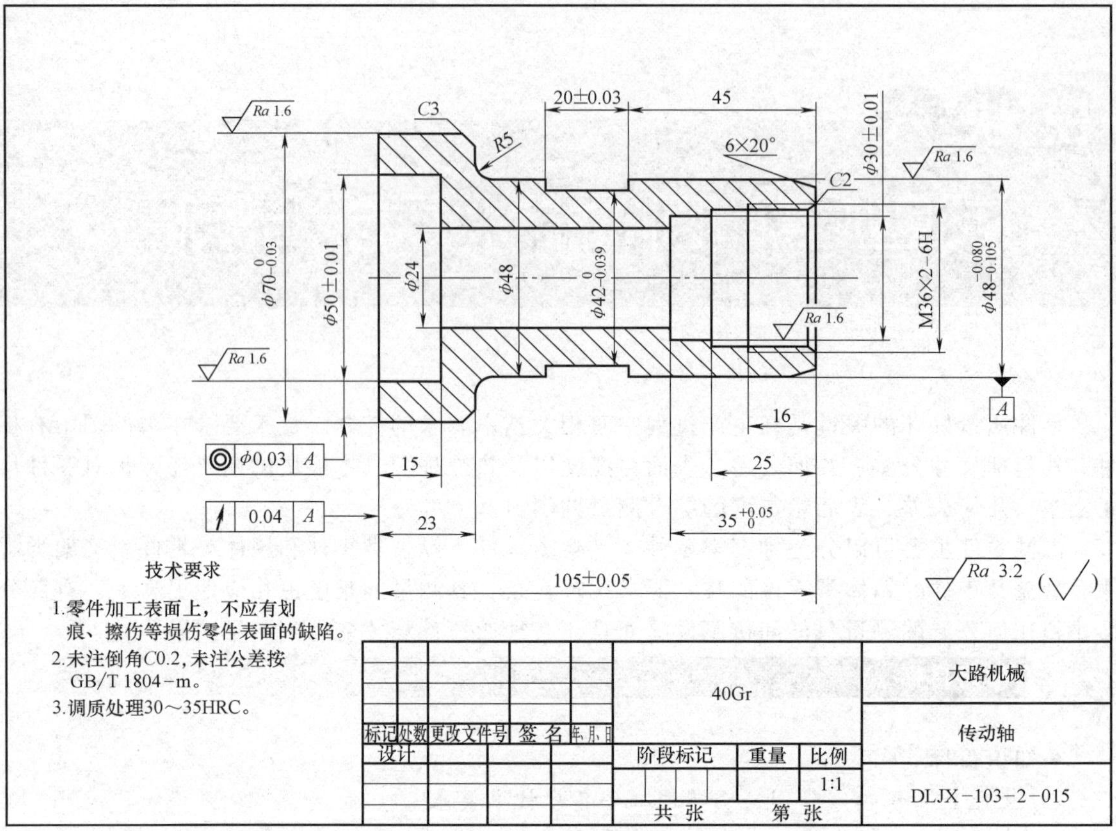

图 6-1　传动轴

对 6-1 所示传动轴的主要尺寸进行测量，并提交测量报告。

任务分析

测量方案主要取决于量具的选择。

1. 外径尺寸

公差较小的外径尺寸一般采用外径千分尺，未注公差的外径尺寸一般采用游标卡尺。

2. 内径尺寸

公差较小的内径尺寸一般采用内径量表或内径千分尺，未注公差的内径尺寸一般也采用游标卡尺。

3. 长度、深度尺寸

该零件的公差相对较大，用游标卡尺基本能完成。只有一个深度尺寸 $35^{+0.05}_{0}$ 用游标卡尺测量有难度，可采用深度千分尺或深度游标卡尺。

4. 几何公差

孔的同轴度用打表法，使用杠杆百分表、检验平板、V 形块。

轴向跳动用打表法，使用百分表、检验平板、V 形块。

5. 表面粗糙度

表面粗糙度值为 $Ra1.6\mu m$ 的表面可采用粗糙度仪测量，要求较低的表面可以采用目测比较法。

6. 螺纹

内螺纹一般选用螺纹塞规。

任务实施

1. 测量准备

外径千分尺 25~50mm 和 50~75mm、游标卡尺 0~150mm、深度游标卡尺 0~150mm 或深度千分尺 25~50mm、粗糙度仪及粗糙度对照样板、杠杆百分表、检验平板、V 形块、M36×2-6H 螺纹塞规、被测件、刷子、清洗液、全棉布、防锈油等。

2. 测量步骤

8 个零件，接近单件，一般采用一个项目 8 个零件一次测量完成。

1）量具准备，选择对应量程的量具并调零。

2）用刷子、清洗液清洗零件，并用全棉布擦干。

3）对零件进行编号，测量并记录。

4）写测量报告，并注明处理意见。

5）清理量具。

3. 测量结果

把测量结果填入表 6-1 中。

表 6-1　测量记录表

序号	项目	量具选择	测量结果							
			1	2	3	4	5	6	7	8
1	$\phi70_{-0.03}^{0}$	外径千分尺								
2	$\phi48_{-0.105}^{-0.080}$									
3	$\phi42_{-0.039}^{0}$									
4	$\phi48$	游标卡尺								
5	$\phi50\pm0.01$	内径千分尺								
6	$\phi30\pm0.01$									
7	$\phi24$	游标卡尺								
8	$35_{0}^{+0.05}$	深度千分尺								
9	105±0.05	游标卡尺								
10	20±0.03									
11	15									
12	23									
13	25									
14	45									
15	16									
16	同轴度 $\phi0.03$	杠杆百分表								
17	轴向跳动 0.04	百分表								

（续）

序号	项目	量具选择	测量结果							
			1	2	3	4	5	6	7	8
18	M36×2-6H	M36×2-6H 塞规								
19	*Ra*1.6	粗糙度仪								
20	*Ra*3.2									
21	倒角	目测								
22	圆弧									
判定合格性										
处理意见										

注：1. 测量结果中尺寸为测量值，几何公差为表读数的最大和最小值之差，螺纹及目测项目为合格打“√”、不合格打“×”。
2. 判定合格性项为合格、不合格。
3. 合格时处理意见可以不写，不合格时处理意见为报废和修复。

任务拓展

测量投影仪（图 6-2）又称为光学投影检量仪或光学投影比较仪，为利用光学投射的原理，将被测件轮廓或表机投射至观察幕上，进行测量或比对的一种测量仪器。

图 6-2　测量投影仪

测量投影仪适用于以两坐标测量为目的一切应用领域，能高效地检测各种形状复杂工件的轮廓和表面形状。该仪器广泛地应用于机械制造业，仪器仪表和钟表行业有关厂矿的计量室和车间。

测量投影仪对测量图 6-1 所示传动轴的外形尺寸效果很好，可以一次性把所有的外形尺寸测量完毕，不仅精准而且高效。

任务评价

任务结束后留出部分时间，分小组交流讨论，分享各自的学习成果，共同进步。参照

"附表十四"做出正确的任务评价与总结。

活学活用

读懂图 6-3 所示零件，选择适当的量具对 5 个零件进行测量。写出测量步骤，记录测量数据，对零件是否合格进行判断，并完成测量记录表（表 6-2）的填写。

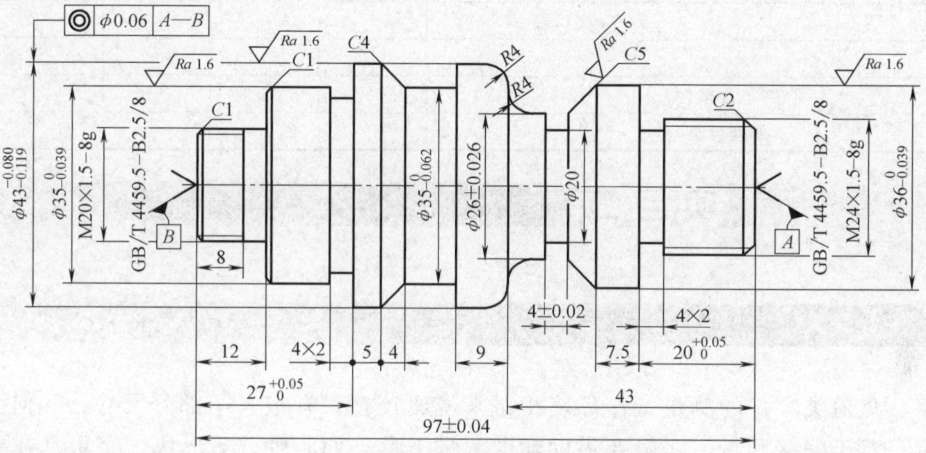

图 6-3 工件

表 6-2 测量记录表

序号	项目	量具选择	测量结果				
			1	2	3	4	5
1							
2							
3							
4							
5							
6							
7							
8							
9							
10							
11							
12							
13							
14							
15							
16							
17							

（续）

序号	项目	量具选择	测量结果				
			1	2	3	4	5
18							
19							
20							
21							
22							
判定合格性							
处理意见							

项目二 叉架、盘盖类零件的测量

任务导入

叉架、盘盖类零件的测量工作环境相对来说比较差，有很大一部分尺寸、几何公差不能直接测量。对于间接测量，一般要借助辅助测量工具，如心轴、V形块、平板、靠铁、量块等，甚至有时需要利用自制定位块。

间接测量不能得到直接的结果，都要经过计算，测量的精度会受到很大的影响，加上借助了其他的一些辅助测量工具，这些辅助测量工具的精度会导致测量精度的降低。

任务描述

本项目的任务是测量图6-4所示弯臂中的2个定位尺寸50±0.03、30°±6′和1个几何公差平行度0.04。

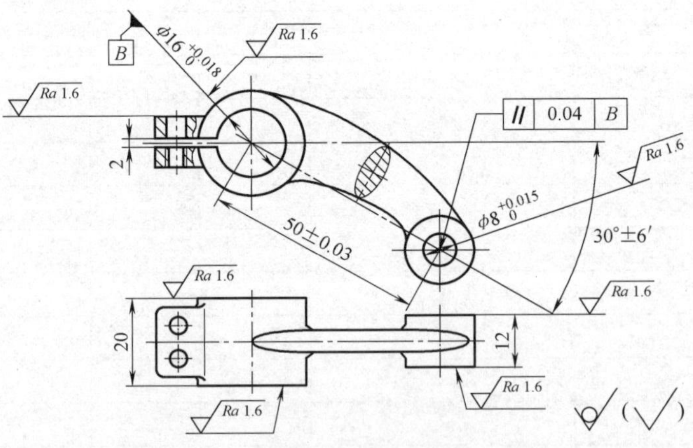

图6-4 弯臂

任务分析

从图6-4中可以看出，用常用的通用量具不可能直接测量本任务的2个定位尺寸50±

0.03、30°±6′和1个平行度公差0.04；因此只能用间接测量法。

对于定位尺寸50±0.03，测量还比较简单，只要在两个孔上加两个无间隙心轴就可以用游标卡尺或千分尺测量了。但是另一个定位尺寸30°±6′的测量就麻烦了，可以通过无间隙心轴与基准的位置差值，再利用三角函数关系算出测量角度。

对几何公差平行度0.04测量，可以用打表法，但无法直接打表，必须要借助心轴、V形块、平板、靠铁等来完成。

任务实施

1. 测量准备

外径千分尺75~100mm或游标卡尺0~150mm、高度游标卡尺0~300mm或深度游标卡尺0~200mm、百分表及表座、平板、V形块、磁性靠铁、ϕ8mm和ϕ16mm无间隙心轴、被测件、刷子、清洗液、全棉布、防锈油等。

2. 测量步骤

1）量具准备，选择对应量程的量具并调零。

2）用刷子、清洗液清洗零件，并用全棉布擦干。

3）测量。

① 定位尺寸50±0.03的测量。将ϕ8mm和ϕ16mm无间隙心轴分别插入对应的孔中，用外径千分尺75~100mm或游标卡尺0~150mm直接测量两无间隙心轴外侧间的尺寸S，如图6-5所示。

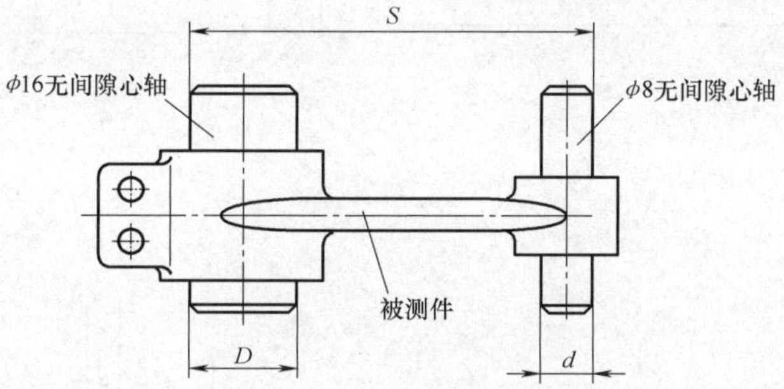

图6-5　中心距的测量

计算两孔中心的实际距离$A=S-\frac{1}{2}(D+d)$，并填写表6-3。

表6-3　定位尺寸（中心距）测量记录表　（单位：mm）

测量位置	S	D	d	A
1				
2				
3				
判定合格性				

② 定位尺寸30°±6′的测量。将加长的ϕ8mm和ϕ16mm无间隙心轴分别插入对应的孔

中，在平板上用一对 V 形块架好一个无间隙心轴，用磁性靠铁贴紧被测件的 A 基准面，用高度游标卡尺 0~300mm 或深度游标卡尺 0~200mm 测量两无间隙心轴的上侧，记录量值 a、b，如图 6-6 所示。

被测件两孔的长度方向的距离 $X=\left(a-\dfrac{d}{2}\right)-\left(b-\dfrac{D}{2}\right)$。

再把被测件选择 90°，使被测件的 A 基准面贴紧磁性靠铁（磁性垫铁的高度必须精密加工），然后用高度游标卡尺 0~300m 或深度游标卡尺 0~200mm 测量两无间隙心轴的上侧，记录量值 m、n，如图 6-7 所示。

被测件两孔的高度方向的距离 $Y=\left(n-\dfrac{d}{2}\right)-\left(m-\dfrac{D}{2}\right)$。

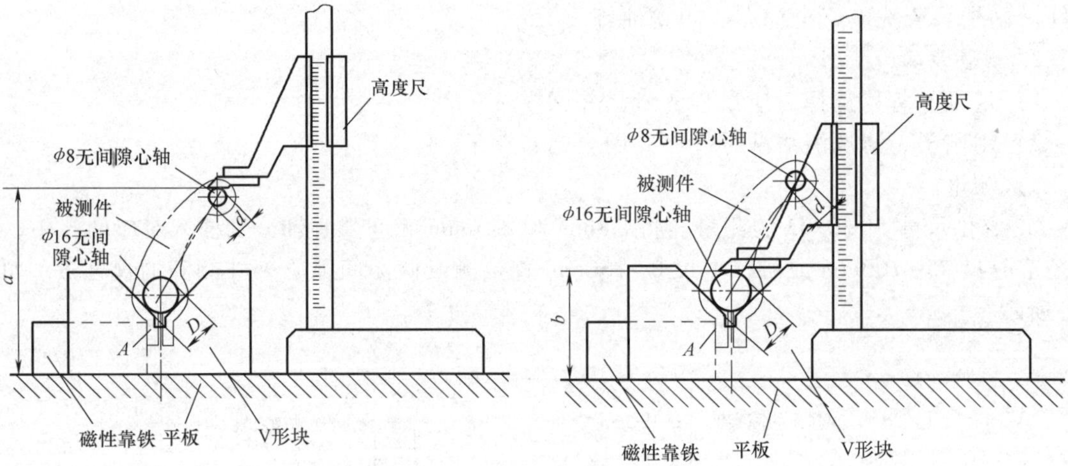

图 6-6　角度测量一

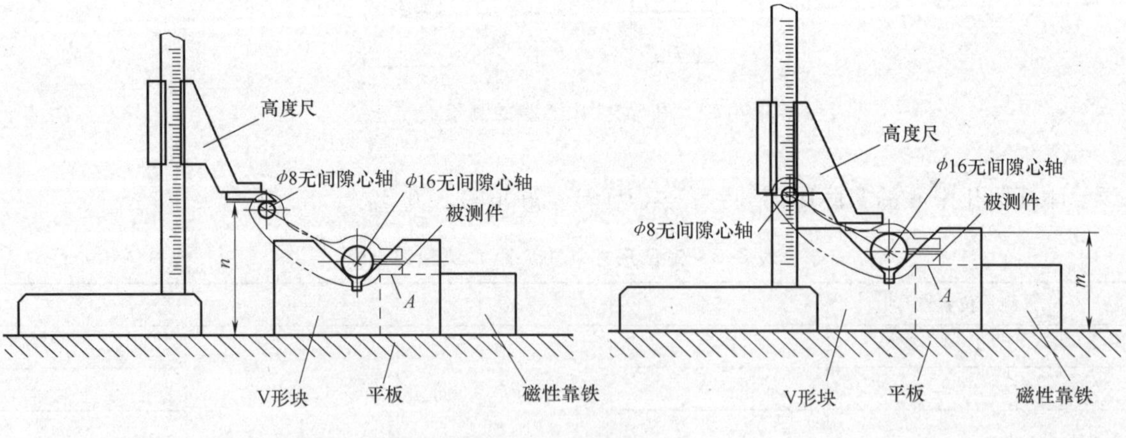

图 6-7　角度测量二

计算被测件定位角 $\beta=\arctan\dfrac{Y}{X}$，并填写表 6-4。

表 6-4　定位尺寸（角度）测量记录表　　（单位：mm）

	D	d	a	b	X	m	n	Y	β
第 1 次测量									
第 2 次测量									
第 3 次测量									
判定合格性									

③ 几何公差平行度 0.04 的测量。将加长的 ϕ8mm 和 ϕ16mm 无间隙心轴分别插入对应的孔中，在平板上用一对 V 形块架好基准孔的无间隙心轴，用磁性靠铁贴紧被测件的 A 基准面，在另一个无间隙心轴的上侧打表，百分表读数的最大差值即为两孔轴线的平行度误差，如图 6-8 所示。测量数据记录在表 6-5 中。

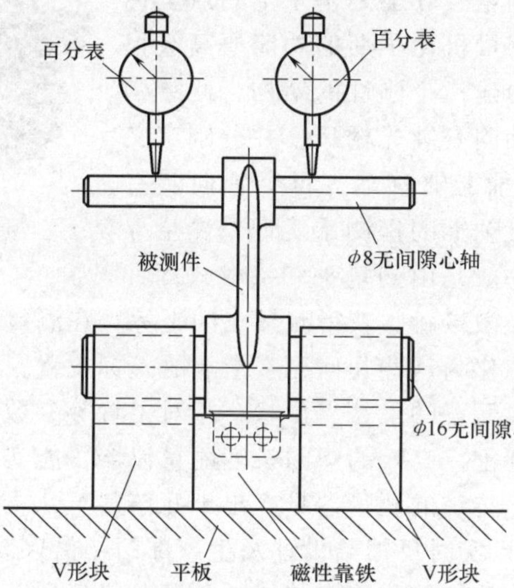

图 6-8　平行度误差测量

表 6-5　平行度误差测量记录表　　（单位：mm）

	百分表位置						
	1	2	3	4	5	6	7
读数							
平行度误差							

任务拓展

三坐标检测就是运用三坐标测量机对零件进行几何公差的检验和测量，判断该零件的误差是不是在公差范围之内，也称为三坐标测量。随着现代汽车工业和航空航天事业以及机械加工业的突飞猛进发展，三坐标检测已经成为常规的检测手段，三坐标测量机也早已不是奢侈品了，特别是一些外资和跨国企业，强调第三方认证，所有出厂产品必须提供有检测资格方的检测报告，所以三坐标检测对于加工制造业来说越来越重要。三坐标检测有时也运用到逆向工程设计，就是对一个物体的空间几何形状以及三维数据进行采集和测绘，提供点数据，再用软件进行三维模型构建的过程。图 6-9 所示为三坐标测量机。

三坐标测量机的发展历经半个多世纪。它的出现是工业化发展的历史必然。一方面是由于自动机床、数控机床等高效率加工的发展以及越来越多复杂形状零件加工需要有快速可靠的测量设备与之配套；另一方面是由于电子技术、计算机技术、数控技术以及精密加工技术的发展为其提供了技术基础。三坐标测量机的出现使得测量仪器从手动方式向现代化自动测量的转变成为可能。

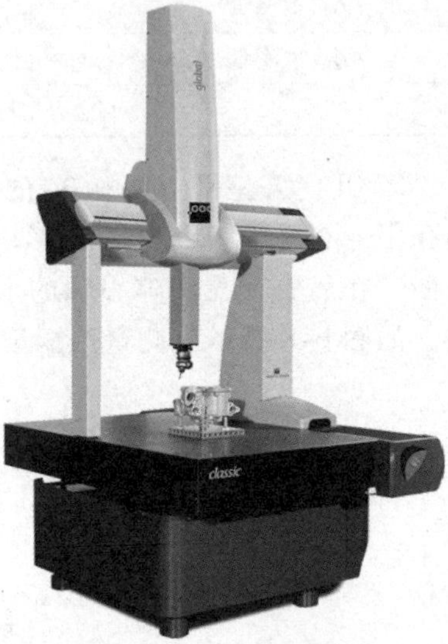

图 6-9　三坐标测量机

与传统测量仪器是将被测量和机械基准进行比较测量不同的是，三坐标测量机的测量实际上是基于空间点坐标的采集和计算。虽然现代的测量机比早期的功能要高级很多，但基本原理是相同的，即建一个刚性的结构，此结构有三个互相垂直的轴，每个轴向安装光栅尺，并分别定义为 X、Y、Z 轴。为了让每个轴能够移动，每个轴向装有空气轴承或机械轴承。在垂直轴上的探测系统记录测量点任一时刻的位置。探测系统一般是由测量头和接触式探针构成，探针与被测件的表面轻微接触，获得测量点的坐标。在测量过程中，三坐标测量机将零件的各种几何元素的测量转化为这些几何元素上点的坐标位置，再由软件根据相应几何形状的数学模型计算出这些几何元素的尺寸、形状、相对位置等参数。

三坐标测量机作为一种精密、高效的空间长度测量仪器，能实现许多传统测量器具所不能完成的测量工作，其效率比传统的测量器具高出十几倍甚至几十倍，而且三坐标测量机很容易与 CAD 连接，把测量结果实时反馈给设计及生产部门，借以改进产品设计或生产流程。因此三坐标测量机已经并且将继续取代许多传统的长度测量仪器。

目前，三坐标检测已广泛用于机械制造业、汽车工业、电子工业、航空航天工业和国防工业等，成为现代工业检测和质量控制不可缺少的测量设备。在应用范围里面，三坐标检测也基本上涵盖了机械零件及电子元器件和各种几何公差。

因此用三坐标测量机测量叉架类、盘盖类、箱体类零件的一些定位尺寸误差、异面的定形尺寸误差及几何误差等不能直接测量项目特别有效，其测量精度相当高。

任务评价

任务结束后留出部分时间，分小组交流讨论，分享各自的学习成果，共同进步。参照“附表十四”做出正确的任务评价与总结。

活学活用

看懂图 6-10 所示管接，说明 2 个几何公差的含义，测量定位尺寸 46 ± 0.03 和 $55^{+0.05}_{0}$，测量几何公差平行度 0.04 和垂直度 0.05。

设计测量记录表，并记录测量数据，注明计算公式，得出计算结果。

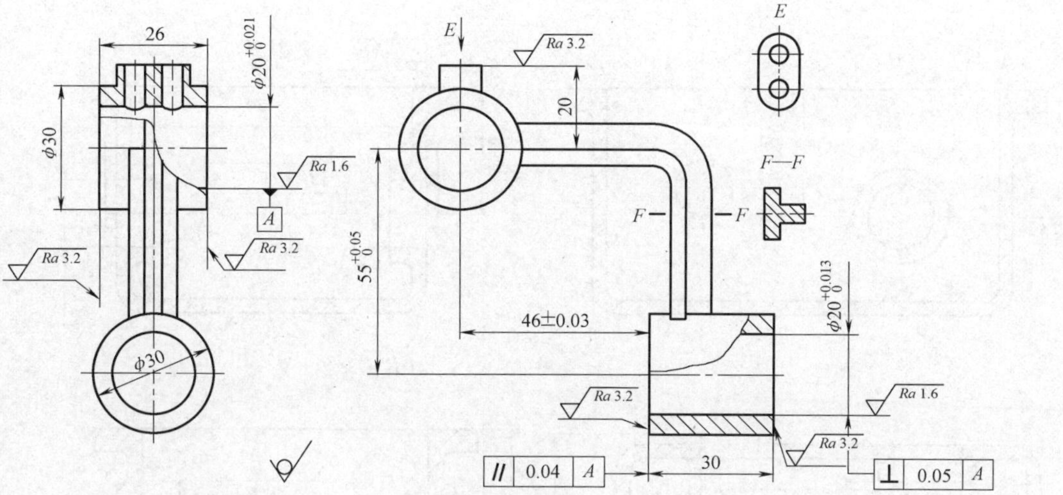

图 6-10　管接

项目三　箱体类零件的测量

任务导入

由于生产过程中各种生产要素对产品的质量都有较大影响，因此，零件投入使用前必须进行综合检测，据此对零件做出合格、返修与报废的判断。箱体类零件的测量工作环境不理想，主要是箱体类零件一般都比较复杂，对测量工作带来很大的难度。

任务描述

图 6-11 所示箱体不是一个完整的零件图，它只标注了测量的一些尺寸和技术要求。可见要测量的定形尺寸有 $118^{+0.1}_{0}$、$84^{+0.08}_{0}$、$\phi20^{+0.021}_{0}$、$\phi24^{+0.021}_{0}$，定位尺寸有 70±0.02、10±0.02、$45^{+0.06}_{0}$、$35^{+0.05}_{0}$，几何公差有 1 个平面度、2 个平行度、1 个垂直度，还有表面粗糙度 9 处。本任务只测量定形尺寸 $118^{+0.1}_{0}$、$84^{+0.08}_{0}$，定位尺寸 10±0.02、$45^{+0.06}_{0}$，几何公差有垂直度 0.05 和平行度 0.05。

任务分析

1）定形尺寸 $118^{+0.1}_{0}$、$84^{+0.08}_{0}$的测量比较简单。主要是内尺寸 $84^{+0.08}_{0}$用一般的游标卡尺内爪不仅长度不够，而且测量精度也难以达到要求，必须选择合适的游标卡尺。

2）定位尺寸 10±0.02、$45^{+0.06}_{0}$的测量。尺寸 $45^{+0.06}_{0}$的测量相对简单，测量孔径及孔的上侧到基准 *A* 的距离，再通过计算即可。

尺寸 10±0.02 的测量就比较麻烦了，直接测量是不可能的，必须要想一个切合实际的测量方法，测量方法既要简单合理又要能保证测量精度。

3）几何公差垂直度 0.05 和平行度 0.05 的测量。垂直度误差的测量比较复杂，主要是

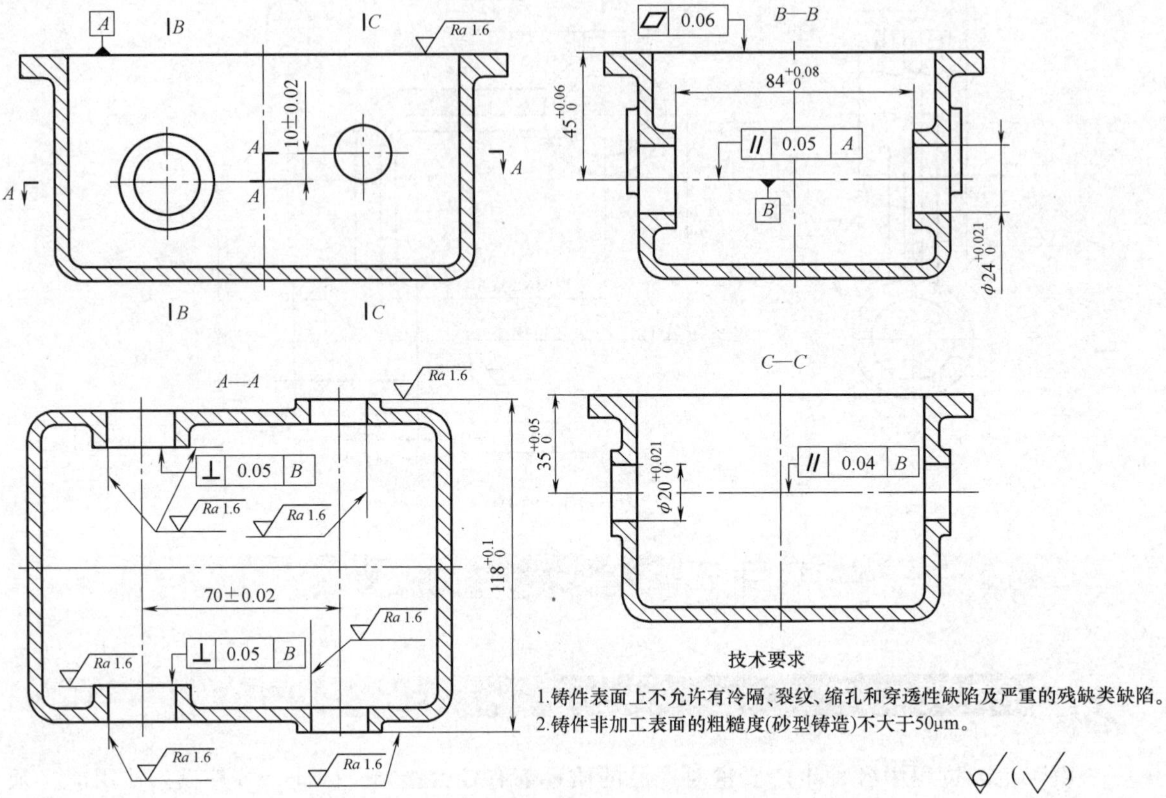

图 6-11　箱体

基准的调整，测量图 6-11 所示垂直度 0.05 选择了一个带座无间隙心轴作为基准轴。

平行度误差的测量稍简单，可以简单地按定位尺寸 $45^{+0.06}_{0}$ 的测量方法，将各自测量两孔定位尺寸作比较，这种方法不是很可靠，这里选择用无间隙心轴测量高度的方法。

任务实施

1. 测量准备

内径千分尺 75～100mm、游标卡尺 0～200mm 和 0～150mm、外径千分尺 100～125mm、深度游标卡尺 0～150mm 或深度千分尺 25～50mm、杠杆百分表及表座、检验平板、ϕ24mm 和 ϕ20mm 无间隙心轴、ϕ24mm 带座无间隙心轴、被测件、刷子、清洗液、全棉布、防锈油等。

2. 测量方法与步骤

1）量具准备，选择对应量程的量具并调零。

2）用刷子、清洗液清洗零件，并用全棉布擦干。

3）测量。

① 定形尺寸 $118^{+0.1}_{0}$、$84^{+0.08}_{0}$ 的测量。尺寸 $118^{+0.1}_{0}$ 的测量，可以用游标卡尺 0～200mm 或 0～150mm 直接测量，也可以用外径千分尺 100～125mm 直接测量。多次用这 3 种尺测量

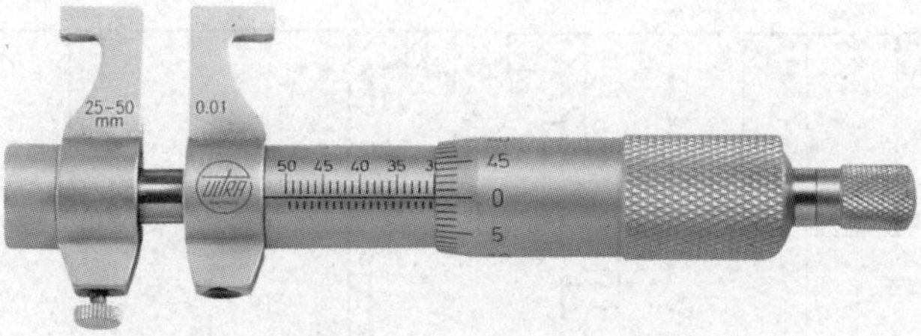

图 6-12　内径千分尺

并比较测量结果。

尺寸 $84^{+0.08}_{0}$ 的测量，可以用游标卡尺的内测量爪直接测量，也可以选择图 6-12 所示内径千分尺 75~100mm 直接测量。两种量具都比较难测量，多次测量结果的差距会很大，要注意测量手法。测量数据填入表 6-6 中。

表 6-6　定形尺寸测量记录表　　（单位：mm）

测量项目	量　具	测量点					
$118^{+0.1}_{0}$	游标卡尺						
	千分尺						
$84^{+0.08}_{0}$	内径千分尺						
	内径量表						
测量结果分析							

② 定位尺寸 10±0.02、$45^{+0.06}_{0}$ 的测量尺寸 10±0.02 直接测量是不可能的，分以下两种方法测量。

方法一，先用游标卡尺简单测量，测出各孔的上侧到基准 A 的距离 a_1、a_2、A_1、A_2，测出各孔的孔径 b_1、b_2、B_1、B_2，如图 6-13 所示。

计算：$N=a_1+\frac{1}{2}b_1$；$N'=a_2+\frac{1}{2}b_2$；$M=A_1+\frac{1}{2}B_1$；$M=A_2+\frac{1}{2}B_2$；$S=N-M$；$S'=N'-M'$。

看计算所得的 S 和 S' 是否超差。测量数据及计算值填入表 6-7 中。

表 6-7　定位尺寸 10±0.02 测量记录表一　　（单位：mm）

	测量工号	a_1	a_2	A_1	A_2	b_1	b_2	B_1	B_2
测量数据	1								
	2								

	测量工号	N	N'	M	M'	S	S'
计算值	1						
	2						
判定合格性 1							
判定合格性 2							

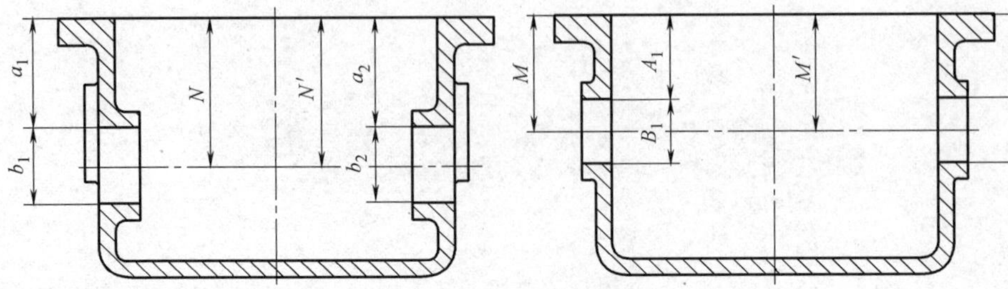

图 6-13　定位尺寸测量一

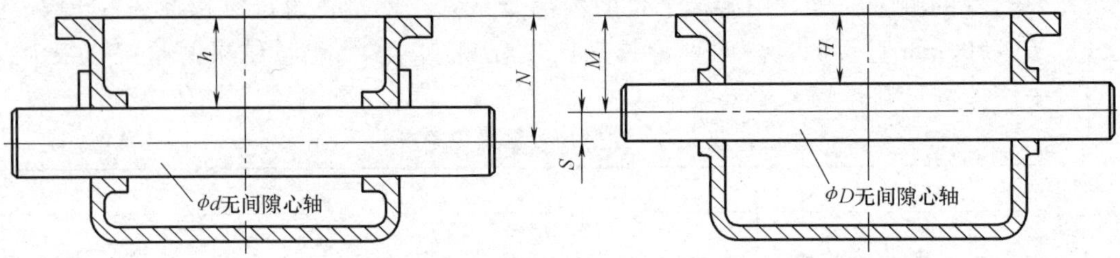

图 6-14　定位尺寸测量二

方法二，在被测件中插入两无间隙心轴，用深度尺测出心轴的上侧到基准 A 的尺寸 h 和 H，如图 6-14 所示。

计算：$S=\left(h+\frac{1}{2}d\right)-\left(H+\frac{1}{2}D\right)$。

同样看计算所得的 S 是否超差。测量数据及计算值填入表 6-8 中。

表 6-8　定位尺寸 10±0.02 测量记录表二　　（单位：mm）

测量工号	d	D	h	H	N	M	S
1							
2							
3							
4							
判定合格性	1		2		3		4

尺寸 $45^{+0.06}_{0}$ 的测量相对定位尺寸 10±0.02 的测量要简单，同样可以采用测量定位尺寸 10±0.02 的两种方法中的一部分，对方法二可以多测几个点，如图 6-15 所示。

方法一只要计算出 N 和 N'值，看是否超差即可。方法二可以多测量几个点，然后看各点是否超差。方法一的测量数据及计算值填入表 6-9 中，方法二的测量数据及计算值填入表 6-10 中。

③ 几何公差垂直度 0.05 和平行度 0.05 的测量。

a. 垂直度 0.05 的测量。

解读几何公差：被测面为尺寸为 $\phi24^{+0.021}_{0}$ 孔内端面，基准为两个尺寸为 $\phi24^{+0.021}_{0}$ 孔的公共轴线，公差项目为垂直度，公差值为 0.05mm。

对这个几何误差的测量难度在基准的控制，在这里选择了一个带座无间隙心轴，测量方法如图 6-16 所示。带座无间隙心轴的心轴轴线与底平面的垂直度必须在理想状态，将被测件的基准孔套在带座无间隙心轴上，并放置在平板上，用杠杆百分表测量被测面，读数的最大和最小值之差即为该被测面的垂直度误差。

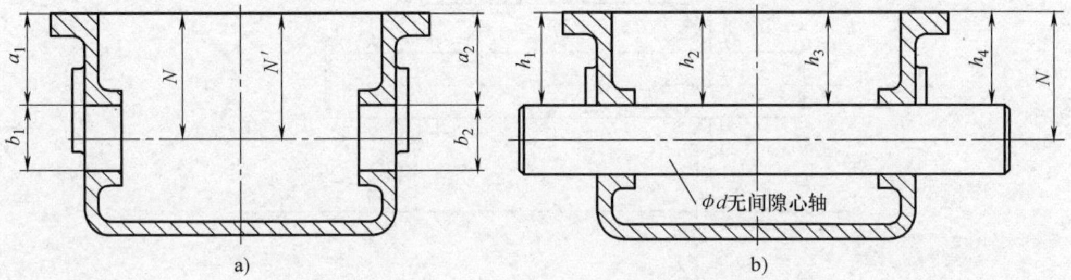

图 6-15　定位尺寸测量三

a）方法一　b）方法二

表 6-9　定位尺寸 $45^{+0.06}_{0}$ 测量记录表一　　（单位：mm）

测量工号	a_1	a_2	b_1	b_2	N	N'	判定合格性
1							
2							
3							
4							

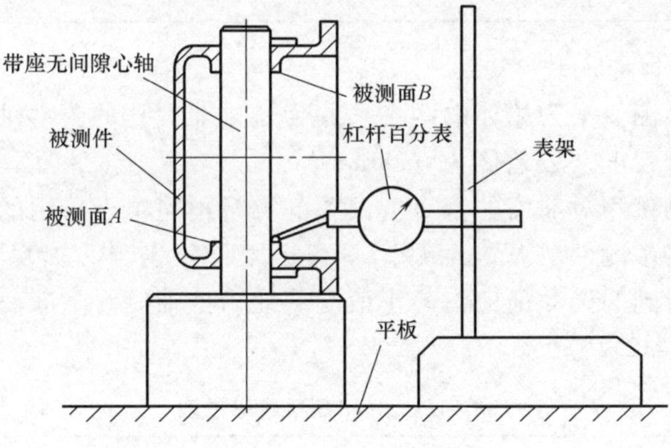

图 6-16　垂直度测量

表 6-10　定位尺寸 $45^{+0.06}_{0}$ 测量记录表二　　（单位：mm）

测量点	1	2	3	4	5	6
d						
h						
N						
判定合格性						

换一方向可以测量对面的垂直度。测量数据及计算值填入表 6-11 中。

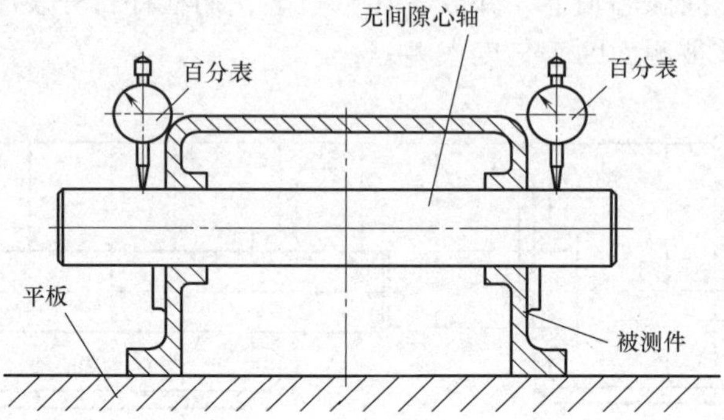

图 6-17　平行度测量

表 6-11　垂直度测量记录表　（单位：mm）

被测面	数据记录						
	测量点 1	测量点 2	测量点 3	测量点 4	测量点 5	测量点 6	测量点 7
A							
B							
A 面误差				*B* 面误差			
判定合格性	*A* 面：			*B* 面：			

b. 平行度 0.05 的测量。

解读几何公差：被测要素为箱体的两个尺寸为 $\phi 24^{+0.021}_{0}$孔的公共轴线，基准要素为箱体的上面，公称项目为平行度，公差值为 0.05mm。

这个几何误差的测量相对前面的垂直度误差的测量稍简单，采用的测量方法是在两孔中插入无间隙心轴，并将被测件的基准面贴紧平板，用百分表测心轴两端的上侧，如图 6-17 所示。多测几个点，得到的读数最大与最小值之差即为该轴线对基准面的平行度误差。测量数据及计算值填入表 6-12 中。

表 6-12　平行度测量记录表　（单位：mm）

测量点	1	2	3	4	5	6	7
测量值							
平行度误差							
判定合格性							

任务评价

任务结束后留出部分时间，分小组交流讨论，分享各自的学习成果，共同进步。参数“附表十四”做出正确的任务评价与总结。

活学活用

选用适当的测量方法测量图 6-11 中其他几个尺寸和几何公差，定形尺寸有 $\phi20^{+0.021}_{0}$、$\phi24^{+0.021}_{0}$，定位尺寸有 70±0.02、$35^{+0.05}_{0}$，几何公差有平面度 0.06 和平行度 0.04。

说明测量方法的选择依据，制定测量方案，编制测量记录表，记录测量数据及测量结果。

附

附表一　孔的基

公称尺寸/mm		基本偏差																				
		下极限偏差 EI																				
大于	至	所有标准公差等级												IT6	IT7	IT8	≤IT8	>IT8	≤IT8	>IT8	≤IT8	>IT8
		A	B	C	CD	D	E	EF	F	FG	G	H	JS	J			K		M		N	
—	3	+270	+140	+60	+34	+20	+14	+10	+6	+4	+2	0	偏差=±$\frac{IT_n}{2}$，式中IT_n是IT值数	+2	+4	+6	0	0	−2	−2	−4	−4
3	6	+270	+140	+70	+46	+30	+20	+14	+10	+6	+4	0		+5	+6	+10	−1+Δ		−4+Δ	−4	−8+Δ	0
6	10	+280	+150	+80	+56	+40	+25	+18	+13	+8	+5	0		+5	+8	+12	−1+Δ		−6+Δ	−6	−10+Δ	0
10	14	+290	+150	+95		+50	+32		+16		+6	0		+6	+10	+15	−1+Δ		−7+Δ	−7	−12+Δ	0
14	18																					
18	24	+300	+160	+110		+65	+40		+20		+7	0		+8	+12	+20	−2+Δ		−8+Δ	−8	−15+Δ	0
24	30																					
30	40	+310	+170	+120		+80	+50		+25		+9	0		+10	+14	+24	−2+Δ		−9+Δ	−9	−17+Δ	0
40	50	+320	+180	+130																		
50	65	+340	+190	+140		+100	+60		+30		+10	0		+13	+18	+28	−2+Δ		−11+Δ	−11	−20+Δ	0
65	80	+360	+200	+150																		
80	100	+380	+220	+170		+120	+72		+36		+12	0		+16	+22	+34	−3+Δ		−13+Δ	−13	−23+Δ	0
100	120	+410	+240	+180																		
120	140	+460	+260	+200		+145	+85		+43		+14	0		+18	+26	+41	−3+Δ		−15+Δ	−15	−27+Δ	0
140	160	+520	+280	+210																		
160	180	+580	+310	+230																		
180	200	+660	+340	+240		+170	+100		+50		+15	0		+22	+30	+47	−4+Δ		−17+Δ	−17	−31+Δ	0
200	225	+740	+380	+260																		
225	250	+820	+420	+280																		
250	280	+920	+480	+300		+190	+110		+56		+17	0		+25	+36	+55	−4+Δ		−20+Δ	−20	−34+Δ	0
280	315	+1050	+540	+330																		
315	355	+1200	+600	+360		+210	+125		+62		+18	0		+29	+39	+60	−4+Δ		−21+Δ	−21	−37+Δ	0
355	400	+1350	+680	+400																		
400	450	+1500	+760	+440		+230	+135		+68		+20	0		+33	+43	+66	−5+Δ		−23+Δ	−23	−40+Δ	0
450	500	+1650	+840	+480																		
500	560					+260	+145		+76		+22	0					0		−26		−44	
560	630																					
630	710					+290	+160		+80		+24	0					0		−30		−50	
710	800																					
800	900					+320	+170		+86		+26	0					0		−34		−56	
900	1000																					
1000	1120					+350	+195		+98		+28	0					0		−40		−66	
1120	1250																					
1250	1400					+390	+220		+110		+30	0					0		−48		−78	
1400	1600																					
1600	1800					+430	+240		+120		+32	0					0		−58		−92	
1800	2000																					
2000	2240					+480	+260		+130		+34	0					0		−68		−110	
2240	2500																					
2500	2800					+520	+290		+145		+38	0					0		−76		−135	
2800	3150																					

注：1. 公称尺寸小于或等于 1mm 时，基本偏差 A 和 B 及大于 IT8 的 N 均不采用。公差带 JS7 至 JS11，若 IT_n 值数是

2. 对小于或等于 IT8 的 K、M、N 和小于或等于 IT7 的 P 至 ZC，所需 Δ 值从表内右侧选取。例如：18~30mm 段的 M6，ES=−9μm（代替−11μm）。

录

本偏差数值　　（单位：μm）

数值													Δ值					
上极限偏差 ES																		
≤IT7	标准公差等级大于 IT7												标准公差等级					
P 至 ZC	P	R	S	T	U	V	X	Y	Z	ZA	ZB	ZC	IT3	IT4	IT5	IT6	IT7	IT8
在大于 IT7 的相应数值上增加一个 Δ 值	−6	−10	−14		−18		−20		−26	−32	−40	−60	0	0	0	0	0	0
	−12	−15	−19		−23		−28		−35	−42	−50	−80	1	1.5	1	3	4	6
	−15	−19	−23		−28		−34		−42	−52	−67	−97	1	1.5	2	3	6	7
	−18	−23	−28		−33		−40		−50	−64	−90	−130	1	2	3	3	7	9
						−39	−45		−60	−77	−108	−150						
	−22	−28	−35		−41	−47	−54	−63	−73	−98	−136	−188	1.5	2	3	4	8	12
				−41	−48	−55	−64	−75	−88	−118	−160	−218						
	−26	−34	−43	−48	−60	−68	−80	−94	−112	−148	−200	−274	1.5	3	4	5	9	14
				−54	−70	−81	−97	−114	−136	−180	−242	−325						
	−32	−41	−53	−66	−87	−102	−122	−144	−172	−226	−300	−405	2	3	5	6	11	16
		−43	−59	−75	−102	−120	−146	−174	−210	−274	−360	−480						
	−37	−51	−71	−91	−124	−146	−178	−214	−258	−335	−445	−585	2	4	5	7	13	19
		−54	−79	−104	−144	−172	−210	−254	−310	−400	−525	−690						
	−43	−63	−92	−122	−170	−202	−248	−300	−365	−470	−620	−800	3	4	6	7	15	23
		−65	−100	−134	−190	−228	−280	−340	−415	−535	−700	−900						
		−68	−108	−146	−210	−252	−310	−380	−465	−600	−780	−1000						
	−50	−77	−122	−166	−236	−284	−350	−425	−520	−670	−880	−1150	3	4	6	9	17	26
		−80	−130	−180	−258	−310	−385	−470	−575	−740	−960	−1250						
		−84	−140	−196	−284	−340	−425	−520	−640	−820	−1050	−1350						
	−56	−94	−158	−218	−315	−385	−475	−580	−710	−920	−1200	−1550	4	4	7	9	20	29
		−98	−170	−240	−350	−425	−525	−650	−790	−1000	−1300	−1700						
	−62	−108	−190	−268	−390	−475	−590	−730	−900	−1150	−1500	−1900	4	5	7	11	21	32
		−114	−208	−294	−435	−530	−660	−820	−1000	−1300	−1650	−2100						
	−68	−126	−232	−330	−490	−595	−740	−920	−1100	−1450	−1850	−2400	5	5	7	13	23	34
		−132	−252	−360	−540	−660	−820	−1000	−1250	−1600	−2100	−2600						
	−78	−150	−280	−400	−600													
		−155	−310	−450	−660													
	−88	−175	−340	−500	−740													
		−185	−380	−560	−840													
	−100	−210	−430	−620	−940													
		−220	−470	−680	−1050													
	−120	−250	−520	−780	−1150													
		−260	−580	−810	−1300													
	−140	−300	−640	−960	−1450													
		−330	−720	−1050	−1600													
	−170	−370	−820	−1200	−1850													
		−400	−920	−1350	−2000													
	−195	−440	−1000	−1500	−2300													
		−460	−1100	−1650	−2500													
	−240	−550	−1250	−1900	−2900													
		−580	−1400	−2100	−3200													

奇数，则取偏差 $= \pm \frac{IT_{n-1}}{2}$。

段的 K7：$\Delta = 8\mu m$，所以 $ES = -2+8 = +6\mu m$；18～30mm 段的 S6：$\Delta = 4\mu m$，所以 $ES = -35+4 = -31\mu m$。特殊情况：250～315mm

附表二　轴的

公称尺寸/mm		基本偏差数值(上极限偏差 es)															
大于	至	所有标准公差等级												IT5 和 IT6	IT7	IT8	IT4~IT7
		a	b	c	cd	d	e	ef	f	fg	g	h	js	j			
—	3	-270	-140	-60	-34	-20	-14	-10	-6	-4	-2	0	偏差=±$\frac{IT_n}{2}$式中IT_n是IT值数	-2	-4	-6	0
3	6	-270	-140	-70	-46	-30	-20	-14	-10	-6	-4	0		-2	-4		+1
6	10	-280	-150	-80	-56	-40	-25	-18	-13	-8	-5	0		-2	-5		+1
10	14	-290	-150	-95		-50	-32		-16		-6	0		-3	-6		+1
14	18																
18	24	-300	-160	-110		-65	-40		-20		-7	0		-4	-8		+2
24	30																
30	40	-310	-170	-120		-80	-50		-25		-9	0		-5	-10		+2
40	50	-320	-180	-130													
50	65	-340	-190	-140		-100	-60		-30		-10	0		-7	-12		+2
65	80	-360	-200	-150													
80	100	-380	-220	-170		-120	-72		-36		-12	0		-9	-15		+3
100	120	-410	-240	-180													
120	140	-460	-260	-200		-145	-85		-43		-14	0		-11	-18		+3
140	160	-520	-280	-210													
160	180	-580	-310	-230													
180	200	-660	-340	-240		-170	-100		-50		-15	0		-13	-21		+4
200	225	-740	-380	-260													
225	250	-820	-420	-280													
250	280	-920	-480	-300		-190	-110		-56		-17	0		-16	-26		+4
280	315	-1050	-540	-330													
315	355	-1200	-600	-360		-210	-125		-62		-18	0		-18	-28		+4
355	400	-1350	-680	-400													
400	450	-1500	-760	-440		-230	-135		-68		-20	0		-20	-32		+5
450	500	-1650	-840	-480													
500	560					-260	-145		-76		-22	0					0
560	630																
630	710					-290	-160		-80		-24	0					0
710	800																
800	900					-320	-170		-86		-26	0					0
900	1000																
1000	1120					-350	-195		-98		-28	0					0
1120	1250																
1250	1400					-390	-220		-110		-30	0					0
1400	1600																
1600	1800					-430	-240		-120		-32	0					0
1800	2000																
2000	2240					-480	-260		-130		-34	0					0
2240	2500																
2500	2800					-520	-290		-145		-38	0					0
2800	3150																

注：公称尺寸小于或等于 1mm 时，基本偏差 a 和 b 均不采用。公差带 js7~js11，若 IT_n 值数是奇数，则取偏差 $=\pm\frac{IT_n-1}{2}$。

基本偏差数值

（单位：μm）

基本偏差数值(下极限偏差 ei)

≤IT3 >IT7	所有标准公差等级													
k	m	n	p	r	s	t	u	v	x	y	z	za	zb	zc
0	+2	+4	+6	+10	+14		+18		+20		+26	+32	+40	+60
0	+4	+8	+12	+15	+19		+23		+28		+35	+42	+50	+80
0	+6	+10	+15	+19	+23		+28		+34		+42	+52	+67	+97
0	+7	+12	+18	+23	+28		+33		+40		+50	+64	+90	+130
								+39	+45		+60	+77	+108	+150
0	+8	+15	+22	+28	+35		+41	+47	+54	+63	+73	+98	+136	+188
						+41	+48	+55	+64	+75	+88	+118	+160	+218
0	+9	+17	+26	+34	+43	+48	+60	+68	+80	+94	+112	+148	+200	+274
						+54	+70	+81	+97	+114	+136	+180	+242	+325
0	+11	+20	+32	+41	+53	+66	+87	+102	+122	+144	+172	+226	+300	+405
				+43	+59	+75	+102	+120	+146	+174	+210	+274	+360	+480
0	+13	+23	+37	+51	+71	+91	+124	+146	+178	+214	+258	+335	+445	+585
				+54	+79	+104	+144	+172	+210	+254	+310	+400	+525	+690
0	+15	+27	+43	+63	+92	+122	+170	+202	+248	+300	+365	+470	+620	+800
				+65	+100	+134	+190	+228	+280	+340	+415	+535	+700	+900
				+68	+108	+146	+210	+252	+310	+380	+465	+600	+780	+1000
0	+17	+31	+50	+77	+122	+166	+236	+284	+350	+425	+520	+670	+880	+1150
				+80	+130	+180	+258	+310	+385	+470	+575	+740	+960	+1250
				+84	+140	+196	+284	+340	+425	+520	+640	+820	+1050	+1350
0	+20	+34	+56	+94	+158	+218	+315	+385	+475	+580	+710	+920	+1200	+1550
				+98	+170	+240	+350	+425	+525	+650	+790	+1000	+1300	+1700
0	+21	+37	+62	+108	+190	+268	+390	+475	+590	+730	+900	+1150	+1500	+1900
				+114	+208	+294	+435	+530	+660	+820	+1000	+1300	+1650	+2100
0	+23	+40	+68	+126	+232	+330	+490	+595	+740	+920	+1100	+1450	+1850	+2400
				+132	+252	+360	+540	+660	+820	+1000	+1250	+1600	+2100	+2600
0	+26	+44	+78	+150	+280	+400	+600							
				+155	+310	+450	+660							
0	+30	+50	+88	+175	+340	+500	+740							
				+185	+380	+560	+840							
0	+34	+56	+100	+210	+430	+620	+940							
				+220	+470	+680	+1050							
0	+40	+66	+120	+250	+520	+780	+1150							
				+260	+580	+840	+1300							
0	+48	+78	+140	+300	+640	+960	+1450							
				+330	+720	+1050	+1600							
0	+58	+92	+170	+370	+820	+1200	+1850							
				+400	+920	+1350	+2000							
0	+68	+110	+195	+440	+1000	+1500	+2300							
				+460	+1100	+1650	+2500							
0	+76	+135	+240	+550	+1250	+1900	+2900							
				+580	+1400	+2100	+3200							

附表三　孔的极限偏差　　（单位：μm）

公称尺寸/mm		公差带														
		A	B		C			D					E			F
大于	至	11 *	11 *	12 *	10	▲11	12	7	8 *	▲9	10 *	11 *	8 *	9 *	10	6 *
—	3	+330 +270	+200 +140	+240 +140	+100 +60	+120 +60	+160 +60	+30 +20	+34 +20	+45 +20	+60 +20	+80 +20	+28 +14	+39 +14	+54 +14	+12 +6
3	6	+345 +270	+215 +140	+260 +140	+118 +70	+145 +70	+190 +70	+42 +30	+48 +30	+60 +30	+78 +30	+105 +30	+38 +20	+50 +20	+68 +20	+18 +10
6	10	+370 +280	+240 +150	+300 +150	+138 +80	+170 +80	+230 +80	+55 +40	+62 +40	+76 +40	+98 +40	+130 +40	+47 +25	+61 +25	+83 +25	+22 +13
10 14	14 18	+400 +290	+260 +150	+330 +150	+165 +95	+205 +95	+275 +95	+68 +50	+77 +50	+93 +50	+120 +50	+160 +50	+59 +32	+75 +32	+102 +32	+27 +16
18 24	24 30	+430 +300	+290 +160	+370 +160	+194 +110	+240 +110	+320 +110	+86 +65	+98 +65	+117 +65	+149 +65	+195 +65	+73 +40	+92 +40	+124 +40	+33 +20
30	40	+470 +310	+330 +170	+420 +170	+220 +120	+280 +120	+370 +120	+105 +80	+119 +80	+142 +80	+180 +80	+240 +80	+89 +50	+112 +50	+150 +50	+41 +25
40	50	+480 +320	+340 +180	+430 +180	+230 +130	+290 +130	+380 +130									
50	65	+530 +340	+380 +190	+490 +190	+260 +140	+330 +140	+440 +140	+130 +100	+146 +100	+174 +100	+220 +100	+290 +100	+106 +60	+134 +60	+180 +60	+49 +30
65	80	+550 +360	+390 +200	+500 +200	+270 +150	+340 +150	+450 +150									
80	100	+600 +380	+440 +220	+570 +220	+310 +170	+390 +170	+520 +170	+155 +120	+174 +120	+207 +120	+260 +120	+340 +120	+126 +72	+159 +72	+212 +72	+58 +36
100	120	+630 +410	+460 +240	+590 +240	+320 +180	+400 +180	+530 +180									
120	140	+710 +460	+510 +260	+660 +260	+360 +200	+450 +200	+600 +200	+185 +145	+208 +145	+245 +145	+305 +145	+395 +145	+148 +85	+185 +85	+245 +85	+68 +43
140	160	+770 +520	+530 +280	+680 +280	+370 +210	+460 +210	+610 +210									
160	180	+830 +580	+560 +310	+710 +310	+390 +230	+480 +230	+630 +230									
180	200	+950 +660	+630 +340	+800 +340	+425 +240	+530 +240	+700 +240	+216 +170	+242 +170	+285 +170	+355 +170	+460 +170	+172 +100	+215 +100	+285 +100	+79 +50
200	225	+1030 +740	+670 +380	+840 +380	+445 +260	+550 +260	+720 +260									
225	250	+1110 +820	+710 +420	+880 +420	+465 +280	+570 +280	+740 +280									
250	280	+1240 +920	+800 +480	+1000 +480	+510 +300	+620 +300	+820 +300	+242 +190	+271 +190	+320 +190	+400 +190	+510 +190	+191 +110	+240 +110	+320 +110	+88 +56
280	315	+1370 +1050	+860 +540	+1060 +540	+540 +330	+650 +330	+850 +300									
280	315	+1560 +1200	+960 +600	+1170 +600	+590 +360	+720 +360	+930 +360	+267 +210	+299 +210	+350 +210	+440 +210	+570 +210	+214 +125	+265 +125	+355 +125	+98 +62
355	400	+1710 +1350	+1040 +680	+1250 +680	+630 +400	+760 +400	+970 +400									
400	450	+1900 +1500	+1160 +760	+1390 +760	+690 +440	+840 +440	+1070 +440	+293 +230	+327 +230	+385 +230	+480 +230	+630 +230	+232 +135	+290 +135	+385 +135	+108 +68
450	500	+2050 +1650	+1240 +840	+1470 +840	+730 +480	+880 +480	+1110 +480									

（续）

公称尺寸/mm		公差带														
		F			G			H								
大于	至	7＊	▲8	9＊	5	6＊	▲7	5	6＊	▲7	▲8	▲9	10＊	▲11	12	13
—	3	+16 +6	+20 +6	+31 +6	+6 +2	+8 +2	+12 +2	+4 0	+6 0	+10 0	+14 0	+25 0	+40 0	+60 0	+100 0	+140 0
3	6	+22 +10	+28 +10	+40 +10	+9 +4	+12 +4	+16 +4	+5 0	+8 0	+12 0	+18 0	+30 0	+48 0	+75 0	+120 0	+180 0
6	10	+28 +13	+35 +13	+49 +13	+11 +5	+14 +5	+20 +5	+6 0	+9 0	+15 0	+22 0	+36 0	+58 0	+90 0	+150 0	+220 0
10 14	14 18	+34 +16	+43 +16	+59 +16	+14 +6	+17 +6	+24 +6	+8 0	+11 0	+18 0	+27 0	+43 0	+70 0	+110 0	+180 0	+270 0
18 24	24 30	+41 +20	+53 +20	+72 +29	+16 +7	+20 +7	+28 +7	+9 0	+13 0	+21 0	+33 0	+52 0	+84 0	+130 0	+210 0	+330 0
30 40	40 50	+50 +25	+64 +25	+87 +25	+20 +9	+25 +9	+34 +9	+11 0	+16 0	+25 0	+39 0	+62 0	+100 0	+160 0	+250 0	+390 0
50 65	65 80	+60 +30	+76 +30	+104 +30	+23 +10	+29 +10	+40 +10	+13 0	+19 0	+30 0	+46 0	+74 0	+120 0	+190 0	+300 0	+460 0
80 100	100 120	+71 +36	+90 +36	+123 +36	+27 +12	+34 +12	+47 +12	+15 0	+22 0	+35 0	+54 0	+87 0	+140 0	+220 0	+350 0	+540 0
120 140 160	140 160 180	+83 +43	+106 +43	+143 +43	+32 +14	+39 +14	+54 +14	+18 0	+25 0	+40 0	+63 0	+100 0	+160 0	+250 0	+400 0	+630 0
180 200 225	200 225 250	+96 +50	+122 +50	+165 +50	+35 +15	+44 +15	+61 +15	+20 0	+29 0	+46 0	+72 0	+115 0	+185 0	+290 0	+460 0	+720 0
250 280	280 315	+108 +56	+137 +56	+186 +56	+40 +17	+49 +17	+69 +17	+23 0	+32 0	+52 0	+81 0	+130 0	+210 0	+320 0	+520 0	+810 0
315 355	355 400	+119 +62	+151 +62	+202 +62	+43 +18	+54 +18	+75 +18	+25 0	+36 0	+57 0	+89 0	+140 0	+230 0	+360 0	+570 0	+890 0
400 450	450 500	+131 +68	+165 +68	+223 +68	+47 +20	+60 +20	+83 +20	+27 0	+40 0	+63 0	+97 0	+155 0	+250 0	+400 0	+630 0	+970 0

（续）

公称尺寸/mm		公差带														
		J			JS						K			M		
大于	至	6	7	8	5	6*	7*	8*	9	10	6*	▲7	8*	6*	7*	8*
—	3	+2 -4	+4 -6	+6 -8	±2	±3	±5	±7	±12	±20	0 -6	0 -10	0 -14	-2 -8	-2 -12	-2 -16
3	6	+5 -3	±6	+10 -8	±2.5	±4	±6	±9	±15	±24	+2 -6	+3 -9	+5 -13	-1 -9	0 -12	+2 -16
6	10	+5 -4	+8 -7	+12 -10	±3	±4.5	±7	±11	±18	±29	+2 -7	+5 -10	+6 -16	-3 -12	0 -15	+1 -21
10	14	+6 -5	+10 -8	+15 -12	±4	±5.5	±9	±13	±21	±35	+2 -9	+6 -12	+8 -19	-4 -15	0 -18	+2 -25
14	18															
18	24	+8 -5	+12 -9	+20 -13	±4.5	±6.5	±10	±16	±26	±42	+2 -11	+6 -15	+10 -23	-4 -17	0 -21	+4 -29
24	30															
30	40	+10 -6	+14 -11	+24 -15	±5.5	±8	±12	±19	±31	±50	+3 -13	+7 -18	+12 -27	-4 -20	0 -25	+5 -34
40	50															
50	65	+13 -6	+18 -12	+28 -18	±6.5	±9.5	±15	±23	±37	±60	+4 -15	+9 -21	+14 -32	-5 -24	0 -30	+5 -41
65	80															
80	100	+16 -6	+22 -13	+34 -20	±7.5	±11	±17	±27	±43	±70	+8 -18	+10 -25	+16 -38	-5 -28	0 -35	+6 -48
100	120															
120	140	+18 -7	+26 -14	+41 -22	±9	±12.5	±20	±31	±50	±80	+4 -21	+12 -28	+20 -43	-8 -33	0 -40	+8 -55
140	160															
160	180															
180	200	+22 -7	+30 -16	+47 -25	±10	±14.5	±23	±36	±57	±92	+5 -24	+13 -33	+22 -50	-8 -37	0 -46	+9 -63
200	225															
225	250															
250	280	+25 -7	+36 -16	+55 -26	±11.5	±16	±26	±40	±65	±105	+5 -27	+16 -36	+25 -56	-9 -41	0 -52	+9 -72
280	315															
315	355	+29 -7	+39 -18	+60 -29	±12.5	±18	±28	±44	±70	±115	+7 -29	+17 -40	+28 -61	-10 -46	0 -57	+11 -78
355	400															
400	450	+33 -7	+43 -20	+66 -31	±13.5	±20	±31	±48	±77	±125	+8 -32	+18 -45	+29 -68	-10 -50	0 -63	+11 -86
450	500															

（续）

公称尺寸/mm		公差带														
		N			P				R			S		T		U
大于	至	6 *	▲7	8 *	6 *	▲7	8	9	6 *	7 *	8	6 *	▲7	6 *	7 *	▲7
—	3	-4 -10	-4 -14	-4 -18	-6 -12	-6 -16	-6 -20	-6 -31	-10 -16	-10 -20	-10 -24	-14 -20	-14 -24	—	—	-18 -28
3	6	-5 -13	-4 -16	-2 -20	-9 -17	-8 -20	-12 -30	-12 -42	-12 -20	-11 -23	-15 -33	-16 -24	-15 -27	—	—	-19 -31
6	10	-7 -16	-4 -19	-3 -25	-12 -21	-9 -24	-15 -37	-15 -51	-16 -25	-13 -28	-19 -41	-20 -29	-17 -32	—	—	-22 -37
10	14	-9 -20	-5 -23	-3 -30	-15 -26	-11 -29	-18 -45	-18 -61	-20 -31	-16 -34	-23 -50	-25 -36	-21 -39	—	—	-26 -44
14	18															
18	24	-11 -24	-7 -28	-3 -36	-18 -31	-14 -35	-22 -55	-22 -74	-24 -37	-20 -41	-28 -61	-31 -44	-27 -48	—	—	-33 -54
24	30													-37 -50	-33 -54	-40 -61
30	40	-12 -28	-8 -33	-3 -42	-21 -37	-17 -42	-26 -65	-26 -88	-29 -45	-25 -50	-34 -73	-38 -54	-34 -59	-43 -59	-39 -64	-51 -76
40	50													-49 -65	-45 -70	-61 -86
50	65	-14 -33	-9 -39	-4 -50	-26 -45	-21 -51	-32 -78	-32 -106	-35 -54	-30 -60	-41 -87	-47 -66	-42 -72	-60 -79	-55 -85	-76 -106
65	80								-37 -56	-32 -62	-43 -89	-53 -72	-48 -78	-69 -88	-64 -94	-91 -121
80	100	-16 -38	-10 -45	-4 -58	-30 -52	-24 -59	-37 -91	-37 -124	-44 -66	-38 -73	-51 -105	-64 -86	-58 -93	-84 -106	-78 -113	-111 -146
100	120								-47 -69	-41 -76	-54 -108	-72 -94	-66 -101	-97 -119	-91 -126	-131 -166
120	140	-20 -45	-12 -52	-4 -67	-36 -61	-28 -68	-43 -106	-43 -143	-56 -81	-48 -88	-63 -126	-85 -110	-77 -117	-115 -140	-107 -147	-155 -195
140	160								-58 -83	-50 -90	-65 -128	-93 -118	-85 -125	-127 -152	-119 -159	-175 -215
160	180								-61 -86	-53 -93	-68 -131	-101 -126	-93 -133	-139 -164	-131 -171	-195 -235
180	200	-22 -51	-14 -60	-5 -77	-41 -70	-33 -79	-50 -122	-50 -165	-68 -97	-60 -106	-77 -149	-113 -142	-105 -151	-157 -186	-149 -195	-219 -265
220	225								-71 -100	-63 -109	-80 -152	-121 -150	-113 -159	-171 -200	-163 -209	-241 -287
225	250								-75 -104	-67 -113	-84 -156	-131 -160	-123 -169	-187 -216	-179 -225	-267 -313
250	280	-25 -57	-14 -66	-5 -86	-47 -79	-36 -88	-56 -137	-56 -186	-85 -117	-74 -126	-94 -175	-149 -181	-138 -190	-209 -241	-198 -250	-295 -347
280	315								-89 -121	-78 -130	-98 -179	-161 -193	-150 -202	-231 -263	-220 -272	-330 -382
315	355	-26 -62	-16 73	-5 94	-51 87	-41 98	-62 151	-62 202	-97 -133	-87 -144	-108 -197	-179 -215	-169 -226	-257 -293	-247 -304	-369 -426
355	400								-103 -139	-93 -150	-114 -203	-197 -233	-187 -244	-283 -319	-273 -330	-414 -471
400	450	-27 -67	-17 -80	-6 -103	-55 -95	-45 -108	-68 -165	-68 -223	-113 -153	-103 -166	-126 -223	-219 -259	-209 -272	-317 -357	-307 -370	-467 -530
450	500								-119 -159	-109 -172	-132 -229	-239 -279	-229 -292	-347 -387	-337 -400	-517 -580

注：1. 公称尺寸小于 1mm 时，各级的 A 和 B 均不采用。

2. ▲为优先公差带，* 为常用公差带，其余为一般公差带。

3. 当公称尺寸大于 250~315mm 时，M6 的 ES 等于-9μm（不等于-11μm）。

附表四　轴的极限偏差　　　　　　（单位：μm）

公称尺寸/mm		公差带														
		a		b			c					d				
大于	至	10	11 *	10	11 *	12 *	8	9 *	10 *	▲11	12	7	8 *	▲9	10 *	11 *
—	3	-270 -310	-270 -330	-140 -180	-140 -200	-140 -240	-60 -74	-60 -85	-60 -100	-60 -120	-60 -160	-20 -30	-20 -34	-20 -45	-20 -60	-20 -80
3	6	-270 -318	-270 -345	-140 -188	-140 -215	-140 -260	-70 -88	-70 -100	-70 -118	-70 -145	-70 -190	-30 -42	-30 -48	-30 -60	-30 -78	-30 -105
6	10	-280 -338	-280 -370	-150 -208	-150 -240	-150 -300	-80 -102	-80 -116	-80 -138	-80 -170	-80 -230	-40 -55	-40 -62	-40 -76	-40 -98	-40 -130
10 14	14 18	-290 -360	-290 -400	-150 -220	-150 -260	-150 -330	-95 -122	-95 -138	-95 -165	-95 -205	-95 -275	-50 -68	-50 -77	-50 -93	-50 -120	-50 -160
18 24	24 30	-300 -384	-300 -430	-160 -244	-160 -290	-160 -370	-110 -143	-110 -162	-110 -194	-110 -240	-110 -320	-65 -86	-65 -98	-65 -117	-65 -149	-65 -195
30	40	-310 -410	-310 -470	-170 -270	-170 -330	-170 -420	-120 -159	-120 -182	-120 -220	-120 -280	-120 -370	-80 -105	-80 -119	-80 -142	-80 -180	-80 -240
40	50	-320 -420	-320 -480	-180 -280	-180 -340	-180 -430	-130 -169	-130 -192	-130 -230	-130 -290	-130 -380					
50	65	-340 -460	-340 -530	-190 -310	-190 -380	-190 -490	-140 -186	-140 -214	-140 -260	-140 -330	-140 -440	-100 -130	-100 -146	-100 -174	-100 -220	-100 -290
65	80	-360 -480	-360 -550	-200 -320	-200 -390	-200 -500	-150 -196	-150 -224	-150 -270	-150 -340	-150 -450					
80	100	-380 -520	-380 -600	-220 -360	-220 -440	-220 -570	-170 -224	-170 -257	-170 -310	-170 -390	-170 -520	-120 -155	-120 -174	-120 -207	-120 -260	-120 -340
100	120	-110 -550	-410 -630	-240 -380	-240 -460	-240 -590	-180 -234	-180 -267	-180 -320	-180 -400	-180 -530					
120	140	-460 -620	-460 -710	-260 -420	-260 -510	-260 -660	-200 -263	-200 -300	-200 -360	-200 -450	-200 -600	-145 -185	-145 -208	-145 -245	-145 -305	-145 -395
140	160	-520 -680	-520 -770	-280 -440	-280 -530	-280 -680	-210 -273	-210 -310	-210 -370	-210 -460	-210 -610					
160	180	-580 -740	-580 -830	-310 -470	-310 -560	-310 -710	-230 -293	-230 -330	-230 -390	-230 -480	-230 -630					
180	200	-660 -845	-660 -950	-340 -525	-340 -630	-340 -800	-240 -312	-240 -355	-240 -425	-240 -530	-240 -700	-170 -216	-170 -242	-170 -285	-170 -355	-170 -460
200	225	-740 -925	-740 -1030	-380 -565	-380 -670	-380 -840	-260 -332	-260 -375	-260 -445	-260 -550	-260 -720					
225	250	-820 -1005	-820 -1110	-420 -605	-420 -710	-420 -880	-280 -352	-280 -395	-280 -465	-280 -270	-280 -740					
250	280	-920 -1130	-920 -1240	-480 -690	-480 -800	-480 -1000	-300 -381	-300 -430	-300 -510	-300 -620	-300 -820	-190 -242	-190 -271	-190 -320	-190 -400	-190 -510
280	315	-1050 -1260	-1050 -1370	-540 -750	-540 -860	-540 -1060	-330 -411	-330 -460	-330 -540	-330 -650	-330 -850					
315	355	-1200 -1430	-1200 -1560	-600 -830	-600 -960	-600 -1170	-360 -449	-360 -500	-360 -590	-360 -720	-360 -930	-210 -267	-210 -299	-210 -350	-210 -440	-210 -570
355	400	-1350 -1580	-1350 -1710	-680 -910	-680 -1040	-680 -1250	-400 -489	-400 -540	-400 -630	-400 -760	-400 -970					
400	450	-1500 -1750	-1500 -1900	-760 -1010	-760 -1160	-760 -1390	-440 -537	-440 -595	-440 -690	-440 -840	-440 -1070	-230 -293	-230 -327	-230 -385	-230 -480	-230 -630
450	500	-1650 -1900	-1650 -2050	-840 -1090	-840 -1240	-840 -1470	-480 -577	-480 -635	-480 -730	-480 -880	-480 -1110					

（续）

公称尺寸/mm		公差带														
		e				f					g			h		
大于	至	6	7＊	8＊	9＊	5＊	6＊	▲7	8＊	9＊	5＊	▲6	7＊	4	5＊	▲6
—	3	-14 -20	-14 -24	-14 -28	-14 -39	-6 -10	-6 -12	-6 -16	-6 -20	-6 -31	-2 -6	-2 -8	-2 -12	0 -3	0 -4	0 -6
3	6	-20 -28	-20 -32	-20 -38	-20 -50	-10 -15	-10 -18	-10 -22	-10 -28	-10 -40	-4 -9	-4 -12	-4 -16	0 -4	0 -5	0 -8
6	10	-25 -34	-25 -40	-25 -47	-25 -61	-13 -19	-13 -22	-13 -28	-13 -35	-13 -49	-5 -11	-5 -14	-5 -20	0 -4	0 -6	0 -9
10	14	-32 -43	-32 -50	-32 -59	-32 -75	-16 -24	-16 -27	-16 -34	-16 -43	-16 -59	-6 -14	-6 -17	-6 -24	0 -5	0 -8	0 -11
14	18															
18	24	-40 -53	-40 -61	-40 -73	-40 -92	-20 -29	-20 -33	-20 -41	-20 -53	-20 -72	-7 -16	-7 -20	-7 -28	0 -6	0 -9	0 -13
24	30															
30	40	-50 -66	-50 -75	-50 -89	-50 -112	-25 -36	-25 -41	-25 -50	-25 -64	-25 -87	-9 -20	-9 -25	-9 -34	0 -7	0 -11	0 -16
40	50															
50	65	-60 -79	-60 -90	-60 -106	-60 -134	-30 -43	-30 -49	-30 -60	-30 -76	-30 -104	-10 -23	-10 -29	-10 -40	0 -8	0 -13	0 -19
65	80															
80	100	-72 -94	-72 -107	-72 -126	-72 -159	-36 -51	-36 -58	-36 -71	-36 -90	-36 -123	-12 -27	-12 -34	-12 -47	0 -10	0 -15	0 -22
100	120															
120	140	-85 -110	-85 -125	-85 -148	-85 -185	-43 -61	-43 -68	-43 -83	-43 -106	-43 -143	-14 -32	-14 -39	-14 -54	0 -12	0 -18	0 -25
140	160															
160	180															
180	200	-100 -129	-100 -146	-100 -170	-100 -215	-50 -70	-50 -79	-50 -96	-50 -122	-50 -165	-15 -35	-15 -44	-15 -61	0 -14	0 -20	0 -29
200	225															
225	250															
250	280	-110 -142	-110 -162	-110 -191	-110 -240	-56 -79	-56 -88	-56 -108	-56 -137	-56 -186	-17 -40	-17 -49	-17 -69	0 -16	0 -23	0 -32
280	315															
315	355	-125 -161	-125 -182	-125 -214	-125 -265	-62 -87	-62 -98	-62 -119	-62 -151	-62 -202	-18 -43	-18 -54	-18 -75	0 -18	0 -25	0 -36
355	400															
400	500	-135 -175	-135 -198	-135 -232	-135 -290	-68 -95	-68 -108	-68 -131	-68 -165	-68 -223	-20 -47	-20 -60	-20 -83	0 -20	0 -27	0 -40

（续）

公称尺寸/mm		公差带														
		h							j			js				
大于	至	▲7	8＊	▲9	10＊	▲11	12＊	13	5	6	7	5＊	6＊	7＊	8	9
—	3	0 -10	0 -14	0 -25	0 -40	0 -60	0 -100	0 -140	+2	+4 -2	+6 -4	±2	±3	±5	±7	±12
+3	+6	0 -12	0 -18	0 -30	0 -48	0 -75	0 -120	0 -180	+3 -2	+6 -2	+8 -4	±2.5	±4	±6	±9	±15
+6	+10	0 -15	0 -22	0 -36	0 -58	0 -90	0 -150	0 -220	+4 -2	+7 -2	+10 -5	±3	±4.5	±7	±11	±18
10	14	0 -18	0 -27	0 -43	0 -70	0 -110	0 -180	0 -270	+5 -3	+8 -3	+12 -6	±4	±5.5	±9	±13	±21
14	18															
18	24	0 -21	0 -33	0 -52	0 -84	0 -130	0 -210	0 -330	+5 -4	+9 -4	+13 -8	±4.5	±6.5	±10	±16	±26
24	30															
30	40	0 -25	0 -39	0 -62	0 -100	0 -160	0 -250	0 -390	+6 -5	+11 -5	+15 -10	±5.5	±8	±12	±19	±31
40	50															
50	65	0 -30	0 -46	0 -74	0 -120	0 -190	0 -300	0 -460	+6 -7	+12 -7	+18 -12	±6.5	±9.5	±15	±23	±37
65	80															
80	100	0 -35	0 -54	0 -87	0 -140	0 -220	0 -350	0 -540	+6 -9	+13 -9	+20 -15	±7.5	±11	±17	±27	±43
100	120															
120	140	0 -40	0 -63	0 -100	0 -160	0 -250	0 -400	0 -630	+7 -11	+14 -11	+22 -18	±9	±12.5	±20	±31	±50
140	160															
160	180															
180	200	0 -46	0 -72	0 -115	0 -185	0 -290	0 -460	0 -720	+7 -13	+16 -13	+25 -21	±10	±14.5	±23	±36	±57
200	225															
225	250															
250	280	0 -52	0 -81	0 -130	0 -210	0 -320	0 -520	0 -810	+7 -16	±16	±26	±11.5	±16	±26	±40	±65
280	315															
315	355	0 -57	0 -89	0 -140	0 -230	0 -360	0 -570	0 -890	+7 -18	+18	+29 -28	±12.5	±18	±28	±44	±70
355	400															
400	500	0 -63	0 -97	0 -155	0 -250	0 -400	0 -630	0 -970	+7 -20	+20	+31 -32	±13.5	±20	±31	±48	±77

（续）

公称尺寸/mm		公差带														
		js	k			m			n			p			r	
大于	至	10	5 *	▲6	7 *	5 *	6 *	7 *	5 *	▲6	7 *	5 *	▲6	7 *	5 *	6 *
—	3	±20	+4 0	+6 0	+10 0	+6 +2	+8 +2	+12 +2	+8 +4	+10 +4	+14 +4	+10 +6	+12 +6	+16 +6	+14 +10	+16 +10
3	6	±24	+6 +1	+9 +1	+13 +1	+9 +4	+12 +4	+16 +4	+13 +8	+16 +8	+20 +8	+17 +12	+20 +12	+24 +12	+20 +15	+23 +15
6	10	±29	+7 +1	+10 +1	+16 +1	+12 +6	+15 +6	+21 +6	+16 +10	+19 +10	+25 +10	+21 +15	+24 +15	+30 +15	+25 +19	+28 +19
10	14	±35	+9 +1	+12 +1	+19 +1	+15 +7	+18 +7	+25 +7	+20 +12	+23 +12	+30 +12	+26 +18	+29 +18	+36 +18	+31 +23	+34 +23
14	18															
18	24	±42	+11 +2	+15 +2	+23 +2	+17 +8	+21 +8	+29 +8	+24 +15	+28 +15	+36 +15	+31 +22	+35 +22	+43 +22	+37 +28	+41 +28
24	30															
30	40	±50	+13 +2	+18 +2	+27 +2	+20 +9	+25 +9	+34 +9	+28 +17	+33 +17	+42 +17	+37 +26	+42 +26	+51 +26	+45 +34	+50 +34
40	50															
50	65	±60	+15 +2	+21 +2	+32 +2	+24 +11	+30 +11	+41 +11	+33 +20	+39 +20	+50 +20	+45 +32	+51 +32	+62 +32	+54 +41	+60 +41
65	80														+56 +43	+62 +43
80	100	±70	+18 +3	+25 +3	+38 +3	+28 +13	+35 +13	+48 +13	+38 +23	+45 +23	+58 +23	+52 +37	+49 +37	+72 +37	+66 +51	+73 +51
100	120														+69 +54	+76 +54
120	140	±80	+21 +3	+28 +3	+43 +3	+33 +15	+40 +15	+55 +15	+45 +27	+52 +27	+67 +27	+61 +43	+68 +43	+83 +43	+81 +63	+88 +63
140	160														+83 +65	+90 +65
160	180														+86 +68	+93 +68
180	200	±92	+24 +4	+33 +4	+50 +4	+37 +17	+46 +17	+63 +17	+51 +31	+60 +31	+77 +31	+70 +50	+79 +50	+96 +50	+97 +77	+106 +77
200	225														+100 +80	+109 +80
225	250														+104 +84	+113 +84
250	280	±105	+27 +4	+36 +4	+56 +4	+43 +20	+52 +20	+72 +20	+57 +34	+66 +34	+86 +34	+79 +56	+88 +56	+108 +56	+117 +94	+126 +94
280	315														+121 +98	+130 +98
315	355	±115	+29 +4	+40 +4	+61 +4	+46 +21	+57 +21	+78 +21	+62 +37	+73 +37	+94 +37	+87 +62	+98 +62	+119 +62	+133 +108	+144 +108
355	400														+139 +114	+150 +114
400	450	±125	+32 +5	+45 +5	+68 +5	+50 +23	+63 +23	+86 +23	+67 +40	+80 +40	+103 +40	+95 +68	+108 +68	+131 +68	+153 +126	+166 +126
450	500														+159 +132	+172 +132

（续）

公称尺寸/mm		公差带														
		r	s			t			u				v	x	y	z
大于	至	7*	5*	▲6	7*	5*	6*	7*	5*	▲6	7*	8	6*	6*	6*	6*
—	3	+20 +10	+18 +14	+20 +14	+24 +14	—	—	—	+22 +18	+24 +18	+28 +18	+32 +18	—	+26 +20	—	+32 +26
3	6	+27 +15	+24 +19	+27 +19	+31 +19	—	—	—	+28 +23	+31 +23	+35 +23	+41 +23	—	+36 +28	—	+42 +35
6	10	+34 +19	+29 +23	+32 +23	+38 +23	—	—	—	+34 +28	+37 +28	+43 +28	+50 +28	—	+43 +34	—	+51 +42
10	14	+41 +23	+36 +28	+39 +28	+46 +28	—	—	—	+41 +33	+44 +33	+51 +33	+60 +33	—	+51 +40	—	+61 +50
14	18					—	—	—					+50 +39	+56 +45	—	+71 +60
18	24	+49 +28	+44 +35	+48 +35	+56 +35	—	—	—	+50 +41	+54 +41	+62 +41	+74 +41	+60 +47	+67 +54	+76 +63	+86 +73
24	30					+50 +41	+54 +41	+62 +41	+57 +48	+61 +48	+69 +48	+81 +48	+68 +55	+77 +64	+88 +75	+101 +88
30	40	+59 +34	+54 +43	+59 +43	+68 +43	+59 +48	+64 +48	+73 +48	+71 +60	+76 +60	+85 +60	+99 +60	+84 +68	+96 +80	+110 +94	+128 +112
40	50					+65 +54	+70 +54	+79 +54	+81 +70	+86 +70	+95 +70	+109 +70	+97 +81	+113 +97	+130 +114	+152 +136
50	65	+71 +41	+66 +53	+72 +53	+83 +53	+79 +66	+85 +66	+96 +66	+100 +87	+106 +87	+117 +87	+133 +87	+121 +102	+141 +122	+163 +144	+191 +172
65	80	+73 +43	+72 +59	+78 +59	+89 +59	+88 +75	+94 +75	+105 +75	+115 +102	+121 +102	+132 +102	+148 +102	+139 +120	+165 +146	+193 +174	+229 +210
80	100	+86 +51	+86 +71	+93 +71	+106 +71	+106 +91	+113 +91	+126 +91	+139 +124	+146 +124	+159 +124	+178 +124	+168 +146	+200 +178	+236 +214	+280 +258
100	120	+89 +54	+94 +79	+101 +79	+114 +79	+119 +104	+126 +104	+139 +104	+159 +144	+166 +144	+179 +144	+198 +144	+194 +172	+232 +210	+276 +254	+332 +310
120	140	+103 +63	+110 +92	+117 +92	+132 +92	+140 +122	+147 +122	+162 +122	+188 +170	+195 +170	+210 +170	+233 +170	+227 +202	+273 +248	+325 +300	+390 +365
140	160	+105 +65	+118 +100	+125 +100	+140 +100	+152 +134	+159 +134	+174 +134	+208 +190	+215 +190	+230 +190	+253 +190	+253 +228	+305 +280	+365 +340	+440 +415
160	180	+108 +68	+126 +108	+133 +108	+148 +108	+164 +146	+171 +146	+186 +146	+228 +210	+235 +210	+250 +210	+273 +210	+277 +252	+335 +310	+405 +380	+490 +465
180	200	+123 +77	+142 +122	+151 +122	+168 +122	+186 +166	+195 +166	+212 +166	+256 +236	+265 +236	+282 +236	+308 +236	+313 +284	+379 +350	+454 +425	+549 +520
200	225	+126 +80	+150 +130	+159 +130	+176 +130	+200 +180	+209 +180	+226 +180	+278 +258	+287 +258	+304 +258	+330 +258	+339 +310	+414 +385	+499 +470	+604 +575
225	250	+130 +84	+160 +140	+169 +140	+186 +140	+216 +196	+225 +196	+242 +196	+304 +284	+313 +284	+330 +284	+356 +284	+369 +340	+454 +425	+549 +520	+669 +640
250	280	+146 +94	+181 +158	+190 +158	+210 +158	+241 +218	+250 +218	+270 +218	+338 +315	+347 +315	+367 +315	+396 +315	+417 +385	+507 +475	+612 +580	+742 +710
280	315	+150 +98	+193 +170	+202 +170	+222 +170	+263 +240	+272 +240	+292 +240	+373 +350	+382 +350	+402 +350	+431 +350	+457 +425	+557 +525	+682 +650	+822 +790
315	355	+165 +108	+215 +190	+226 +190	+247 +190	+293 +268	+304 +268	+325 +268	+415 +390	+426 +390	+447 +390	+479 +390	+511 +475	+626 +590	+766 +730	+936 +900
355	400	+171 +114	+233 +208	+244 +208	+265 +208	+319 +294	+330 +294	+351 +294	+460 +435	+471 +435	+492 +435	+524 +435	+566 +530	+696 +660	+856 +820	+1036 +1000
400	450	+189 +126	+259 +232	+272 +232	+295 +232	+357 +330	+370 +330	+393 +330	+517 +490	+530 +490	+553 +490	+587 +490	+635 +595	+780 +740	+960 +920	+1140 +1100
450	500	+195 +132	+279 +252	+292 +252	+315 +252	+387 +360	+400 +360	+423 +360	+567 +540	+580 +540	+603 +540	+637 +540	+700 +660	+860 +820	+1040 +1000	+1290 +1250

注：1. ▲为优先公差带，* 为常用公差带，其余为一般用途公差带。

2. 公称尺寸小于 1mm 时，各级的 a 和 b 不采用。

附表五 基孔制优先、常用配合

基准孔	轴																				
	a	b	c	d	e	f	g	h	js	k	m	n	p	r	s	t	u	v	x	y	z
	间隙配合								过渡配合				过盈配合								
H6						$\frac{H6}{f5}$	$\frac{H6}{g5}$	$\frac{H6}{h5}$	$\frac{H6}{js5}$	$\frac{H6}{k5}$	$\frac{H6}{m5}$	$\frac{H6}{n5}$	$\frac{H6}{p5}$	$\frac{H6}{r5}$	$\frac{H6}{s5}$	$\frac{H6}{t5}$					
H7						$\frac{H7}{f6}$	◤$\frac{H7}{g6}$	◤$\frac{H7}{h6}$	$\frac{H7}{js6}$	◤$\frac{H7}{k6}$	$\frac{H7}{m6}$	◤$\frac{H7}{n6}$	◤$\frac{H7}{p6}$	$\frac{H7}{r6}$	◤$\frac{H7}{s6}$	$\frac{H7}{t6}$	◤$\frac{H7}{u6}$	$\frac{H7}{v6}$	$\frac{H7}{x6}$	$\frac{H7}{y6}$	$\frac{H7}{z6}$
H8					$\frac{H8}{e7}$	◤$\frac{H8}{f7}$	$\frac{H8}{g7}$	◤$\frac{H8}{h7}$	$\frac{H8}{js7}$	$\frac{H8}{k7}$	$\frac{H8}{m7}$	$\frac{H8}{n7}$	$\frac{H8}{p7}$	$\frac{H8}{r7}$	$\frac{H8}{s7}$	$\frac{H8}{t7}$	$\frac{H8}{u7}$				
				$\frac{H8}{d8}$	$\frac{H8}{e8}$	$\frac{H8}{f8}$		$\frac{H8}{h8}$													
H9			$\frac{H9}{c9}$	◤$\frac{H9}{d9}$	$\frac{H9}{e9}$	$\frac{H9}{f9}$		◤$\frac{H9}{h9}$													
H10			$\frac{H10}{c10}$	$\frac{H10}{d10}$				$\frac{H10}{h10}$													
H11	$\frac{H11}{a11}$	$\frac{H11}{b11}$	◤$\frac{H11}{c11}$	$\frac{H11}{d11}$				◤$\frac{H11}{h11}$													
H12		$\frac{H12}{b12}$						$\frac{H12}{h12}$													

注：1. $\frac{H6}{n5}$、$\frac{H7}{p6}$在公称尺寸小于或等于 3mm 和$\frac{H8}{r7}$在小于或等于 100mm 时，为过渡配合。

2. 标注◤的配合为优先配合。

附表六 基轴制优先、常用配合

基准轴	孔																				
	A	B	C	D	E	F	G	H	JS	K	M	N	P	R	S	T	U	V	X	Y	Z
	间隙配合								过渡配合				过盈配合								
h5						$\frac{F6}{h5}$	$\frac{G6}{h5}$	$\frac{H6}{h5}$	$\frac{JS6}{h5}$	$\frac{K6}{h5}$	$\frac{M6}{h5}$	$\frac{N6}{h5}$	$\frac{P6}{h5}$	$\frac{R6}{h5}$	$\frac{S6}{h5}$	$\frac{T6}{h5}$					
h6						$\frac{F7}{h6}$	◤$\frac{G7}{h6}$	◤$\frac{H7}{h6}$	$\frac{JS7}{h6}$	◤$\frac{K7}{h6}$	$\frac{M7}{h6}$	◤$\frac{N7}{h6}$	◤$\frac{P7}{h6}$	$\frac{R7}{h6}$	◤$\frac{S7}{h6}$	$\frac{T7}{h6}$	◤$\frac{U7}{h6}$				
h7					$\frac{E8}{h7}$	◤$\frac{F8}{h7}$		◤$\frac{H8}{h7}$	$\frac{JS8}{h7}$	$\frac{K8}{h7}$	$\frac{M8}{h7}$	$\frac{N8}{h7}$									
h8				$\frac{D8}{h8}$	$\frac{E8}{h8}$	$\frac{F8}{h8}$		$\frac{H8}{h8}$													
h9				◤$\frac{D9}{h9}$	$\frac{E9}{h9}$	$\frac{F9}{h9}$		◤$\frac{H9}{h9}$													
h10				$\frac{D10}{h10}$				$\frac{H10}{h10}$													
h11	$\frac{A11}{h11}$	$\frac{B11}{h11}$	◤$\frac{C11}{h11}$	$\frac{D11}{h11}$				◤$\frac{H11}{h11}$													
h12		$\frac{B12}{h12}$						$\frac{H12}{h12}$													

注：标注◤的配合为优先配合。

附表七　常用普通螺纹基本尺寸　（单位：mm）

公称直径 D、d 第1系列	公称直径 D、d 第2系列	螺距 P	中径 D_2、d_2	小径 D_1、d_1
1		0.25	0.838	0.729
		0.2	0.870	0.783
	1.1	0.25	0.938	0.829
		0.2	0.970	0.883
1.2		0.25	1.038	0.929
		0.2	1.070	0.983
	1.4	0.3	1.205	1.075
		0.2	1.270	1.183
1.6		0.35	1.373	1.221
		0.2	1.470	1.383
	1.8	0.35	1.573	1.421
		0.2	1.670	1.583
2		0.4	1.740	1.567
		0.25	1.838	1.729
	2.2	0.45	1.908	1.713
		0.25	2.038	1.929
2.5		0.45	2.208	2.013
		0.35	2.273	2.121
3		0.5	2.675	2.459
		0.35	2.773	2.621
	3.5	0.6	3.110	2.850
		0.35	3.273	3.121
4		0.7	3.545	3.242
		0.5	3.675	3.459
	4.5	0.75	4.013	3.688
		0.5	4.175	3.959
5		0.8	4.480	4.134
		0.5	4.675	4.459
6		1	5.350	4.917
		0.75	5.513	5.188
8		1.25	7.188	6.647
		1	7.350	6.917
		0.75	7.513	7.188
10		1.5	9.026	8.376
		1.25	9.188	8.647
		1	9.350	8.917
		0.75	9.513	9.188

（续）

公称直径 D、d		螺距 P	中径 D_2、d_2	小径 D_1、d_1
第1系列	第2系列			
12		1.75	10.863	10.106
		1.5	11.026	10.376
		1.25	11.188	10.647
		1	11.350	10.917
	14	2	12.701	11.835
		1.5	13.026	12.376
		1.25	13.188	12.647
		1	13.350	12.917
16		2	14.701	13.835
		1.5	15.026	14.374
		1	15.350	14.917
	18	2.5	16.376	15.294
		2	16.701	15.835
		1.5	17.026	16.376
		1	17.350	16.917
20		2.5	18.376	17.294
		2	18.701	17.835
		1.5	19.026	18.376
		1	19.350	18.917
	22	2.5	20.376	19.294
		2	20.701	19.835
		1.5	21.026	20.376
		1	21.350	20.917
24		3	22.051	20.752
		2	22.701	21.835
		1.5	23.026	22.376
		1	23.350	22.917
	27	3	25.051	23.752
		2	25.701	24.835
		1.5	26.026	25.376
		1	26.350	25.917
30		3.5	27.727	26.211
		3	28.051	26.752
		2	28.701	27.835
		1.5	29.026	28.376
		1	29.350	28.917

（续）

公称直径 D、d		螺　距	中　径	小　径
第 1 系列	第 2 系列	P	D_2、d_2	D_1、d_1
	33	3.5	30.727	29.211
		3	31.051	29.752
		2	31.701	30.835
		1.5	32.026	31.376
36		4	33.402	31.670
		3	34.051	32.752
		2	34.701	33.835
		1.5	35.026	34.376
	39	4	36.402	34.670
		3	37.051	35.752
		2	37.701	36.835
		1.5	38.026	37.376
42		4.5	39.077	37.129
		4	39.402	37.670
		3	40.051	38.752
		2	40.701	39.835
		1.5	41.026	40.376
	45	4.5	42.077	40.129
		4	42.402	40.670
		3	43.051	41.752
		2	43.701	42.835
		1.5	44.026	43.376

附表八　内螺纹中径公差（T_{D_2}）　　（单位：μm）

基本大径 D/mm		螺距	公差等级			
>	≤	P/mm	4	5	6	7
2.8	5.6	0.35	56	71	90	—
		0.5	63	80	100	125
		0.6	71	90	112	140
		0.7	75	95	118	150
		0.75	75	95	118	150
		0.8	80	100	125	160
5.6	11.2	0.75	85	106	132	170
		1	95	118	150	190
		1.25	100	125	160	200
		1.5	112	140	180	224
11.2	22.4	1	100	125	160	200
		1.25	112	140	180	224
		1.5	118	150	190	236
		1.75	125	160	200	250
		2	132	170	212	265
		2.5	140	180	224	280

（续）

基本大径 D/mm		螺距 P/mm	公差等级			
>	≤		4	5	6	7
22.4	45	1	106	132	170	212
		1.5	125	160	200	250
		2	140	180	224	280
		3	170	212	265	335
		3.5	180	224	280	355
		4	190	236	300	375
		4.5	200	250	315	400
45	90	1.5	132	170	212	265
		2	150	190	236	300
		3	180	224	280	355
		4	200	250	315	400
		5	212	265	335	425
		5.5	224	280	355	450

附表九　外螺纹中径公差（T_{d_2}）　（单位：μm）

基本大径 d/mm		螺距 P/mm	公差等级			
>	≤		4	5	6	7
2.8	5.6	0.35	42	53	67	85
		0.5	48	60	75	95
		0.6	53	67	85	106
		0.7	56	71	90	112
		0.75	56	71	90	112
		0.8	60	75	95	118
5.6	11.2	0.75	63	80	100	125
		1	71	90	112	140
		1.25	75	95	118	150
		1.5	85	106	132	170
11.2	22.4	1	75	95	118	150
		1.25	85	106	132	170
		1.5	90	112	140	180
		1.75	95	118	150	190
		2	100	125	160	200
		2.5	106	132	170	212
22.4	45	1	80	100	125	160
		1.5	95	118	150	190
		2	106	132	170	212
		3	125	160	200	250
		3.5	132	170	212	265
		4	140	180	224	280
		4.5	150	190	236	300
45	90	1.5	100	125	160	200
		2	112	140	180	224
		3	132	170	212	265
		4	150	190	236	300
		5	160	200	250	315
		5.5	170	212	265	335
		6	180	224	280	355

附表十　常用内外螺纹的基本偏差　　（单位：μm）

螺距 P/mm	基本偏差					
	内　螺　纹		外　螺　纹			
	G EI	H EI	e es	f es	g es	h es
0.5	+20	0	-50	-36	-20	0
0.6	+21	0	-53	-36	-21	0
0.7	+22	0	-56	-38	-22	0
0.75	+22	0	-56	-38	-22	0
0.8	+24	0	-60	-38	-24	0
1	+26	0	-60	-40	-26	0
1.25	+28	0	-63	-42	-28	0
1.5	+32	0	-67	-45	-32	0
1.75	+34	0	-71	-48	-34	0
2	+38	0	-71	-52	-38	0
2.5	+42	0	-80	-58	-42	0
3	+48	0	-85	-63	-48	0

注：常用外螺纹公差为6g；内螺纹公差为6H。

附表十一　标准公差数值

公称尺寸/mm		标准公差等级																			
		IT01	IT0	IT1	IT2	IT3	IT4	IT5	IT6	IT7	IT8	IT9	IT10	IT11	IT12	IT13	IT14	IT15	IT16	IT17	IT18
大于	至	μm													mm						
—	3	0.3	0.5	0.8	1.2	2	3	4	6	10	14	25	40	60	0.10	0.14	0.25	0.40	0.60	1.0	1.4
3	6	0.4	0.6	1	1.5	2.5	4	5	8	12	18	30	48	75	0.12	0.18	0.30	0.48	0.75	1.2	1.8
6	10	0.4	0.6	1	1.5	2.5	4	6	9	15	22	36	58	90	0.15	0.22	0.36	0.58	0.90	1.5	2.2
10	18	0.5	0.8	1.2	2	3	5	8	11	18	27	43	70	110	0.18	0.27	0.43	0.70	1.10	1.8	2.7
18	30	0.6	1	1.5	2.5	4	6	9	13	21	33	52	84	130	0.21	0.33	0.52	0.84	1.30	2.1	3.3
30	50	0.6	1	1.5	2.5	4	7	11	16	25	39	62	100	160	0.25	0.39	0.62	1.00	1.60	2.5	3.9
50	80	0.8	1.2	2	3	5	8	13	19	30	46	74	120	190	0.30	0.46	0.74	1.20	1.90	3.0	4.6
80	120	1	1.5	2.5	4	6	10	15	22	35	54	87	140	220	0.35	0.54	0.87	1.40	2.20	3.5	5.4
120	180	1.2	2	3.5	5	8	12	18	25	40	63	100	160	250	0.40	0.63	1.00	1.60	2.50	4.0	6.3
180	250	2	3	4.5	7	10	14	20	29	46	72	115	185	290	0.46	0.72	1.15	1.85	2.90	4.6	7.2
250	315	2.5	4	6	8	12	16	23	32	52	81	130	210	320	0.52	0.81	1.30	2.10	3.20	5.2	8.1
315	400	3	5	7	9	13	18	25	36	57	89	140	230	360	0.57	0.89	1.40	2.30	3.60	5.7	8.9
400	500	4	6	8	10	15	20	27	40	63	97	155	250	400	0.63	0.97	1.55	2.50	4.00	6.3	9.7
500	630	4.5	6	9	11	16	22	30	44	70	110	175	280	440	0.70	1.10	1.75	2.8	4.4	7.0	11.0
630	800	5	7	10	13	18	25	35	50	80	125	200	320	500	0.80	1.25	2.00	3.2	5.0	8.0	12.5
800	1000	5.5	8	11	15	21	29	40	56	90	140	230	360	560	0.90	1.40	2.30	3.6	5.6	9.0	14.0
1000	1250	6.5	9	13	18	24	34	46	66	105	165	260	420	660	1.05	1.65	2.60	4.2	6.6	10.5	16.5
1250	1600	8	11	15	21	29	40	54	78	125	195	310	500	780	1.25	1.95	3.10	5.0	7.8	12.5	19.5
1600	2000	9	13	18	25	35	48	65	92	150	230	370	600	920	1.50	2.30	3.70	6.0	9.2	15.0	23.0
2000	2500	11	15	22	30	41	57	77	110	175	280	440	700	1100	1.75	2.80	4.40	7.0	11.0	17.5	28.0
2500	3150	13	18	26	36	50	69	93	135	210	330	540	860	1350	2.10	3.30	5.40	8.6	13.5	21.0	33.0

注：公称尺寸小于或等于1mm时，无IT14~IT18。

附表十二　轴承内圈极限偏差　　（单位：μm）

公称直径		0级		6级		5级		4级		2级	
超过	到	上极限偏差	下极限偏差	上极限偏差	下极限偏差	上极限偏差	下极限偏差	上极限偏差	下极限偏差	上极限偏差	下极限偏差
—	0.6	0	-8	0	-7	0	-5	0	-4	0	-2.5
0.6	2.5	0	-8	0	-7	0	-5	0	-4	0	-2.5
2.5	10	0	-8	0	-7	0	-5	0	-4	0	-2.5
10	18	0	-8	0	-7	0	-5	0	-4	0	-2.5
18	30	0	-10	0	-8	0	-6	0	-5	0	-2.5
30	50	0	-12	0	-10	0	-8	0	-6	0	-4
50	80	0	-15	0	-12	0	-9	0	-7	0	-5
80	120	0	-20	0	-15	0	-10	0	-8	0	-7
120	180	0	-25	0	-18	0	-13	0	-10	0	-7
180	250	0	-35	0	-22	0	-15	0	-12	0	-8
250	315	0	-40	0	-25	0	-18				
315	400	0	-45	0	-30	0	-23				
400	500	0	-50	0	-40						

附表十三　轴承外圈极限偏差　　（单位：μm）

公称直径		0级		6级		5级		4级		2级	
超过	到	上极限偏差	下极限偏差	上极限偏差	下极限偏差	上极限偏差	下极限偏差	上极限偏差	下极限偏差	上极限偏差	下极限偏差
—	2.5	0	-8	0	-7	0	-5	0	-4	0	-2.5
2.5	6	0	-8	0	-7	0	-5	0	-4	0	-2.5
6	18	0	-8	0	-7	0	-5	0	-4	0	-2.5
18	30	0	-9	0	-8	0	-6	0	-5	0	-4
30	50	0	-11	0	-9	0	-7	0	-6	0	-4
50	80	0	-13	0	-11	0	-9	0	-7	0	-4
80	120	0	-15	0	-13	0	-10	0	-8	0	-5
120	150	0	-18	0	-15	0	-11	0	-9	0	-5
150	180	0	-25	0	-18	0	-13	0	-10	0	-7
180	250	0	-30	0	-20	0	-15	0	-11	0	-8
250	315	0	-35	0	-25	0	-18	0	-13	0	-8
315	400	0	-40	0	-28	0	-20	0	-15	0	-10
400	500	0	-45	0	-33	0	-25				
500	630	0	-50	0	-38	0	-28				
630	800	0	-75	0	-45	0	-35				

附表十四　任务评价表

________________任务评价表

班级：　　　　　　　学生姓名：　　　　　　学号

项目	自我评价			小组评价			教师评价		
	优良	一般	较差	优良	一般	较差	优良	一般	较差
	10~8	7~5	4~0	30~23	22~14	13~0	60~45	44~28	27~0
规范性									
检测报告									
整理现场									
回答问题									
主动性									
协作精神									
工作态度									
纪律观念									
表达能力									
小计									
总评									

任课教师：

参考文献

[1] 赵贤民. 机械测量技术 [M]. 北京：机械工业出版社，2010.

[2] 徐茂功. 公差配合与技术测量 [M]. 2版，北京：机械工业出版社，2014.